U0571627

国际市场营销

主　编　王厚双　张　楠

北京理工大学出版社
BEIJING INSTITUTE OF TECHNOLOGY PRESS

内 容 简 介

在企业国际化的发展过程中,随着国际市场营销环境和营销手段的变化,国际市场经营理论也在不断更新。本书以现代世界经济发展为背景,以国际市场为导向,通过对企业国际市场营销的流程拆解,结合大量实践案例,对国际营销的理论与实践进行了系统、深入的阐述。

本书共十二章。第一章为国际市场营销概述,包括国际市场与国际市场营销、国际市场营销观念及变革、国际市场营销的产生和发展。第二章为国际营销场所,包括国际市场的内涵、形成、特点以及发展趋势。第三章为国际营销环境,包括国际营销的文化、人口、经济、自然、法律环境等宏、微观环境因素的含义和内容。第四章为国际营销调研,包括国际市场营销调研的概念、程序和方法、资料分析以及国际营销信息系统。第五章为国际市场进占战略,包括国际市场进占战略设计、基本模式、影响因素等。第六章~第九章为国际营销的产品战略、定价策略、推销策略及渠道策略,具体分析市场营销学"4P"方法在国际营销领域的应用。第十章为国际营销组织管理,包括国际营销组织的演进、结构形式及选择。第十一章为国际营销风险管理,主要包括国际政治风险管理、国际营销经济风险与管理。第十二章为国际营销的发展展望,包括营销观念的变革、营销模式的转变以及新型推销。

本书内容深入浅出,详略得当,结构合理,难度适中,数据翔实可靠,引用案例经典,既可供教师授课使用,也可供高职生、高专生、本科生、研究生以及有兴趣的读者自学使用。

图书在版编目(CIP)数据

国际市场营销 / 王厚双,张楠主编. --北京:北京理工大学出版社,2024.5

ISBN 978-7-5763-4007-5

Ⅰ. ①国… Ⅱ. ①王… ②张… Ⅲ. ①国际营销

Ⅳ. ①F740.2

中国国家版本馆 CIP 数据核字(2024)第 100059 号

责任编辑: 申玉琴　　**文案编辑:** 申玉琴
责任校对: 刘亚男　　**责任印制:** 李志强

出版发行 / 北京理工大学出版社有限责任公司
社　　址 / 北京市丰台区四合庄路 6 号
邮　　编 / 100070
电　　话 / (010)68914026(教材售后服务热线)
　　　　　　(010)68944437(课件资源服务热线)
网　　址 / http://www.bitpress.com.cn

版 印 次 / 2024 年 5 月第 1 版第 1 次印刷
印　　刷 / 河北盛世彩捷印刷有限公司
开　　本 / 787 mm×1092 mm　1/16
印　　张 / 15.25
字　　数 / 358 千字
定　　价 / 89.00 元

　　自加入世界贸易组织（WTO）以来，中国逐步扩大市场准入，经济贸易环境持续改善，对外开放进入了全方位、多层次、宽领域的新阶段。在经济全球化的发展过程中，越来越多的企业渴望突破国家间的界限与壁垒，开展国际贸易和国际经济合作。然而，随着市场的不断延伸，企业间的市场竞争空前激烈，这也对企业的稳定发展提出了更多更高的要求。国际市场营销学为企业的经营和管理提供了一系列的理论依据，是促进企业稳步发展的重要前提。

　　国际市场营销学是经济管理类学生的重要专业基础课程之一。该课程主要研究国际市场分析、国际市场营销管理以及营销学原理等在国际市场中的应用。该课程能够帮助学生进一步拓宽眼界，通过关注国际市场动态和时代发展，培养学生国际化、系统化的辩证思维能力。

　　在企业国际化发展的背景下，企业渴求大量深谙国际市场营销理论与实务的专业人才。因此，我们还需要积极强化对现代化人才的培养和应用。无论是学校还是企业，都要科学普及现代化国际市场营销理论，帮助学习者树立先进的国际市场营销观念，只有这样才能为企业的发展和创新提供源源不断的动力，提升企业的市场竞争力。为了适应新形势的需要，我们编写了本书，希望能为我国国际市场营销人才的培养尽微薄之力。本书具有如下特点。

　　（1）逻辑性强：本书以国际市场营销和国际市场的基本概念为出发点，从国际市场营销环境分析、国际市场营销调研，到国际市场进占战略、国际市场营销产品战略、国际市场营销定价策略、国际市场推销策略、国际营销渠道策略，再到国际营销组织管理、国际营销风险管理，以及国际营销的发展展望，由浅入深地对国际市场营销知识进行说明和阐释，有较强的逻辑性。

　　（2）实用性强：企业要成功地开展国际营销活动，最重要的是注重理论与实践的紧密结合。本书在内容编写上，注重运用国内外企业的国际营销案例印证相关理论，除了每章节的案例导读，还根据每节的知识点内容添加了恰当的案例，对我国企业开拓国际市场、成功开展国际市场营销活动，具有实际的指导意义。

　　（3）时效性强：本书在第十二章中展望了国际市场营销的发展趋势和未来，探讨了21世纪以来国际市场营销理论与实践的最新发展，如绿色营销、整合营销、公共关系营销、网络营销等，有利于读者掌握最新成果与发展趋势。

　　本书的写作大纲由王厚双、张楠拟出，并由王厚双、张楠、蒲婷、解方、门怡彤、赵思妍、蒋莹莹、赵雯妍进行统稿和审定。本书由王厚双、张楠担任主编，编写人员的具体分工如下。

第一章：王厚双、张楠、门怡彤；

第二章：张楠、王厚双、门怡彤；

第三章：王厚双、张楠、门怡彤；

第四章：张楠、王厚双、赵思妍；

第五章：张楠、赵思妍、王厚双；

第六章：王厚双、张楠、赵思妍；

第七章：王厚双、张楠、解方；

第八章：张楠、解方、蒲婷；

第九章：张楠、解方、蒲婷；

第十章：张楠、赵雯妍、王厚双；

第十一章：张楠、蒋莹莹、王厚双；

第十二章：张楠、蒲婷、王厚双。

本书是在借鉴国内外众多专家学者和国际经济合作业务人员研究成果的基础上写成的，编者在此向为本书的出版做出贡献的各界人士表示衷心的感谢！

同时，由于编者知识水平的限制，加之时间仓促，本书还存在着不足乃至疏漏之处，恳请读者批评指正。

编　者

2023 年 8 月

CONTENTS

第一章 国际市场营销概述

 案例导读

联合利华公司的成长之路

联合利华公司是世界上最大的食品和日化消费品公司之一，成立于 1929 年，总部设于荷兰鹿特丹及英国伦敦。该公司在全球 90 多个国家拥有生产基地，是世界第一梯队的冷冻食品、调味品、冰激凌和茶饮料制造商，也是全球第二大洗涤用品、洁肤产品和护发产品生产商。集团员工接近 18 万人，这些员工中的 90% 由各子公司在当地招募。

1930 年，联合利华由荷兰人造黄油公司与英国利华兄弟制皂公司合并成立，1943 年，联合利华收购了 Batchelor's——做脱水冷冻蔬菜和罐头食品的企业。20 世纪 60 年代，联合利华设立广告代理、市场调研公司和产品包装公司。1961 年收购了美国的 Good Humor 冰激凌。联合利华主要品牌包括个人护理用品中的中华、力士、夏士莲、凡士林、多芬、旁氏和清扬等，食品包括和路雪、家乐、立顿和四季宝等，家庭护理用品有金纺和奥妙等。

1971 年，联合利华购得立顿国际，成为世界上最大的茶公司之一。1978 年，联合利华并购了 National Starch（一家黏合剂、淀粉和特别用途化学品生产商）。20 世纪 90 年代，联合利华将原来的 50 多个品牌减少到了 13 个。通过企业重组，联合利华将贸易划分为 4 大块，即家用护理、个人护理、食品和特殊化学品。

2000 年，购入的百仕福使联合利华在调味品界处于领先地位。其旗下的家乐是最大的食品品牌，它遍及 100 多个国家，销售额达 23 亿欧元，产品涵盖汤类、肉羹类、调味酱、面条和现成膳食。在欧洲的冷冻食品市场上，联合利华居于领先地位，在意大利主要有 Findus（品牌）；在英国有 Bird's Eye（品牌）；在欧洲其他国家有 Iglo（品牌）。在大多数欧洲国家及北美的人造黄油和涂抹酱料市场上，联合利华也处于领先地位，如荷兰的 Becel（品牌）、英国的 Flora（品牌）、美国的 Take Control（品牌）。为了满足消费者对健康食品的追求，联合利华还推出了含有降低胆固醇成分的涂抹酱。同样，在橄榄油市场上，Bertolli 的地位也是举足轻重的。为了吸引地中海口味的消费者，Bertolli 还特别推出了意大利面酱和调味料。联合利华是全球主要的冰激凌生产商，主要的品牌包括欧洲的 Algida 和 Wall's（在中国叫"和路雪"）、美国的 Ben&Jerry's，并不断创新生产出冰激凌的迷你新包装。

联合利华是全球最大的茶包生产商，旗下品牌有立顿和 Brooke Bond。在世界上的大多数地方，联合利华是家用护理用品市场的主导者，其中金纺、奥妙，还有 Brilhante、Cif、Domestos、Skip、Snuggle 等家用护理品牌都是市场上的领头羊。在个人护理用品领域，联合利华的洁肤产品、除臭剂和抗汗剂在国际市场上都有着不可动摇的地位。联合利华日化在世界品牌实验室（World Brand Lab）编辑的 2006 年度"世界品牌 500 强"排行榜中位列第 170 位，该企业在 2007 年度《财富》杂志评选的"全球最大 500 家公司"排名第 120 位，2020 年度"世界品牌 500 强"排行榜中位列第 37 位，在 2020 年度《财富》杂志评选的"全球最大 500 家公司"排名第 185 位。

自 20 世纪 90 年代中期开始，联合利华公司出现了销售下降，利润率降低，股票的收益率下降等问题。面对外部环境的变化，联合利华开始实施一系列的"瘦身战"。

2000 年 10 月 2 日，消费品集团联合利华股东批准收购英国的贝斯特食品公司（Best-foods，BOF）。这次收购使联合利华食品业务跻身全球食品行业联盟第 2 位，仅排在雀巢之后。分析师指出，联合利华 1999 年销售额为 269 亿英镑，税前利润比上年下降 7%。而贝斯特食品公司 2000 年的利润率为 15%。联合利华购买贝斯特食品公司后将推动联合利华的收入增长率上升，并且每年可以节约约 5 亿美元的成本。

联合利华于 2000 年 5 月份宣布此项收购计划。从每股 66 美元开始，最终以 73 美元的价格收购贝斯特食品公司，交易总额为 213 亿美元，同时联合利华还将承担贝斯特食品公司的净负债。美中不足的是，欧盟委员会有条件地批准了此次收购，联合利华必须剥离一些品牌，如 Royco、Ox、Lesieur。这些品牌全部剥离后，该公司年销售额将减少 5 亿欧元左右。

2000 年 2 月，联合利华实施了一项名为"成长之路"的战略计划。通过这些措施，集团每年得以节省 39 亿欧元成本，400 多个主要品牌的年销售额增幅达到 5%~6%，营业利润率上升到了 16% 以上。联合利华的"成长之路"战略计划重在实施剥离以及创新和收购战略，通过两项计划来调整和优化全球资源配置，聚焦核心品牌业务，提出在 5 年内裁员 3.3 万人，关闭 130 家工厂，宣布将其香水品牌"伊丽莎白·雅顿"所属的业务和资产卖给 FFI 香水公司，这其实是一个"大瘦身"的过程。

通过一系列的战略计划，联合利华实现了生产要素的优化组合和配置，并且取得了预期的经济效益，从而在国际竞争的舞台上更具有竞争力。

第一节　国际市场与国际市场营销

一、市场与国际市场

市场营销学中的"市场"和经济学中的"市场"是不一样的。企业要进行国际市场营销（简称为"国际营销"）活动，首先应了解国际市场的基本概念。

从企业的微观经济分析，人们对市场的理解有以下几种。

（1）市场是商品交换的场所。

（2）市场是商品交换和流通的领域。

（3）市场是商品供求关系的总和。

（4）市场是指对某种产品有需要和购买能力的人们。

现代市场营销学认为，市场是指对某种产品有需要和购买能力的人们，而国际市场就是跨国企业的产品和服务在境外的消费者或用户。国际市场比国内市场更加复杂，国外消费者的需求比国内消费者更加多样化，因此，国际市场消费者对产品的要求自然更优质化、高档化和自动化。

二、国际市场营销的含义和特点

（一）国际市场营销

市场营销一词译自英文 Marketing。1985 年，美国市场营销协会（AMA）将市场营销定义为："市场营销是为创造达到个人和机构目标的交换，而规划和实施理念、产品和服务构思、定价、促销和配销的过程。"市场营销是企业经营者的重要职能。市场营销学是企业将人的需求转化为公司盈利机会的学科。企业的市场营销活动都是以满足消费者的需求和欲望展开的，人类的各种需要和欲望是市场营销的出发点，市场交换是市场营销职能的核心。商品交换一般应具备以下条件：第一，存在独立的买卖双方；第二，有可供交换的商品；第三，具备买卖双方都能接受的交易条件。

对国际市场营销这一概念的理解应把握以下三个要点：第一，国际市场营销是跨国营销活动，只有将产品和劳务销往国外或境外市场才是国际市场营销；第二，国际市场营销是企业的跨国营销活动的管理过程，跨国公司、出口企业等是国际市场营销的主体；第三，国际市场营销活动是为了满足国外消费者和用户的需求，必须注意产品和劳务的市场适销性。国际市场营销学是关于跨国企业如何从顾客的需求和欲望出发，有计划、有组织、有目的地将产品、技术、资本和劳务迅速转移到消费者或用户手中，使顾客获得最大满足，从而实现企业利润目标的科学。

国际市场营销的基本思想是，企业的全部活动必须以国外消费者为中心，以满足国外消费者的需求和欲望为出发点。通过满足国外消费者的需求，吸引更多的顾客和拥有更大的市场占有率，以达到企业的营销目标，同时兼顾社会公众利益，保护环境，提高社会福利，促进人类的共同发展。

（二）国际市场营销的特点

国际市场营销专家认为，研究国际市场营销的实质，不在于采用什么营销技巧，关键在于分析和掌握国际市场多种多样的市场营销环境，并在此基础上采取有针对性的经营战略。国际市场营销学在一定意义上就是国际市场营销环境适应学。

国际市场营销与国内营销之间，既有联系，又有区别。联系体现在两者的基本理论、营销观念、营销过程和营销原则等方面具有相通性。区别体现在企业的国际市场营销活动是在本国以外的其他国家进行的。国际市场营销和国内营销相比有以下特点。

第一，国际营销环境的差异性。由于世界各国的地理位置、资源状况、政治经济制度、法律法规、生产力发展水平以及文化背景等方面存在着较大的差别，所以影响国际市场营销的环境与国内市场相比有较大的差异，甚至大相径庭。这种差异带来了双重困难：一方面，由于母国与目标市场国家的环境不同，在国内市场营销中的一些可控因素在国际市场营销中就可能成为不可控因素；另一方面，由于不同目标国家的环境有差异，适应某国环境的市场营销不一定能适应其他国家的环境。

第二，国际市场营销系统的复杂性。营销系统是指融入有组织交换活动的各种相互作用、相互影响的参加者、市场、流程或力量的总和。与国内营销系统相比，国际营销系统更加复杂。

第三，国际市场营销过程的风险性。由于国际市场营销比国内市场营销更复杂、更多变，因此，国际市场营销的风险要比国内市场营销大得多，这些风险主要包括政治风险、交易风险、运输风险、价格风险、汇率风险等。

第四，国际市场容量大，竞争激烈。在国际营销中，企业面对更多的国外消费者和来自全球的竞争者，由于各国的地理距离和文化差异等因素，企业又难以及时了解和掌握竞争对手的情况，因此面对的竞争更为激烈。

总之，国际市场营销的上述特点，要求国际市场营销人员甚至是国内市场营销人员都要了解世界经济发展变化规律和发展方向，了解各国的文化，具有全球意识。

（三）国际市场营销与国际贸易的关系

国际市场营销，是指企业将自己的产品或服务，送往不同国家或地区的消费市场经营活动过程。国际贸易是指各国之间的产品和劳务交换，主要着眼于国家的权益；而国际市场营销是以企业为主体从事的国际市场的商品和劳务的交换活动，主要是以企业利益为基础的生产经营活动，因而两者在市场主体、理论基础、生产经营特征、商品交换范围、利益机制等方面，都有不同特点。美国经济学家费恩·特普斯特拉（Vem Terpstra）对此进行了详细比较，如表 1-1 所示。

表 1-1　国际市场营销与国际贸易特点比较

内容	国际贸易	国际市场营销
1. 行为主体	国家	公司或企业
2. 产品是否跨越国界	是	不一定
3. 动机	比较利益	利润动机
4. 信息来源	国际收支表	公司账户
5. 市场活动		
①购销	是	是
②仓储、运输	是	是
③定价	是	是
④市场研究	一般没有	有
⑤产品开发	一般没有	有
⑥促销	一般没有	有
⑦渠道管理	没有	有

由表 1-1 可以看出，国际市场营销与国际贸易虽然都是跨越国界的经营活动，但两者的行为主体不同，信息来源不同。国际市场营销比国际贸易包含的作业流程更宽，包含引导产品从生产者到消费者手中的全过程，而国际贸易一般只包括其中的国际交换过程；国际市场营销不仅重视国际交换，也重视国际生产与国际消费；国际市场营销涉及跨越国境的所有方式，而国际贸易只涉及进出口方式；国际市场营销活动比国际贸易更富有主动性

及创造性，是集生产、交换和消费于一身的综合性企业活动，而不仅仅是单纯的贸易活动。

（四）国际营销人员应具备的素质

国际营销人员应具备的素质主要有政治素质、品行与心理素质、业务素质、能力素质和身体素质等。

1. 政治素质

从事国际营销的人员应热爱祖国，有强烈的民族责任感，自觉维护国家和企业利益；坚持四项基本原则，认真贯彻执行国家的对外经济贸易方针、政策，关心国内外政治、经济形式；作风正派，艰苦朴素，有良好的个人修养，讲文明、有礼貌；对工作认真负责，忠于职守，有较强的进取心；努力学习，勇于实践。只有这样，才能在复杂的国际经济交往中，自觉维护国家和企业利益，使我国的经济实力不断增强。

2. 品行与心理素质

第一，诚实正直。诚实正直的人，言谈举止自然，心胸坦荡，令人愿意与之交往。营销实战中，诚实正直能让营销人员赢得更多客户信任，获得较好的销售业绩。客户对营销人员总是心存戒备，营销员在宣传自己的产品和服务时，一定要客观、重合同、守信用。要分清营销技巧与歪曲事实的界限，要在客户面前树立诚实正直的个人形象，从而真正赢得顾客的信任。

第二，较强的自信心、远大的抱负和持之以恒的精神。信心是成功的源泉，远大的抱负是获胜的基础。许多事业成功者的经历告诉我们，他们成功的原因不是他们会做什么或能做什么，而是他们想做什么，想做成什么。他们往往不是那些体力、智力最优秀的人，而是那些有较强的自信心，胸怀大志，不达目的决不罢休的顽强者。国际市场营销人员比国内市场营销人员在工作中遇到的困难和障碍要多。因此，国际营销人员要重视培养自己的自信心。只有这样，国际营销人员才能不怕困难、百折不挠、持之以恒，在激烈的国际竞争中找到自己的位置。

3. 业务素质

国际市场营销人员应熟悉我国对外经贸的方针、政策、法规以及有关的国别、地区政策；掌握国际贸易理论、进出口贸易的程序、进出口合同的履行、汇率变化分析，防范商业信用风险、价格风险和外汇风险的方法和措施；掌握进出口价格的计算技巧，掌握市场营销学及国际贸易法规（含知识产权法）和惯例等专业知识；了解与反倾销有关的概念，熟悉反倾销诉讼的一般程序，出现经济纠纷时，懂得运用国际法律、国际仲裁等重要手段和专业知识来解决问题；熟悉商检、海关、运输、保险等方面的有关业务程序；懂得商品学基本理论，熟悉主管商品的性能、品质、规格、标准、包装、用途、生产工艺和所用原材料等知识；了解主管商品目标市场国家或地区的政治、经济、文化、地理及风土人情、消费水平以及有关出口方面的条例和规定；了解自己主管的商品在世界上的产销情况、贸易量、主要生产和进出口国家或地区的贸易差异及价格变动情况；能利用网络和其他信息技术独立开展国际营销活动。

4. 能力素质

第一，敏锐的洞察力和较强的市场调研能力。营销人员的洞察力，主要是指根据顾客的穿着、言语和行动等去了解、分析、判断顾客购买心理的能力，即透过现象看本质的能力。因此，好的营销员应具备敏锐的洞察力和较强的心理分析能力。国际营销人员应具备运用市场调研、市场预测技术，利用一切途径捕捉市场信息，及时掌握市场变化和需求动态，搜集、整理、分析国际市场行情和客户情况，写出市场调研报告，提出经营建议等能力。

第二，机智灵活的应变能力。国际营销人员面临的市场环境是复杂多变的，经常会遇到一些突发状况。这就要求营销人员在不失原则的前提下，做到应变有方，根据当时的场景和氛围迅速做出反应，甚至不动声色地达到目的。机智灵活的应变能力取决于敏锐的洞察力和准确的分析判断能力，并针对变化的情况，及时采取必要的应对措施。

第三，锐意改革的创新能力。现代营销工作是一项需要高度智慧的脑力劳动，是一种综合性工作，也是一种创造性很强的工作。营销人员只有创造性地运用各种营销技术和手段、机会，进行营销策划、市场调研、市场开发、客户管理等，才会有出色的工作业绩。

第四，令人信服的影响能力。营销人员要学会激发他人的需要，要具有说服别人和影响别人的技巧。而要说服别人、影响别人，就必须做到换位思考，站到顾客的立场，学会理解顾客。

第五，强大的社交能力。从某种意义上说，营销人员是企业的外交家，需要同各种各样的人打交道，这就要求营销人员懂得公共关系学知识，善于同与业务有关的国内外厂商和业务部门建立、保持和发展良好关系，灵活运用各种正当的交际手段，广交朋友。

第六，娴熟的语言文字能力。掌握一门以上的外语，能独立进行对外洽谈及有关业务活动；能准确起草有关合同、协议，处理日常业务函电；能较熟练地使用电子计算机；有较好的中文水平，能用正确的语言和文字表达思想、交流信息和独立处理业务文件。

5. 身体素质

国际营销人员要有一个健康的体魄。营销人员的营销工作既是对营销员的智力考验，也是一项艰苦的"抗疲劳测试"，其工作性质决定了必须有强健的体魄作为保证。在实际的营销工作中，营销人员要经常与各种各样的顾客打交道，经常外出，日夜兼程，劳动时间长；有时还得携带样品，甚至进行安装操作、维修等劳动。

 案 例

牛仔裤——服装王国的"长青树"

大家所熟悉的牛仔裤，是在100多年前，由一个名叫列维·施特劳斯的美国人发明的。当时的牛仔裤，无论是从发明者的本意还是从实际市场来看，都是供给金矿工人穿着的。牛仔裤的面料既粗又硬，非常结实耐磨；屁股上的布兜是用钢钉钉的，目的是让矿工把开采到的贵重矿石装进去而不致于布兜裂开。

列维公司创业之初，正逢美国好莱坞的西部牛仔电影风行。列维公司抓住这个机会，让电影明星把牛仔裤穿到了身上，通过他们把这种产品介绍到美国东部。牛仔裤得到东部人的喜爱。当列维公司致力于牛仔裤的推广时，却遭到美国上层社会的激烈反对。他们认为牛仔裤是"淘金工人穿的"，是"庸俗"和"下流"的服装。

这给牛仔裤的推广带来了极大困难。对此，列维公司广泛利用报刊、广播等媒介，开展了大规模的宣传，告诉人们牛仔裤是多么的美观舒适，甚至给它戴上"牛仔裤文化"这个桂冠。经过持久的宣传，牛仔裤日益深入人心，成为人们追求的时尚。

为了把牛仔裤介绍到其他国家和地区，列维公司根据各地各民族人的不同体型、爱好，设计生产了各式各样的牛仔服装系列。之后，又陆续推出了许多带"牛味"的服装用品，如牛仔西服、牛仔便装、牛仔运动服、牛仔衬衣、牛仔睡衣、牛仔帽子、牛仔袜子、牛仔皮带、牛仔皮鞋等，使各国各地区的人们都能从牛仔系列用品中找到自己喜爱的东西。

列维公司利用国际营销环境的差异性，发展成一个拥有年销售额数亿美元的跨国公司。世界上许多国家和地区都有其生产机构或销售中心，列维·施持劳斯发明的牛仔裤也因其经久不衰而被誉为服装王国中的一棵"长青树"。

资料来源：https://wk.baidu.com/aggs/54c878d97f1922791688e8d6.html.

第二节　国际市场营销观念及其变革

国际市场营销观念是指导企业开展国际营销活动的思想、观念、态度、思维方式和商业哲学。企业营销观念随着跨国营销的演进而变化，经历了从"以生产为中心"到"以顾客为中心"，从"以产定销"到"以销定产"，从"国内营销"到"全球营销"的过程。在西方国家工商企业的营销活动中，先后出现了五种营销观念，即生产观念、产品观念、推销观念、市场营销观念和社会市场营销观念。

（一）生产观念

生产观念（Production Concept）又称生产导向，是19世纪末20世纪初形成的一种经营思想，即生产被视为占主导地位，经济生活的主要问题就是生产适用的产品。它的产生源于两个方面的背景，一方面，因为经济技术落后，产品供不应求，卖方市场在市场格局中处于支配地位。企业的经营哲学不是从消费者需求出发，而是从企业生产出发，其主要表现为企业生产什么，就卖什么。另一方面，较高的产品生产成本，使得改进技术提高劳动生产率，成为扩大市场占有率、增强竞争力的主要手段。生产观念认为，消费者喜欢那些可以买得到和买得起的产品，企业经营管理的主要任务是改善生产技术，改进劳动组织，提高劳动生产率，降低成本，增加销售量。

更进一步考察，单纯的生产观念不过是工业革命初期生产者行为的特定表现。这一观念支配下的经济行为后果大致也包括两个方面。一方面，推动了大规模的技术进步，例如，18世纪中期至20世纪初，西方国家传统意义上的技术进步，客观上受到了生产观念的驱动。另一方面，消费者的需求受到了忽视，例如，"福特制"和"泰勒制"等所谓"血汗工资制"，超出了人类道德伦理的极限。

（二）产品观念

产品观念（Product Concept）又称产品导向，即以产品为中心的观念，它是从生产观念派生出来的一种古老的经营思想，是生产观念的另一种表达形式。产品观念认为，只要产品的质量上乘，具有其他产品无法比拟的优点和特征，就会受到消费者的欢迎，消费者喜欢购买高质量、优等的产品。

与生产观念有所区别的是，该种观念将全部注意力集中在生产行为的结果——产品上，而不单纯是生产过程。这一观念赖以建立的假定前提是，消费者只追求产品的质量和品种，生产者的主要任务就是改进生产手段，在产品的质量和品种上下功夫。这仍然是卖方市场格局下，假定消费者只有单一需求的营销观念，也是一种短期化的行为取向。19世纪末20世纪初的标准化生产多少受到这一观念的影响。

在这种观念的指导下，企业往往把注意力集中在提高并不断改进产品的质量上，而根本不去考虑市场上消费者是否真正接受这种产品。这种观点最终会使企业感染上"市场营销近视症"，甚至导致经营的失败。"市场营销近视症"就是不适当地把主要注意力放在产品上，而不是放在市场的需求上，其结果必然导致企业丧失市场，失去竞争力。

（三）推销观念

推销观念（Selling Concept）又称推销导向，即以产品的销售为中心的观念，是指通过销售的努力来促使消费者或用户大量购买的一种指导思想。推销观念是生产观念、产品观念的发展和延伸，但其核心仍然是产品观念，只不过在形式上致力于产品的出售。这一经营哲学产生于20世纪20年代末至50年代初。当时，社会生产力有了巨大发展，随着技术的进步、劳动生产率水平的普遍提高，产品的成本开始降低，竞争日趋激烈，市场趋势由卖方市场向买方市场过渡，买方市场格局开始形成，生产者开始把注意力集中到产品的推销上。

尤其是1929—1933年的世界经济危机期间，大量产品销售不出去，迫使企业重视采用广告术与推销术来推销产品。这一观念建立的假定前提是，消费者是听凭生产者说服的被动群体，只要投入大量的广告费用，加强促销宣传，生产的全部产品都可以出售，表现为企业卖什么，顾客就买什么。从本质上说，这一观念仍然是原始和传统的营销观念。

这种观念虽然比前两种观念前进了一步，即开始重视广告术及推销术，但其实质仍然是以生产为中心。

（四）市场营销观念

市场营销观念（Marketing Concept）又称市场营销导向或顾客导向，即市场营销以消费者的需求为中心的观念。这种观念认为，要达到企业目标，关键在于确定目标市场的需求与欲求，并且比竞争者更有效能和效率地满足消费者的需求。可见，市场营销观念是以满足需求为出发点的，即"顾客需要什么，企业就生产什么"。

20世纪40年代，以马斯洛需求层次论为代表的行为科学的出现，标志着现代人本主义理念的形成，市场营销学才真正成为一门经济科学。自此，对人的需要以及需要层次的研究不断细化，消费者主权和维权问题上升到了前所未有的高度。20世纪50年代，随着大规模的技术进步，竞争加剧，生产能力开始过剩，产品供大于求，市场趋势表现为供过于求的买方市场，同时，广大居民个人收入迅速提高，有可能对产品进行选择。因此，企业之间为实现产品价值的竞争加剧。许多企业开始认识到，想在竞争中取胜，势必要把主要精力集中到对消费者行为的关注和研究上来。

市场营销观念的出现使企业经营哲学发生了根本性变化，也使市场营销学这门学科发生了一次革命。如果说生产观念、产品观念和推销观念是原始和传统的市场观念，那么市场营销观念是一种全新的、现代的市场观念。自此，消费者的需求被提升到了应有的甚至决定性的高度，生产行为不再单纯由生产者决定，而是主要由消费者决定，消费者主权被提到了应有的高度，市场格局不再是卖方市场格局下的以产定销，而是买方市场格局下的以需定产。

市场营销观念与推销观念有很大的区别。市场营销观念以市场为出发点，推销观念则以工厂为出发点；市场营销观念以顾客为中心，推销观念则以产品为中心；市场营销观念以"4P"（产品、价格、渠道、促销）组合为手段，推销观念则以推销术和促销术为手段；市场营销观念是通过满足消费者需求来获得利润，推销观念则通过扩大消费者的需求来获得利润。可见，市场营销观念的 4 个支柱是市场中心、顾客导向、"4P"组合和利润；推销观念的 4 个支柱是工厂、产品导向、推销和盈利。市场营销观念的形成被称为是一次营销革命，市场营销观念与推销观念的区别如表 1-2 所示。

表 1-2　市场营销观念与推销观念的区别

项目观念	出发点	经营的中心	服务的对象	如何盈利	营销手段和方法
推销观念	生产	现有产品	每一个人或用户	销售量最大化	主要是促销
市场营销观念	顾客需求	顾客需求	特定群体的人或用户	满足需求	"4P"组合

在市场营销观念指导下，企业致力于提升顾客满意度，提高顾客价值。顾客满意度是指企业提供的产品和服务能够给顾客的期望和欲望带来的满足。顾客价值是指顾客从既定产品和服务中得到的全部利益。顾客价值的最大化是顾客满意的前提，顾客满意是企业实现顾客忠诚的基础。顾客购买产品时，总是希望花费最小成本获得最大利益，即获得最大的顾客让渡价值。顾客让渡价值是指顾客总价值与顾客总成本之间的差额。顾客总价值是指顾客购买某一产品与服务所期望获得的一组利益，包括产品价值、服务价值、人员价值和形象价值等。顾客总成本是指顾客为购买某一产品所消耗的时间、精力、体力及所支付的货币资金等，即顾客总成本包括货币成本、时间成本、精力成本和体力成本等。因此，企业要想在激烈的竞争中取胜，就必须向顾客提供比竞争对手具有更多顾客让渡价值的产品。

以市场营销观念的出现为根本标志，在此基础上先后又出现了一系列营销观念，如社会市场营销观念、整体市场营销观念、形象营销观念、绿色营销观念、关系营销观念以及全员营销观念等。

（五）社会市场营销观念

社会市场营销观念（Social Marketing Concept）又称社会市场营销导向，产生于 20 世纪 70 年代，当时的西方资本主义国家出现能源短缺、通货膨胀、失业率增加、环境污染严重、消费者保护运动盛行的新形势。这种观念认为，企业的任务是确定目标市场需求、欲望和利益，并且在保持和增进消费者及社会福利的情况下，比竞争者更有效率地使目标顾客满意。这不仅要求企业满足目标顾客的需求与欲望，而且要考虑消费者及社会的长远利益，即将企业利益、消费者利益与社会利益的有机结合。

必须指出的是，由于诸多因素的制约，当今国际市场上的企业并不是都树立了市场营销观念和社会市场营销观念，事实上，还有许多企业仍然以产品观念及推销观念为导向。

随着生产力的发展，国际营销工作中又出现了大市场营销观念、绿色营销观念、全球市场营销观念等国际市场营销新观念。

从理论渊源大视野的角度考察，市场营销观念不外乎两类，即传统的市场营销观念和现代的市场营销观念。前者涵盖生产观念、产品观念和推销观念，后者包括所有以消费者需求为中心的营销观念，其本源和理念是相同的，只不过侧重点有所不同，例如，社会市场营销观念侧重社会环境，形象营销观念侧重企业形象，绿色营销观念侧重环境保护，关系营销观念侧重公共关系等。

📖 案 例

生产观念：20世纪初，美国福特汽车公司制造的汽车供不应求，亨利·福特曾傲慢地宣称："不管顾客需要什么颜色的汽车，我只有黑色的一种。"福特汽车公司1914年开始生产的T型车，就是在"生产导向"经营哲学的指导下创造出的奇迹。福特汽车公司使T型车生产效率趋于完善，成本降低，使更多人买得起。到1921年，福特T型车在美国汽车市场上的占有率达到56%。

产品观念：下一代电脑（Next），在1993年投资花费了2亿美元，出厂一万台后便停产了。它的特征是高保真音响和带CD-ROM，甚至包含了桌面系统。然而，谁是对该产品感兴趣的顾客，公司的定位却是不清楚的。因此，产品观念把市场看作是生产过程的终点，而不是生产过程的起点，忽视了市场需求的多样性和动态性，过分重视产品而忽视顾客需求，当某些产品出现供过于求或不适销对路而产生积压时，却不知产品为什么销不出去，最终导致"市场营销近视症"。

杜邦公司在1972年发明了一种具有钢的硬度，而重量只是钢的1/5的新型纤维。杜邦公司的经理们设想了大量的用途和一个10亿美元的大市场。然而这一刻的到来比杜邦公司所预期的要长得多。因此，只致力于大量生产或精工制造而忽视市场需求的最终结果是产品被市场冷落，使经营者陷入困境。

市场营销观念：美国贝尔公司的高级情报部做的一个广告，称得上是以满足顾客需求为中心任务的典范："现在，今天，我们的中心目标必须针对顾客。我们将倾听他们的声音，了解他们所关心的事。我们重视他们的需要，并永远先于我们自己的需要，我们将赢得他们的尊重。我们与他们的长期合作关系，将建立在互相尊重、信赖和我们努力行动的基础上。顾客是我们的命根子，是我们存在的全部理由。我们必须永远铭记，谁是我们的服务对象，随时了解顾客需要什么、何时需要、何地需要、如何需要，这将是我们每一个人的责任。现在，让我们继续这样干下去吧，我们将遵守自己的诺言。"

资料来源：https://www.qinzhiqiang.com/archives/31636.html.

第三节　国际市场营销的产生和发展

一、企业开展国际市场营销的动因

伴随着经济全球化及国内市场经济的发展，各国经济、技术及文化日益交融。当今，各国大部分企业的经营活动已扩大到全球范围，每个企业必须准备在全球市场中参加竞争，无论企业是否走出国门，都会受到国际市场的影响。

同时，近年来，各国通信事业的发展，交通运输设施的发达，进口关税的降低，促进了世界贸易与投资的迅猛发展。在这种情况下，本国市场不再是本国企业的专有市场，而是充斥着大量国外企业的资金、技术和产品的市场。企业的自身条件和具体目标不同，决定了跨国营销的动因也有所不同。

（一）市场动因

企业开展国际市场营销活动的首要动机是获得更大的市场，具体来说，表现在以下四个方面。

1. 顺利进入国外市场

各国政府为了保护本国市场、扶持本国企业的生产和经营，往往采取一系列贸易保护措施，因此，企业需要通过技术转让和对外直接投资等方式，将产品生产转移至市场国或不受贸易壁垒限制的第三国，以避开关税和非关税壁垒，使产品顺利进入该国市场。

2. 市场拓展化

由于一个国家的市场容量总是有限的，为了扩大市场，获得更大的生存和发展空间，企业需要通过国际市场营销活动来开拓市场。

3. 市场多元化

如果通过国际营销，将国内市场已经饱和的产品销往尚未饱和的国外市场，就可以维持经营稳定，减少销售波动带来的经营风险。当企业在各地设有分支机构从事生产经营活动时，经营活动的灵活性就会加大，对整个市场的适应性也会增大。通过市场多元化布局，企业的经营风险可降低。

4. 市场内部化

国际市场营销活动，特别是国际企业分散在世界各国市场的子公司之间的交易活动，可以将原来外部化的市场交易尽可能地内部化，纳入企业的管理体系中，实现对市场的支配和控制。因此，将国际市场内部化并发挥其优势，是国际市场营销的深层次动因。

（二）竞争动因

企业开拓国际市场的另一个重要动机是市场竞争的需要，其竞争目的不断深化，反映了企业的竞争动机更为理性和成熟。

第一，避开竞争锋芒。目前，许多产品的国内市场需求日趋饱和，竞争十分激烈，为了避开竞争锋芒，企业开始走出国门，寻找更大的市场空间。

第二，追逐竞争对手。由于企业的竞争对手已经进军国际市场，若不追随竞争对手进入国际市场，企业就会产生一种市场失落感或竞争失败感。这实际上是一种"寡占反应"，它是指在寡占市场结构中，只有少数大厂商，它们互相警惕地关注着对方的行为，如果有一家率先投资海外，其他竞争对手就会相继仿效，追逐带头的企业去海外投资，这里固然有海外投资利润诱人的原因，但更重要的是为了保持竞争关系的平衡。

第三，锻炼竞争能力。许多企业跨出国门，开拓国际市场也是为了锻炼国际市场营销人员，提高其在国际市场的竞争能力。因为国际市场的竞争水平一般超过国内市场，企业进入国际市场，就有机会参与较高水平的市场竞争，可以借助竞争的动力和压力来推动企业技术创新和提高管理效率。

第四，延长产品生命周期，发挥竞争优势。由于各国的经济发展阶段和技术进步水平不同，同一产品在不同国家处于生命周期的不同阶段，在一个国家市场上已不具备优势的产品，可能在另一个国家的市场上仍具有显著的竞争优势。某些在国内市场上供大于求、市场竞争力逐渐衰退的产品，可能在另一个国家的市场正处于成长期，产品供不应求。因此，企业可将国内市场上已不具备优势的产品转移到国外市场，延长产品的生命周期，发挥其竞争优势。

（三）资源动因

各国都有各自的资源优势，国际企业可以通过国际营销充分利用这些资源优势，实现全球利益最大化。

第一，开发自然资源。由于各国的自然资源条件不同，企业通过国际直接投资，开发国外的自然资源，可以弥补本国资源的不足。因此，对于资源贫乏的国家来说，利用国外资源成为其重要的投资目的。此外，开发国外资源，可能比开发国内资源成本更低、收效更大。

第二，利用劳动力资源。例如，不少发达国家的企业纷纷来华投资，直接从事生产经营活动，除了看中中国巨大的市场外，更看中了中国较低廉的劳动力资源。

第三，获取技术资源。国际营销活动还可以使企业获得通过其他途径无法获得的先进技术，这对于发展中国家企业尽快缩小与发达国家企业的技术差距有十分积极的意义。

第四，赢取信息资源。一方面，企业直接面对国际市场，有利于更及时地了解国际市场的有关信息，为企业把握机会、科学决策提供条件；另一方面，企业走出国门，走向世界，也可以更直接地向海外市场传递信息，加强与国外消费者和用户的沟通。

（四）利润动因

企业开展国际营销活动的根本目的是实现全球利益最大化，国际企业可以通过开拓市场、利用国外的资源优势等取得更大的收益。

第一，通过规模效应获得更大利润。企业产品销量增加，可以使单个产品分摊的成本降低，从而实现规模经济效益。通过国际营销活动，企业可以将产品销往国外市场，从而实现扩大销量、取得规模经济效益的目的。目前，我国大部分产品的国内市场已基本饱和，要扩大市场就应该积极开拓国际市场。

第二，利用资源优势。国际企业通过利用东道国的资源优势，包括自然资源、劳动力资源及信息资源等降低成本，从而取得更大的收益。

第三，利用优惠政策。各国政府为了鼓励本国企业走向海外，实施鼓励与支持企业出口的政策，是驱动企业走向国际市场的巨大推动力。一般说来，政府主要通过税收政策（如减税、退税）、金融货币政策（如低息贷款、担保贷款、出口价格补贴），为企业提供诸多服务，如外贸咨询、国际市场信息等，所有这些支持均有利于增强企业的国际市场竞争实力。

同时，一些国家为了吸引外商投资，在税收等方面采取一系列优惠政策。国际企业也可以通过东道国政府的优惠政策获得更大的收益。

二、国际营销的产生和发展

（一）国际市场营销学的形成

国际市场营销学作为一门独立的学科，形成于 20 世纪初。一般认为，第一本以

"Marketing"命名的教科书是美国哈佛大学商学院的赫杰特齐（J. E. Hagertg）教授于1912年出版的，该书的出版被认为是市场营销学作为一门独立学科出现的标志。20世纪初到20世纪30年代是市场营销学的形成时期，这个时期的市场营销学本身没有明确的理论和原则，其内容仅限于研究推销方法；理论研究也仅限于在大学课堂里进行，没有参与企业争夺市场的活动，因此并没有引起社会足够的重视。

从20世纪30年代到第二次世界大战结束，市场营销学进入应用时期。这一时期资本主义世界性经济危机爆发，产品销售成了大难题，应用市场营销学中的销售理论进行产品销售成为当务之急。但是这一时期的市场营销学研究对象仍然局限于商品销售术和广告术，以及推销商品的组织机构和推销策略等，没有超越商品流通的范围。

第二次世界大战以后，随着战争创伤的恢复，世界经济迅速发展，国际分工更加精细，国际贸易也发生了巨大变化，传统的以自然资源为基础的分工逐步发展为以现代工艺和技术为基础的分工。发达的资本主义国家以生产技术密集型产品为主，发展中国家则以生产劳动密集型产品为主，国际贸易总额大幅度上升，国际市场更加多样化。市场竞争更加激烈复杂，科学技术的作用越来越突出，国际专业化分工得到进一步深化，生产国际化和资本国际化在深度和广度上继续扩大，新型国际化经济组织，如东南亚联盟、欧洲经济共同体、石油输出国组织等地区性国际经济集团相继形成，并在国际经济贸易中发挥着重要作用。

在国际经济交流日益频繁和不断扩展的情况下，工商企业纷纷把在国内市场上行之有效的现代市场营销学的基本理论和方法引入国际经济贸易活动中，经过市场营销学专家的整理、总结和发展，便形成了国际市场营销学。

（二）国际市场营销学的发展

世界经济正以不可抵挡之势朝着全球市场一体化、企业生存数字化、商业竞争国际化的方向发展。现代国际市场营销学正是在这样一个高度竞争、瞬息万变的环境之中应用和发展的。

企业国际营销的发展同世界经济一体化及本国市场经济的发展紧密相连，其发展演变经历了一个过程，即国内营销—出口营销—国际市场营销—多国营销—全球营销。从目前现实看，众多国家的企业仍处于国际市场营销阶段，少数经济发达国家的跨国公司已进入全球营销阶段。

1. 国内营销（Domestic Marketing）阶段

在第二次世界大战以前，即使是产品具有出口潜力的企业，也会在其成长过程中经历一段"纯国内营销"时期。国内营销是指国内市场为企业唯一的经营范围，企业经营的目光、焦点、导向及经营活动集中于国内消费者、国内供应商、国内竞争者。其公司在国内从事营销活动可能是有意识的、自觉的战略选择，或是无意识地、不自觉地想躲避国外竞争者的挑战，有时甚至是由于对外界环境的无知而造成"出口恐惧症"，对出口销售持消极态度。

2. 出口营销（Exporting Marketing）阶段

出口营销时期一般指第二次世界大战后至20世纪60年代，此阶段仍以出口产品为主组织国际市场营销活动，对国际市场调研、产品开发的自觉性还不够。这是企业进入国际市场的第一阶段，其目标市场是国外市场，企业在国内生产产品到国外销售，满足国外市场需求。在这一阶段，产品与经验成为发展出口营销的关键，同时，国际营销者还要研究国际目标市场，使产品适应每个国家的特殊要求。

3. 国际市场营销（International Marketing）阶段

这是企业进入国际市场的第二阶段，国际市场营销把国内营销策略和计划扩大到世界范围。在国际营销阶段，企业往往将重点集中于国内市场，实行种族中心主义或本国导向，即公司不自觉地把本国的方法、途径、人员、实践和价值应用于国际市场。此时，国内营销始终是第一位的，产品出口只是国内剩余产品向国外的延伸，大多数的营销计划决定权集中于国内总公司。国外经营所采取的政策与国内相同。随着企业从事国际营销的经验日益丰富，国际营销者日益重视研究国际市场，实行产品从国内发展到国外的战略。

4. 多国营销（Multinational Marketing）阶段

这是企业进入国际市场的第三阶段，在这一阶段，企业的导向是多中心主义。多中心主义是假设世界市场是如此不同和独特，企业要获得营销的成功，必须对差异化和独特化市场实行适应的战略。这一阶段产品的战略是适应各国市场的战略。

5. 全球营销（Global Marketing）阶段

全球营销阶段一般指20世纪80年代以后至今，在这一时期，科技革命使产业结构发生深刻变化。这是企业跨国经营的最高阶段，它以全球为目标市场，将公司的资产、经验及产品扩展到全球市场。全球营销是以全球文化的共同性及差异性为前提的，主要侧重于文化的共同性，实行统一的营销战略，同时也注意各国需求的差异性而实行地方化营销策略。全球营销实行时以地理为中心导向，其产品战略是扩展、适应及创新的混合体。

必须注意，全球营销并不意味着进入世界上的每个国家，而进入国家主要取决于公司资源、面临的机会及外部威胁的性质。

三、跨国公司与国际营销

跨国公司（Transnational Corporations，TNCs）又称多国公司（Multi-national Enterprise）、全球公司（Global Corporation）、国际公司（International Corporation）、国际企业（International Business）等，是一种特殊的企业组织形式，是人类社会生产力和世界商品经济发展到特定历史阶段的产物。较深入地了解和认识跨国公司的经营，对于全面掌握国际营销学知识是十分必要的。本章采用联合国的定义：跨国公司就是在两个和两个以上的国家投入和拥有可实际控制的经营资产，长期从事跨国界生产经营活动的企业组织。

跨国公司的经营特征可以归结为：以对外直接投资为基础的经营手段，经营组织地域配置的分散性，经营环境的跨体制性，内部贸易与外部贸易并存。

第一，以对外直接投资为基础的经营手段。发展对国外的直接投资，并以此为基础展开生产经营活动，是跨国公司与传统国内公司相区别的最根本特征。

第二，经营组织地域配置的分散性。跨国公司通过直接投资来实现其经营组织系统的跨国界扩展，一个必然的结果就是造成公司经营组织单位在地域分布上不断分散。

第三，经营环境的跨体制性。跨国公司通过直接投资在本国以外设置经营组织，并通过这些跨国组织展开经营活动，就使得跨国公司经营将直接面对不同国家的政治、经济、法律体制，受到不同经营环境的制约。

第四，内部贸易与外部贸易并存。进行广泛的国际贸易是跨国公司主要的经营活动之一，与一般企业进行国际贸易不同的是，跨国公司的国际贸易活动包含了公司内部贸易与外部贸易，性质不尽相同。

改革开放以来，特别是1993年以来，世界著名跨国公司纷纷在中国展开了大规模、系统化的投资。中国快速增长的经济、广阔的市场、良好的投资环境、大量低成本的劳动力，是以谋求利润增长为目标的跨国公司投资中国的主要动因。早期成功的麦当劳与肯德基、可口可乐与百事可乐、感光市场上的柯达与富士等成为跨国公司投资中国的典型案例，成为中国加入世界贸易组织的良好预期。经过一段时间的发展，跨国公司在我国的投资形式从合资走向独资，投资领域从劳动密集型行业走向技术密集型行业，投资的地区分布从集中中心城市向其他地区发展；在大陆地区的投资公司由以港澳地区为主转向以国际跨国大型公司为主；在中国采取的战略从全球化向本土化发展。当然，由于参与跨国经营具有提高企业国内市场的竞争水平、扩展市场空间、发现和捕捉新的经营机会等特点，我国不少企业也走上了跨国经营的道路。

四、国际营销计划的逻辑流程

科特勒提出，国际营销计划的五个阶段主要包括决定是否国际化、决定进入哪些市场、市场进入战略、设计国际市场营销方案、实施和协调国际营销计划，如图1-1所示。

决定是否国际化阶段的主要任务是确定企业到底是立足于国内市场还是在国际市场寻求发展。企业的海外发展取决于企业条件、行业性质、市场竞争和国家政策等多方面的因素。

决定进入哪些市场阶段要解决选择目标市场的问题。决定进入海外市场的企业，需要通过市场调查、市场信息分析、市场细分等方法，发现市场机会，评价不同市场的吸引力和竞争情况，同时考察企业是否具备利用这种机会和经营这项业务的能力。

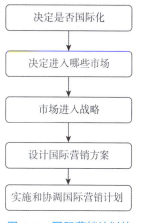

图1-1　国际营销计划的逻辑流程

对于市场进入战略阶段，在选择目标市场之后，企业应明确进入市场的方式。究竟选择哪一个或哪几个进入方式，取决于目标市场的情况、企业的目标和资源，以及各种市场进入方式的特征。此外，还应考虑企业在实现国际化过程中所处的阶段。

在设计国际营销方案阶段，在选择目标市场和具体的市场进入方式之后，企业就要根据不同目标市场的需求特征和营销环境，制定企业的营销组合方案（市场营销组合指企业经营中的可控制因素，包括产品、价格、分销和促销，还补充了政治势力和公共关系，近年来强调人的因素）。其主要依据目标市场特征和市场定位，并根据目标市场的变动，对现有的市场营销组合进行必要、及时地调整。

在实施和协调国际营销计划阶段，企业为了实现经营目标，有效实施国际营销战略的策略方案，必须建立相应的国际营销组织，对设计的国际营销方案进行实施和协调，并对国际营销计划的实施效果进行及时监督，建立反馈机制，保证国际营销计划的有效实施。

案 例

华为从1996年开始正式实施国际化战略，至今业务遍及170多个国家和地区，服务全球30多亿人口。可以说，华为的国际化之路，就是华为的成长之路。没有华为的国际化，就没有今天的华为。为什么华为能成为中国科技公司的领头羊？本质上是因为华为在国际化的过程中，与世界级的竞争对手交手，适应不同地区的差异化需求，逐渐形成了自己的独特竞争力。华为海外市场开拓之路可以分为以下四个阶段。

海外试水阶段（1996—2000年）：小分队试探海外市场，寻找客户的门"往哪个方向开"。

海外点状突破阶段（2000—2005年）：雄赳赳、气昂昂奔赴海外，全面开拓，屡战屡败，屡败屡战，最终实现点的突破。2000年，华为海外销售收入首次突破1亿美元；2002年，海外销售收入5.52亿美元；2003年，海外销售收入较2002年翻了一番，达到10.5亿美元，占公司总销售收入的28%。

海外主战场阶段（2005—2013年）：经过8年奋战，海外市场成为华为的主战场。2005年，华为的海外销售收入超过国内销售收入，占总销售收入的58%；2013年，华为超越爱立信，坐上全球通信设备行业的头把交椅。

海外全球化阶段（2013年至今）：海外多业务协同作战，消费者业务异军突起，这为华为树立全球领先的ICT（信息与通信）基础设施和智能终端提供商形象立下了汗马功劳。

对于中国走出去的企业而言，华为海外市场开拓之路具有哪些借鉴意义？

第一，开拓海外市场，首先要了解当地法律，避免涉外官司。华为有强大的法务团队护航，这是非常重要的前提条件。

第二，不能赚快钱，不能依靠"打一枪换一个地方"的短视打法，必须扎下根来，打阵地战。

在开拓海外市场时，如果企业派过去的人能力不行或给的资源不够，是不可能有效打开局面的。华为是一家极具战略耐性的公司，能够始终在自己最擅长、最关注的领域坚持下去。

企业开拓海外市场，最大的困难和挑战就是缺乏对这个市场的了解，以及缺少耐心和决心。如果企业能较好地解决以上两个问题，打开市场局面只是时间问题。华为在开拓海外市场时，投入了大量的财力和人力，总是把国内最优秀的人才输送到海外市场，而不是委托当地的留学生或依靠当地公司开拓。当然，华为采用的"小国练兵、大国打仗""小国取利、大国取名"等市场策略也很巧妙。

第三，纵观华为海外市场的开拓历程，品牌、产品、供应链三者的组合拳非常关键。

品牌方面：构建认知，形成合作。华为参加了很多世界顶级的行业展会，目的是希望在世界顶级电信运营商树立品牌形象。

产品方面：开始与客户合作后，华为要有能力满足客户更高价值的需求，构建灯塔类项目，绝不在产品质量上掉链子。1998年，在IBM的帮助下，华为开始实施的IPD（集成产品开发）流程对稳定产品质量起到了关键作用。

供应链方面：这里是指广义的供应链，包括产品供应链、人才供应链、财经供应链等，是把资源在全球范围有效调度的供应能力。中国企业全球化，一定是中国产业链、供应链的全球化。

1999 年，华为在西方公司的帮助下开启了一系列变革：1999 年集成供应链体系变革 ISC、2003—2004 年组织结构设计、2007—2014 年集成财经服务体系变革 IFS、2007—2015 年销售管理体系 LTC、客户关系管理体系变革 CRM 等。

这一系列变革促使华为的全球广义供应链得以建立，使优质资源前移到一线成为可能。在任正非的心目中，华为在全球的 170 多个代表处就是 170 多个华为子公司。在未来，客户侧的合同流程应在当地代表处就形成闭环，无须总部审批，做到市场本地化，各代表处变成该国家或该地区的本地企业。要达到这个目标，就需要在广义供应链上做更多的储备。

第四，除了品牌、产品、供应链，开拓海外市场一个最大的挑战体现在如何与客户沟通，以及彼此建立信任关系上。例如，欧洲客户对一家企业的信任，首先来自对与他打交道的销售人员的认同。

第五，全球化的内涵也在发生变化，在开展全球业务时，企业并不是简单地把产品卖出去，而是要在当地建立自己的产业基地，雇用当地人才，解决当地就业问题，在当地开发产品，在当地服务客户，一定要对当地的社会经济发展做出贡献。

因此，中国企业的全球化一定是中国产业链的全球化、中国供应链的全球化。

资料来源：https://baijiahao.baidu.com/s?id = 1747901715520287893&wfr = spider&for = pc&searchword = .

讨论与思考

1. 什么是国际市场营销？如何理解国际市场营销的内涵？
2. 如何理解营销观念演进的内在原因？
3. 国际市场营销与国内市场营销的区别和联系有哪些？
4. 为什么说跨国公司的市场营销是最典型、最彻底的国际市场营销？
5. 国际营销人员应具备的素质有哪些？
6. 国际贸易与国际市场营销的关系如何？

第二章 国际营销场所

 案例导读

万豪酒店的市场细分

万豪酒店是与希尔顿、香格里拉等齐名的酒店巨子之一，总部位于美国。现在，其业务已经遍及世界各地。

八仙过海，各显神通，不同的企业有不同的成功之道。就酒店业而言，上述企业在品牌及市场细分上就各有特色：希尔顿、香格里拉等单一品牌公司通常将内部质量和服务标准延伸到许多细分市场上；万豪酒店则偏向于使用多品牌策略来满足不同细分市场的需求，人们（尤其是美国人）熟知的万豪旗下品牌有"庭院旅馆（Courtyard Inn）""波特曼丽思卡尔顿（Ritz-Carlton）"等。

1. 万豪酒店概况

在美国，许多市场营销专业的学生熟悉的市场细分案例之一就是万豪酒店。这家著名的酒店针对不同的细分市场成功推出了一系列品牌：Fairfield（公平）、Courtyard（庭院）、Marriott（万豪）以及 Marriott Marquis（万豪伯爵）等。在早期，Fairfield（公平）是服务于销售人员的，Courtyard（庭院）是服务于销售经理的，Marriott（万豪）是为业务经理准备的，Marriott Marquis（万豪伯爵）则是为公司高级经理人员提供的。后来，万豪酒店对市场进行了进一步的细分，推出了更多的旅馆品牌。

在"市场细分"这一营销行为上，万豪酒店可以被称为超级细分专家。在原有的四个品牌都在各自的细分市场上成为主导品牌之后，万豪酒店又开发了一些新的品牌。在高端市场上，Ritz-Carlton（波特曼丽思卡尔顿）酒店为高消费的顾客提供服务，赢得了很高的赞誉并倍受赞赏；Renaissance（新生）作为间接商务和休闲品牌，与 Marriott（万豪）在价格上基本相同，但它面对的是不同的顾客群体——Marriott 吸引的是已经成家立业的人士，"新生"的目标顾客则是那些职场年轻人；在低端酒店市场上，万豪酒店推出 Fairfield Suite（公平套房），丰富了自己的产品线；位于高端和低端之间的酒店品牌是 TownePlace Suites（城镇套房）、Courtyard（庭院）和 Residence Inn（居民客栈）等，它们分别代表着不同的价格水准，并在各自的娱乐和风格上进行了有效区分。

伴随着市场细分的持续进行，万豪又推出了 Springfield Suites（弹性套房）——比 Fairfield Inn（公平客栈）的档次稍高一点，主要面对一晚 75～95 美元的顾客市场。为了获取较高的价格和收益，酒店使 Fairfield Suite（公平套房）品牌逐步向 Springfield（弹性套房）品牌转化。

经过多年的发展和演化，万豪酒店现在一共管理着 8 个品牌。

2. 万豪酒店的品牌战略

万豪的品牌战略基本介于宝洁和米其林（轮胎）之间——"宝洁"这个字眼相对少见，而"米其林"却随处可见。米其林在提升其下属的 B. F. Goodrich（固锐）和 Uniroyal（尤尼鲁尔）两个品牌时曾经碰到过一些困难和挫折，万豪酒店在旅馆、公寓、饭店以及度假地等业务的次级品牌中使用主品牌的名字时遇到了类似的困惑。与万豪相反，希尔顿饭店采用的是单一品牌战略，并且在所有次级品牌中都能见到其名字，如"希尔顿花园旅馆"等。这两种不同的方式反映了它们各自不同的营销文化：一种是关注内部质量标准，一种是关注顾客需求。像"希尔顿"这样单一品牌企业的信心是建立在其"质量承诺"之上的，公司可以创造不同用途的次级品牌，但主品牌会受到影响。一个多品牌的公司则有完全不同的理念——公司的信心建立在对目标顾客需求的了解之上，并有能力创造一种产品或服务来满足这种需求。顾客的信心并不是建立在"万豪"这个名字或者其服务质量上，其信心基础是"旅馆是为满足顾客的需求而设计的"理念上。例如，顾客想找一个可以承受得起的旅馆住上三四个星期，"城镇套房"可能就是其最好的选择，他（或她）并不需要为酒店额外的品质付费，他可能并不需要这样的品质，且这种品质对他（或她）而言可能也没有任何价值。

3. 万豪酒店创新之道

万豪酒店会在什么样的情况下推出新品牌或新产品线呢？答案是：当通过调查发现在旅馆市场上有足够的、尚未填补的"需求空白"或没有被充分满足的顾客需求时，万豪酒店就会推出针对这些需求的新产品或服务——这意味着公司需要连续地进行顾客需求调研。通过分析可以发现，万豪酒店的核心能力在于它的顾客调查和顾客知识，万豪酒店将这一切都应用到了从"公平旅馆"到"丽思卡尔顿"所有的旅馆品牌上。从某种意义上说，万豪的专长并不是旅馆管理，而是对顾客知识的获取、处理和管理。

万豪酒店为品牌开发提供了有益的思路。对于一种现有的产品或服务来说，新的特性增加到什么程度时才需要进行提升？又到什么程度才可以创造一个新的品牌？答案是：当新增加的特性能创造一种新的东西并能吸引不同目标顾客时，就会有产品或服务的提升或新品牌的诞生。

万豪酒店宣布开发"弹性套房"这一品牌是一个很好的案例。当时，万豪酒店将"弹性套房"的价格定在 75～95 美元，并计划到 1999 年 3 月 1 日时建成 14 家，在随后的两年内再增加 55 家。"弹性套房"源自"公平套房"，而"公平套房"原来是"公平旅馆"的一部分。"公平"始创于 1997 年。当时，华尔街日报是这样描绘"公平套房"的：宽敞但缺乏装饰，厕所没有门，客厅里铺的是油毡，它的定价是 75 美元。实际上，对于价格敏感的人来讲，这些套房是"公平旅馆"中比较宽敞的样本房。现在的问题是："公平套房"的顾客可能不喜欢油毡，并愿意为"装饰得好一点"的房间多花一点钱。于是，万豪酒店通过增加烫衣板和其他令人愉快的东西等来改变"公平套房"的形象，并通过铺设地毯、加装壁炉和早点房来改善客厅条件。通过这些方面的提升，万豪酒店吸引到了一批新的目标顾客——注重价值的购买者。但后来，万豪酒店发现对"公平套房"所做的提升并不总是有效——价格敏感型顾客不想要，而注重价值的顾客对其又不屑一顾。于是，万豪酒店考虑将"公平套房"转换成"弹性套房"，并重新细分了其顾客市场。通过测算，万豪酒店得到了这样的数据：相对于价格敏感型顾客为"公平套房"带来的收入，那些注重价值的顾客可以为"弹性套房"至少增加 5 美元的收入。

在一个有竞争的细分市场中进行产品提升要特别注意获取并维系顾客。对于价格敏感型顾客，你必须进行产品或服务的提升以避免他们转向竞争对手。如果没有竞争或者没有可预见的竞争存在，那么就没有必要进行提升。其实，竞争总是存在的，关键是要通过必要的提升来确保竞争优势。

国际营销是跨国界的营销活动，国际市场是进行国际营销的场所。要研究国际营销，就必须对国际市场有全面的了解。本章重点介绍国际市场的内涵和形成、特点及发展趋势。

第一节　国际市场的内涵和形成

如同对市场的理解一样，国际市场也可以有不同的解释，它可以被理解为世界范围内因国际分工和经济联系而进行商品、劳务、技术等交换活动的场所，也可以被理解为国际商品购买者或购买集团的总和，还可以被理解为国际商品交换所反映的经济关系和经济活动现象的总和。但是，当我们把国际市场作为国际营销的环境考虑时，应该把它看作一个系统，即国际市场是一个与商品经济相联系，由国际市场主体、客体、载体、媒体等各种要素组成的有结构、有功能的有机统一整体。

国际市场是商品交换在空间范围上扩展的产物，它表明商品交换关系突破了一国的界限。国际市场又是不同的文明、文化在空间、时间上交织而成的多维概念。从空间上看，国际市场是一个地理的概念，它相对于某一个具体范围内的市场而言，即探讨商品交换、劳务交换和资源配置在一定范围内的特征；从时间上看，国际市场是一个历史的概念，有其萌芽、诞生、发展和形成的过程。

一、国际市场的萌生

国际市场的形成与国际贸易发展分不开，国际贸易是在国际分工和商品交换的基础上形成的。在奴隶社会，由于生产力低下，交通不便，商品流通量不大，国际贸易很有限，交易的商品主要是奴隶和供奴隶主消费的奢侈品。在封建社会，随着社会经济的发展，国际贸易也有所发展。这一时期，中国与欧亚各国通过丝绸之路进行国际贸易活动，地中海、波罗的海、北海和黑海沿岸各国之间也有贸易往来。15 世纪末 16 世纪初的地理大发现，推动了国际贸易的发展。当时参与贸易的商品主要是一般消费品和供封建主消费的奢侈品。资本主义生产方式产生后，特别是产业革命以后，由于生产力迅速提高，商品生产规模不断扩大，国际贸易迅速发展，并开始具有世界规模。从 17 世纪到 19 世纪，资本主义国家的对外贸易额不断上升。英国在国际贸易中长期处于垄断地位。当时参与国际贸易的商品主要是一般消费品、工业原料和机器设备。19 世纪末进入帝国主义时期后，形成了统一的无所不包的世界经济体系和世界市场。此后，第一次世界大战的冲击和 1929—

1933年的世界经济危机使资本主义世界经济遭到很大破坏，世界贸易额锐减并停滞不前。第二次世界大战后，国际贸易进一步扩大和发展，美国成为国际贸易中的头号大国。20世纪50年代后，随着生产的社会化、国际化程度的不断提高，特别是新科技革命带来的生产力的迅速发展，国际贸易空前活跃并出现许多新的特点，贸易中的制成品超过初级产品而占据主导地位，新产品不断涌现，交易方式日趋灵活多样。

二、国际市场的诞生

（一）资本原始积累，形成国民经济和统一的国内市场

16世纪，欧洲的一些国家，如英国、法国、荷兰、西班牙等已形成具有一定独立政权的民族国家和统一的国内市场。国内市场是国外市场发展的基础，统一的国内市场的形成，为对外贸易的发展提供了条件。

（二）地理大发现和殖民贸易兴起，统一的国际市场开始萌芽

地理大发现发生在15世纪末和16世纪初，其中最为著名的几次事件如下。

1492—1493年意大利人哥伦布率领西班牙船队横渡大西洋，发现美洲西印度群岛；1497—1498年葡萄牙人达伽马绕过非洲，发现通往印度的新航路；1519—1522年葡萄牙人麦哲伦率领的船队①穿过大西洋，沿南美洲东岸绕过美洲大陆最南端转入太平洋到达菲律宾群岛，经印度洋绕过好望角返航，第一次完成了环球航行。

地理大发现标志着殖民贸易的兴起，此后，欧洲新兴资产阶级开始抢占和掠夺殖民地，黄金、白银、香料及其他工业原料源源不断从各殖民地涌入欧洲，而欧洲的手工业产品也随着殖民船队流向其他各洲。在这一时期，大西洋、印度洋和太平洋逐渐成为国际贸易的主要运输路线，国际贸易交换商品的规模和范围有了相当大的发展，统一的国际市场开始形成。

（三）资本主义工场手工业生产方式的确立

16世纪中叶，封建社会开始瓦解，资本主义工场手工业的生产方式逐渐确立。在这一时期，社会分工不断深化，生产力水平也有较大发展，在一定程度上瓦解了自给自足的自然经济。

殖民贸易和资本主义工场手工业生产方式，决定了当时的对外贸易必须建立在国家垄断的基础上，而且以手工劳动为基础，技术水平较低，生产的发展受到很大限制。在这种条件下，社会分工和商品生产无法满足国际市场对商品的巨大需求，国际交换受到很大限制，因此，国际市场没有最终形成。

三、国际市场的迅速发展

（一）大机器生产使国际市场得以不断发展

英国在19世纪上半叶率先完成工业革命，成为世界上第一个工业国家，机器生产代替了手工劳动，科学技术发挥了越来越大的作用，工厂取代手工工场，彻底改变了传统生产方式。此外，第一次工业革命带来了以机器制造为基础的现代化企业体系，这些企业在

---

① 1521年4月27日，麦哲伦在菲律宾死于部落冲突，船队在他死后继续向西航行，完成人类首次环球航行。

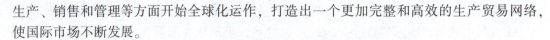

生产、销售和管理等方面开始全球化运作，打造出一个更加完整和高效的生产贸易网络，使国际市场不断发展。

（二）大机器生产所需原料需在世界范围内采购

第一次工业革命极大地促进了工业分工和专业化，从而使劳动生产力大幅提升。各地工业的国际分工日益发展，逐渐形成了一个全球化的生产网络，将各国生产力最大限度地发挥出来。英国成为"世界工厂"，在世界范围内寻求原材料，使世界成为一个统一的整体。大机器生产为各国进行经济交往提供了物质保证，从而促进了国际市场的发展。

（三）其他因素

随着工业革命的开展，机器大工业为把国际间的交流推向全球化提供了必要的条件，蒸汽机的发明、汽船的航运、铁路的畅通，大大改变了交通运输条件，使世界各地的联系更加紧密，交往也更加便捷，为全球各地区、各国和各民族的沟通奠定了初步基础。此外，电报、轮船、铁路等进一步加强了国际物流，使各国的货物跨境等流程更加完善。全球经济互通与协作大幅度提高，从而推动了经济交流的深入，进一步促进了世界市场的发展。

四、统一国际市场的形成

（一）统一的国际市场初步形成

19世纪末20世纪初，自由竞争资本主义过渡到垄断资本主义，同时爆发了第二次工业革命。在产业革命的影响下，运输工具也有了划时代的进步。各种交通工具大大便利了各国和各洲间商品货物的运输，国际贸易的周期和风险缩小，规模却成倍扩大。这样，国际分工和商品交换在交通工具现代化和廉价商品大量涌现的基础上得到了深化和发展，并遍及世界各主要国家，同时，生产力获得了巨大发展。在生产关系变革和第二次工业革命的推动下，统一的国际市场初步形成。

（二）国际市场得到了进一步发展

20世纪中叶，以核电力、电子技术、石油化工为代表的新型工业部门建立，国际市场发展到前所未有的程度，具体表现在国际市场规模扩大化、国际市场内容多元化。当前的国际市场已不再是单一的商品市场，还包括资本市场、技术市场、劳务市场、房地产市场、信息市场等多种市场类型和交易客体。

（三）当前的国际市场全球化、一体化

全球经济一体化是指在国际分工和国际交换大大深化的基础上，世界各国已成为统一的经济实体中的一个部分，并通过国际市场相互紧密地联系起来。各地区海关货物2020年、2021年进出口总额如表2-1所示。

表2-1　各地区海关货物进出口总额　　　　　　　　单位：万美元

按地区	2020年			2021年		
	进出口总额	出口总额	进口总额	进出口总额	出口总额	进口总额
总计	465 591 316	258 995 161	206 596 155	605 016 617	336 302 310	268 714 307
亚洲	238 775 903	123 074 964	115 700 939	306 055 687	157 666 853	148 388 834

按地区	2020 年			2021 年		
	进出口总额	出口总额	进口总额	进出口总额	出口总额	进口总额
非洲	18 794 272	11 422 062	7 372 210	25 424 564	14 834 081	10 590 483
欧洲	90 824 805	53 568 103	37 256 702	117 901 548	70 079 434	47 822 114
北美洲	65 143 586	49 386 185	15 757 401	83 809 687	62 766 802	21 042 885
拉丁美洲	32 012 042	15 070 870	16 941 172	45 140 690	22 898 907	22 241 783

资料来源：根据《中国统计年鉴 2021》整理

随着国际市场的发展，经济活动的专业化程度越来越高，跨国公司越来越注重国际合作。国际协作空前发展，由国内扩展到国外，由双边协作扩大到多边协作；由跨国公司及其子公司间的协作扩大到跨国公司之间、不同跨国公司的子公司之间的协作；由生产领域的横向协作延伸到科研、生产和销售全过程的纵向协作。在大型跨国公司，特别是机器制造业中，越来越依靠公司间签订的长期协议和合同来维持生产经营的正常运转，因而导致全部或部分用国外生产的零部件组装的"国际性综合产品"充斥世界市场。由此可见，跨国公司是推动国际市场扩大的一股重要力量。知名跨国公司 2021 年营业额如表 2-2 所示。

表 2-2　知名跨国公司 2021 年营业额　　　　　　　　　　　　单位：亿美元

公司名称	中文名称	总部所在地	主要业务	营业收入
Exxon Mobil	埃克森美孚	美国	炼油	2 856.40
Wal-Mart Stores	沃尔玛商店	美国	零售	5 591.00
Mitsubishi	三菱商事	日本	多样化商品	34.78
Sinopec	中国石化	中国	石油化工	3 965.66
Allianz	安联	德国	保险	135.22
Renault	雷诺	法国	汽车	108.76
Royal Dutch/Shell Group	皇家荷兰壳牌集团	荷兰/英国	炼油	2 456.65

第二节　国际市场的特点

随着国际市场的形成和发展，当代国际市场出现许多新特点。认识这些特点，对从事国际市场营销的企业来说至关重要。

一、发达国家是世界贸易的主体

（一）西欧市场

西欧地区是资本主义的诞生地，资本主义世界绝大部分的工业、经济、科技力量集中在该地区。

西欧地区的大多数国家为工业高度发达的国家，其中最具经济实力的为德国、法国、英国、意大利四国，其他是经济实力较弱的小国，但这些小国的某些经济部门在世界上也占有重要的地位。由于西欧经济高度发达，因此出口贸易在西欧国家占重要地位，在国民生产总值中占有很大的比重。总的来说，西欧市场是一个容量很大、消费水平很高、购买力很强的消费品市场和工业品市场。

第二次世界大战后，特别是 20 世纪 60 年代末 70 年代初，西欧经济高速发展，居民的购买力有很大幅度提高，居民生活达到了很高的水平，轿车和家用电器已普及。西欧地区市场上不仅商品种类多、款式新、变化快、质量高，而且市场竞争十分激烈，居民消费逐渐向改善居住条件、卫生保健、追求精神生活享受方面倾斜，如旅游、度假、艺术欣赏等。

西欧消费者的消费特点是永远不满足现有商品，始终在追求新颖的商品，其消费趋向是食品方便化、营养化，服饰个性化、时髦化，家庭陈设艺术化，家用电器电子化，节日用品日用化。

各国政府对商品的监督管理严格，多数国家对各种商品的质量、包装等有严格的规定，不符合规定的商品不准在市场上销售。大百货公司、超市、专业商店、邮购商店等是零售业的主要渠道。

（二）美国市场

美国市场是世界上规模最大的市场，购买力极强，形成了巨大的消费品市场。另外，美国的工业体系和政府体系庞大，需要大量的原材料用于生产，也需要大量的机器设备用于企业和政府的设备更新，因而又形成了巨大的生产资料市场。

美国消费者最突出的消费习惯是追求新鲜事物。美国消费者对消费品的要求是科技含量高、质量好。美国市场上产品的生命周期较短，经常有大量的新产品进入市场，同时也有大量的"老"产品退出市场。在美国市场上，消费者主要通过广告宣传来了解和认识产品，因此，广告在美国市场上特别重要。

（三）日本市场

日本是经济强国，日本的工业体系和政府体系也很完善，这两大体系需要大量的原材料和机器设备，而日本又是一个资源十分贫乏的国家，因而形成了巨大的生产资料进口市场。由于上述消费品市场和生产资料市场都颇大，总的来说日本国内市场也十分巨大，但国外企业特别是欧美国家的企业却认为日本国内市场对国外企业的开放程度不大，这主要是由于日本实行隐蔽的非关税壁垒。近几年，日本政府的国内市场对外开放政策有所松动，并在逐步开放本国的市场。

由于上述特点，日本市场上的进口商品主要是初级产品，即原材料；而生活消费品和生产资料很少进口。相对于其他国家的消费者，日本消费者对消费品的要求很高。另外，日本消费者还十分重视产品的售后服务。日本政府对进口商品有严格的规定，这些规定包括卫生安全规定，包装、标签规定等。

二、商品结构上的差异

发达资本主义国家的工业结构发生了很大变化。轻工业在制造业中的比重下降，重工业比重上升。在重工业中，石油化学工业和金属制品工业的比重上升。由于科技革命，一批新兴工业涌现，如电子工业、原子能工业、石油化学工业等，这些新兴工业的产品在国际贸易中数量不断增加，比重也日益加大。发达国家与发展中国家之间是高精尖工业与一般工业的分工，这扩大了世界工业制成品的贸易。居民消费结构中，衣、食方面的支出比例下降，而用于光电热及文化娱乐的支出比例逐年增加，这对耐用消费品的贸易起到了促进作用。

电子商务创造了一种新的电子商业环境，使买卖双方以往交易时所需的许多步骤能由电子技术自动综合处理，达到降低交易成本的效果。今后电子商务将成为全球贸易中主要的交易方式，它将促使各国经贸电子商务发展进程的加快，促使世界经贸活动连成一片。

三、贸易方式多样化

国际贸易方式是指国际间交易的具体形式或所使用的各种具有不同特点的交易方法。随着国际市场的扩大，国际贸易方式也在不断变化，并呈现出多样化趋势。当前，除了普遍采用的单边进口和单边出口的经营方式外，还有包销、代理、展卖、寄售、拍卖、招投标、期货交易、补偿贸易、租赁贸易等多种方式。这些方式的采用，不仅降低了国际贸易中买卖双方的风险，节省了交易费用，而且在很大程度上减少了由于国情方面的差别给国际营销带来的不便。

案 例

福特汽车公司生产的 F-150 敞篷小型载货卡车 20 多年来一直是全美机动车销售冠军。在 2003 年年末，福特汽车公司采取新的广告策略，对 F-150 敞篷小型载货卡车提出了一个新的概念。如同在同伴案例研究中所描述的，"新的 2004 年 F-150 网络广告拉动销售"商业活动在重大的广告活动中是史无前例的，这一关键事件被福特汽车公司 CEO 威廉姆·福特誉为"福特历史上最重要的广告运作"。在早期的商业活动中，福特就确信互联网能够成为一个重要的广告运作部分。借助这次商业活动，福特想将互联网度量尺度与整个商业活动尺度进行整合，以更好地了解互联网在支持品牌影响力和新产品销售与租赁上是多么有效。

这个广告用英语和西班牙语通过电视、广播、平面、户外广告及电子邮件等进行广泛的宣传。标准单元网络广告（平面、长方形、摩天楼）在与汽车相关的主要网站上出现。此次网络广告活动侧重在主要门户网站的高到达率及访问率的页面，包括主页和邮件部分。"数字障碍"宣传是福特汽车公司在底特律的代理商 J. Walter Thomopon 先生的创意。这些数字化障碍在一个月内的两个重要日子分开出现，这次商业活动是福特汽车公司 50 年来最大的一次，也是 2003—2004 年度中最大的一次广告活动。

Marketing Evolution 公司对看到广告的电视观众和杂志读者及在网上看到广告的受众作了调研。通过在商业活动运行前、进行中和完成后对电视观众和杂志读者的调查（所谓的前后连续性跟踪研究），衡量看到广告的受众对其认知度的增长情况。网络受众方面，通过名为"体验设计"的调查方法来调查，向约 5% 浏览过福特汽车公司广告的受众换为展示美国红十字会控制广告。网络受众也接受了商业活动中电视和杂志广告效果的测试。Marketing Evolution 将 Insight Express 作为数据收集合作伙伴，智威汤逊公司启用了 Double Click 公司管理互动广告活动并实现体验设计的区隔与控制。

电视产生了完全达到受众和购买欲冲击的层次，但是在成本效果上不如其他媒体。出现在与汽车有关的网页上的网络广告，证实在提升购买欲方面是最有效的。在提升购买欲方面，入口处立放的广告和杂志上的广告比互动广告要贵，但与电视广告相比，它们在每有效印象成本上有很大价值。访问 MSN 网站上汽车与卡车网页的用户，调查组将他们的购买习惯与没有浏览过这些网页的人们做了比较，显示出浏览与购买行为之间的相关性，但不是直接原因。浏览过网页的人购买 F-150 的可能性大概是没有浏览过网页的人的两倍。调研人员同样跟踪了数十个搜索网站上的许多相关搜索词的运用。在研究时期，这个搜索术语在所有互联网用户的到达率是 0.6%，但那些输入跟踪搜索单词的人占所有购买汽车用户的 3%。其购买 F-150 的可能性，是不使用搜索功能的因特网用户的 4 倍还多。

电子路障广告既相对合算，又产生重要的每天到达率。这些在汽车相关的网站上出现的高成本效益广告，将目标具体集中在市场内部有购车需求的受众。当他们要做出购买决定时，关注网站这个强大媒体在达到漏斗最底部期望值的潜力。

资料来源：https://wk.baidu.com/view/6f8b84bb4a649b6648d7c1c708a1284ac8500528?pcf=2&bfetype=new&_wkts_=1691743001103&bdQuery=.

第三节　国际市场的发展趋势

进行国际营销不仅要了解国际市场的过去和现在，还要了解国际市场的发展趋势。只有这样，才能更好地制定企业的长期营销战略，适应国际市场的发展需要，做到趋利避害、扬长避短，以有效开拓国际市场。

一、服务业兴起

世界各国在经济发展进程中，都存在产业结构演变的一般规律，即产业结构不断升级。随着生产力水平的不断提高，先是农业的比重急剧下降，工业（主要指制造业）和服务业的比重相对上升；然后在发展的更高阶段，农业和工业的比重都出现下降趋势，服务业比重则保持上升趋势。服务业在工业化开始后的各个阶段中都保持相对较快的增长趋势，其基础在于有形产业部门生产率的相对提高。

二、全球价值链体系形成

发达国家产业结构进一步转化，发展中国家制造业的比较优势逐步显露。由于发达国家在科技领域居于绝对优势地位，因而可广泛利用应用技术，降低资源和劳动力在投入要素中的比重，使有形产业的劳动生产率迅速提高。同时，将闲置出来的资源和劳动力转向高科技、高附加值的工业部门和服务行业，使产业结构进一步优化，逐步进入后工业化社会。而多数发展中国家由于实施了鼓励工业化和制成品出口政策，并且接收了由发达国家转移出来的许多制造业部门，使工业生产能力大幅度提高。相对于其他产业，第二产业在劳动生产率上占明显优势，并使其比较优势在国际市场上显示出来。然而，发展中国家的这种比较优势，在很大程度上仍受发达国家的制约。从东盟国家发展制造业实行出口导向战略的经验看，发展中国家固然能从这种产业转移中得到种种好处，如发展本国工业，获得较高的经济增长率等，但由于这种转移顺序凝固化，且很难获取关键技术，容易成为发达国家的"加工厂",而发达国家依旧保持其在技术和经济上的领导地位。

三、技术变革带来新兴工业的崛起

高新技术产业迅速发展,并成为带动其他部门发展的主导力量。随着微电子技术、新材料技术、新能源技术、生物技术、海洋技术、航天技术等一系列高新技术的发展和应用,不仅这些高新技术产业本身得到迅速发展,成为支撑经济增长和提高国际竞争能力的关键产业,而且通过其产品和成果的推广运用,可对其他部门进行彻底改造,促进劳动生产率提高,最终推动产业结构升级。这些新兴工业的崛起,使国际产业结构不再简单地用发达国家和发展中国家所在的地理位置进行地缘分布的划分,而是在发达国家和发展中国家之间正在形成某些产业系列的中介,这就导致国际产业结构的变化更趋动态性和多元化。

四、跨国公司的作用不断深化

一国的产业结构不再仅受本国生产力和产业政策的制约,还越来越多地受到跨国公司以及政府间协调的影响。跨国公司在东道国的经营固然要受东道国法律、政策的约束,但东道国出于吸引外资的需要,不得不放宽对跨国公司的限制。这就使跨国公司有更多的权力决定资金、技术等生产要素的国际配置,并通过这些要素在公司内部进行国际性转移,影响国际产业结构的调整。另外,在区域一体化的影响下,区域集团内部的国家不再局限于在本国范围内考虑产业结构的变化,而是通过协调国内产业政策和国际间分工、合作的需要,决定本国产业的发展方向,从而影响国际产业结构的变化趋势。

跨国公司在国际市场中的作用不断加深。如今的全球 500 强企业大部分为跨国公司,跨国公司成为国际贸易之外对外直接投资的主要形式。跨国公司各国分部门之间产品转让的增长速度差不多是全球贸易增长的两倍,如 2021 年全球 500 强之首的商品零售业巨头沃尔玛的营业收入达 5 591 亿美元,同期全球进口贸易总额为 2 563 亿美元。跨国公司通过要素配置和生产经营活动对国际市场产生影响,这种影响无疑是巨大的,但仍远未达到它所应达到的水平。在今后很长时间里,跨国公司都将是国际市场中最为活跃的因素。

> **案 例**
>
> 中国是世界上潜力最大的饮料消费市场,可口可乐公司前总裁郭思达曾说过:"如果能使中国像澳大利亚一样,每人每年消费 217 瓶可口可乐,可口可乐在中国每年的消费量将达 100 亿标箱,相当于又有一个同等规模的可口可乐公司。"正是基于这个原因,可口可乐在世界饮料市场扩张的同时,更把对中国饮料市场的占领放在更突出的位置,在开拓中国市场上做出了巨大的努力。自进入中国市场以来,可口可乐全球创意平台"乐创无界"于中国市场先后推出"星河漫步""律动方块"以及"魂·境"三款限定产品,通过挖掘年轻消费者热爱的"太空""元宇宙"和热门 IP 等元素,赢得了年轻消费者的共鸣。此外,雪碧在去年一季度发布了全新的视觉系统并积极扩增无糖产品线,全新的视觉形象提升了品牌辨识度。可口可乐公司不断调整产品组合,以满足消费者不断变化的饮用需求。2022 年,可口可乐公司在中国市场上市二十余款产品,覆盖风味汽水、果汁、咖啡和茶等多个品类。2022 年,可口可乐中国携手两大装瓶合作伙伴——中粮可口可乐和太古可口可乐持续投资中国市场,以优化本土产能布局,满足不断升级的消费需求。

　　卓越的品牌管理是可口可乐成功的关键所在，可口可乐主要品牌不但具有明确的定位，而且能够长期保持稳定性；同时，对品牌的塑造和维护非常重视，不断根据不同地区、不同文化、不同阶段因地、因时制宜地管理品牌。可口可乐品牌如今成为企业最为宝贵的无形资产，也是企业取之不尽的财富源泉。

　　物美价廉是竞争取胜的重要法宝，也是大家熟知的道理，可口可乐将之发挥得淋漓尽致。它十分重视产品的品质管理和质量保证，产品最关键的部分，即配方是全球统一配制，质量严格控制，口味绝对保证，产品高度标准化。此外，因为制作简单，材料普通易得，适宜大规模生产，每瓶饮料成本很低，所以能够低价销售，不但让消费者"买得起"，而且能够"物超所值"。从鲜艳夺目的包装、形态优美的造型，到夺人眼球的广告，从默默无闻到遍布每个角落，可口可乐的营销工作无疑是优秀的。虽然早已成为世界第一饮料品牌，公司仍不时大手笔地制作广告宣传。在创建和维护分销渠道上也尽心尽力，不但非常重视与装瓶商和分销商的关系，在努力帮助他们成长的同时，创造自我发展机会。重视终端消费者，通过渠道深耕，来实现"以小取大"的分销战略布局。

　　从可口可乐的案例中，可发现在顾客主导的现代消费市场里，一定的营销策略是需要的，也是必要的。

讨论与思考

1. 国际市场的内涵是什么？国际市场是如何形成的？
2. 殖民贸易兴起的标志是什么？
3. 国际市场的特点有哪些？
4. 为什么说发达国家是世界贸易的主体？
5. 什么是国际贸易方式？国际贸易方式有哪些？
6. 如何理解国际市场的发展趋势？

第三章　国际营销环境

案例导读

华为的"技术禁令"

2018 年，华为是全球第三大半导体采购商，占全球市场份额的 4.4%，仅次于三星电子和苹果。2019 年 5 月 16 日，美国商务部工业和安全局（BIS）正式把华为技术有限公司及其 68 家关联企业列入出口管制"实体清单"。2020 年 8 月 17 日，美国商务部工业和安全局（BIS）对华为颁布新禁令，任何使用美国技术及软件生产的零部件，自 9 月 15 日起未经美国商务部许可，都不能再对华为出货。

2019 年 3 月，针对美国《2019 财年国防授权法案》中限制美国政府机构从华为购买设备和服务的条款，华为在美国得克萨斯州东区地区法院提起诉讼，请求法院判定这一条款违宪。诉讼历时近 12 个月，最终以华为起诉失败告终。

2019 年 6 月，华为起诉美国商务部及其下属的工业安全局和出口执法办公室，指控其以出口检查名义，扣押一批华为电信设备，使这批货物滞留美国。这次诉讼的结局是美国政府决定退回设备，华为撤诉。

2019 年 11 月 22 日，美国联邦通信委员会（FCC）以保护国家安全为由，禁止美国企业使用联邦补贴购买华为、中兴的设备或服务。2020 年 2 月，法院对华为的诉求未予以支持，允许美国政府按原计划不再采购指定的华为产品和服务。

2020 年 10 月 30 日，华为公司在美国提出诉讼，内容是控告美国政府 16 个部门故意拖延公开多份涉及孟晚舟被捕案的文件。2020 年开始，华为推出鸿蒙操作系统，自研芯片应对断供，也通过投资半导体产业链提升芯片生产能力。

2020 年 11 月，华为出售荣耀，缓解芯片压力。在手机业务暂时无解的情况下，华为云与计算业务站上前台。任正非表示，华为云是未来华为发展的一个重要业务。

第一节　国际营销环境的含义及特征

一、国际营销环境的含义

营销环境是指围绕并影响企业生存和发展的各种客观因素之和，这些因素包括政治、法律、经济、社会文化、技术发展和竞争活动等方面。国际营销环境是指由本国和外国营销环境中各种因素相互交叉、相互作用而形成的营销环境。它的范围比较广，根据菲利普·科特勒的研究，国际营销可分为微观营销环境和宏观营销环境。微观营销环境和宏观营销环境之间不是并列的关系，而是主从关系，微观营销环境中所有的因素都要受宏观营销环境中各种力量的影响，如图3-1所示。

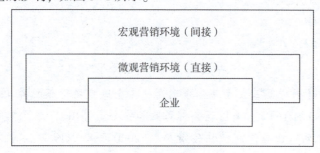

图3-1　国际营销环境构成

国际营销中的微观环境与企业紧密相连，是企业营销活动的参与者，直接影响与制约企业的营销能力。它与企业具有或多或少的经济联系，也称为直接营销环境，又称为作业环境，包括市场营销渠道企业、顾客、竞争者以及社会公众。宏观环境是指影响微观环境的一系列巨大的社会力量，主要有人口、经济、政治、法律、社会文化以及生态自然等因素，宏观环境一般以微观环境为媒介去影响和制约企业的销售活动。宏观环境因素与微观环境因素共同构成多因素、多层次、多变的企业营销环境的综合体。

国际营销环境是企业的不可控因素，在国际市场，政治、法律、社会、文化、经济、市场、自然资源的不同，以及国外消费者的经济收入、生活习惯、消费态度、教育水准的差异，都会对企业的国际市场营销产生极大的影响，甚至决定企业国际营销的成败。因此，分析、研究和评估国际营销环境是开展国际营销的前提和基础。

二、国际营销环境的特征

国际营销环境具有客观性、差异性、多变性和相关性。

第一，客观性。环境作为企业外的不以营销者意志为转移的因素，对企业营销活动的影响具有强制性和不可控性。一般来说，企业无法摆脱和控制营销环境，特别是宏观环境，企业难以按自身的要求和意愿随意改变它，但企业可以适应环境的变化和要求，制定并不断调整市场营销策略。

第二，差异性。不同的国家或地区之间，宏观环境存在着广泛的差异；不同的企业之间，微观环境也千差万别。企业应根据环境变化的趋势和行业特点，采取相应的营销策略。国际市场营销最重要的特点之一在于其营销环境与国内营销环境有很大的差异，这种差异导致了国际营销活动的错综复杂。

第三，多变性。营销环境是一个动态系统。构成营销环境的诸因素都受众多因素的影响，每一个环境因素都随着社会经济的发展而不断变化。营销环境的变化，既给企业提供机会，也给企业带来威胁，因此企业要不断适应变化的环境需求，及时调整营销策略。

第四，相关性。营销环境诸因素之间相互影响、相互制约，某一因素的变化带动其他因素发生变化，形成新的营销环境。例如，经济因素不能脱离政治因素而单独存在；同样，政治因素也要通过经济因素来体现。

案　例

彼尔勃瑞公司开发其"绿巨人"牌蔬菜的国外市场，是从推销罐头甜玉米开始起步的。

彼尔勃瑞公司原以为玉米产品在国际市场上不必进行任何口味上的改变。但令该公司大吃一惊的是，要调整的不是口味而是营销方式。法国人喜欢拌着色拉吃冷玉米；英国人将玉米当作三明治的馅；在日本，学生放学后喜欢食用罐装玉米；韩国人吃甜玉米时则喜欢涂上冰激凌。即使是同样的玉米罐头，各国的食用方法也不尽相同。

毋庸多言，在美国市场适用的广告在其他国家则不适用。因此，彼尔勃瑞公司根据不同市场特点设计了不同的广告，有的广告画面是玉米仁从玉米棒上掉入色拉中，有的广告画面是冰激凌的顶部加玉米仁。

"人类学之父"爱德华·B. 泰勒说："文化是一个复合的整体，其中包括知识、信仰、艺术、道德、法律、风俗以及作为社会成员而获得的其他方面的能力和习惯。"文化环境制约着各国消费者的需求特点。企业营销的核心是更好地满足顾客的需求，因此，企业首先应分析文化背景，了解国标市场的需求特点，根据特点确定相应策略。了解国外的文化环境有助于扫除文化适应的障碍。人们在营销决策时，往往会无意识地参照自己的文化观念，即自我参照标准。营销者必须知己知彼，克服自我参照标准。

第二节　微观营销环境

微观营销环境是企业在不同目标市场进行营销活动时构建的、处于不同国家和不同地域的分支机构的组织结构，以及与当地社会文化特征相结合的企业文化特征等环境。微观营销环境既受制于宏观营销环境，又与企业营销形成协作、竞争、服务、监督的关系，直接影响与制约企业的营销能力。

一、公司内部因素

公司内部因素，主要表现为营销部门和其他部门的关系。各部门出于利益的考虑，彼此间可能存在着既竞争又合作的关系。公司内部各部门的竞争，首先是围绕资源的分配来进行的。例如，公司应该录用更多的管理人员还是推销人员，是为市场研究方面提供更多的经费还是为技术开发方面提供更多经费，这些都是公司应做出的重要决策。若不能充分地调配和使用资源，就意味着公司总利润将降低。此外，公司内部的竞争也表现在员工受部门工作特点的限制和对部门业绩的关注。例如，财务管理部门关注的是投资报酬率如何，是否有足够的资金来执行营销计划，成本的开支及销售的风险等事项；采购部门所关注的是能否购入充足的原材料，从何处购入，采购的条件如何等事项。因此，营销部门可能与其他部门发生矛盾。但另一方面，部门间的合作也是十分必要的，以新产品的开发和试销为例，营销部门要通过市场调研，确定消费者的需求，然后由研究和开发部门提供必要的技术资料，再由财务部门进行成本和收益评估，并筹集资金。

企业各部门的竞争与矛盾要转化为协调合作，不仅要求营销部门要与其他职能部门加强沟通，还要求企业领导把营销职能置于各项职能的中心地位，并培养全员营销的观念，而不是把营销仅看作营销部门的事。

二、公司外部微观环境

公司外部微观环境主要包括供应商、营销中间商、买主、竞争者及公众。这些因素与企业有着双向的运作关系，在一定程度上，企业可以对其进行控制或施加影响。

1. 供应商

供应商是向企业及其竞争者提供生产经营所需资源的企业或个人，包括提供原材料、零配件、设备、能源、劳务、资金及其他用品等。供应商对企业营销业务有实质性的影响，其所供应的原材料数量和质量将直接影响产品的数量和质量，所提供的资源价格会直接影响产品成本、价格和利润。供应商对企业供货的稳定性和及时性，是企业营销活动顺利进行的前提。在物资供应紧张时，供应商的供货情况更起着决定性的作用。企业对供应商的影响力要有足够的认识，应尽可能与其保持良好的关系，并拓展更多的供货渠道，甚至采取逆向发展战略，兼并或收购供应者企业。为保持与供应商的良好合作关系，企业必须与供应商保持密切联系，及时了解供应商的变化与动态，使货源供应在时间上能得到切实保证。根据不同供应商所供货物在营销活动中的重要性，企业可按照资信状况、产品和服务的质量、价格等对供应商进行等级归类，以便合理协调、抓住重点、兼顾一般。

2. 营销中间商

营销中间商主要是指协助企业促销、销售和经销其产品给最终购买者的机构，包括中间商、实体分配公司、营销服务机构和财务中介机构。

3. 买主

买主包括生产资料的买主、消费品的买主，以及作为买主的政府、中间商等。不同的买主有不同的需求特点和购买行为。买主是影响公司营销成效的最基本因素。

4. 竞争者

竞争者从消费者的角度可以分为几种类型，包括欲望竞争者、平行竞争者、产品竞争者、品种竞争者、品牌竞争者，这些不同类型的竞争者对消费者的选择和购买决策产生影响，并让消费者根据自己的需求和偏好进行选择。

第一，欲望竞争者。即提供不同产品、满足不同消费欲望的竞争者。

第二，平行竞争者。即满足同一消费欲望的不同产品之间的可替代性，是消费者在决定需要的类型之后出现的次一级竞争，也称属类竞争者。

第三，产品竞争者。即满足同一消费欲望的同类产品不同产品形式之间的竞争。

　　第四，品种竞争者。即决定了产品后所要购买款式的竞争者。

　　第五，品牌竞争者。即同一品种的不同品牌的竞争者。

5. 公众

　　公众是指对企业实现营销目标的能力有实际或潜在利害关系和影响力的团体或个人，包括融资公众、媒介公众、政府公众、社团公众、社区公众、一般公众和内部公众。

案　例

　　星巴克（Starbucks）公司的营销是一个成功的微观营销案例。该公司通过创造个性化客户体验来吸引消费者和保持客户忠诚度。例如，星巴克推出了用户自定义饮品的功能，消费者可以在应用程序中选择咖啡因含量、调味品、牛奶的类型等，以获得他们喜欢的饮品。此外，星巴克还在每年的假期推出一系列季节性饮品和杯子，以吸引客户。这些季节性限定品往往具有与主题相关的设计和颜色搭配，使得这些产品极具收藏价值。

　　星巴克2019第一季度财报显示，在2018年第四季度，星巴克中国/亚太地区同店销售增长3%，交易增长1%，消费者在单次消费中的金额增长2%。可以理解为，消费者在星巴克喝咖啡的时候，顺手买了星巴克价格不菲的周边产品。

　　在星巴克所有的周边里，坚持最久的周边产品就是杯子，基本上马克杯、随性杯、吸管杯、保温杯、纸杯等应有尽有，2019年出的猫爪杯更是火爆，从199元炒到了1 000元。在大多消费者看来，星巴克的杯子是社会身份地位的象征，在其品牌光环效应下，杯子成了星巴克最具影响力的周边。和其他品牌无限制出周边不同的是，星巴克的杯子是根据会员等级划分购买时间，且限量发售。2019年的猫爪杯，就来了一回饥饿营销连击。而星巴克的周边，需要会员去花钱购买，且价格不低。除了增加营收，另一层意思是让消费者感受到产品的珍贵，以价格彰显价值。

　　在猫爪杯未火之前，星巴克众多杯子中最有影响力的是星巴克的圣诞杯。从1997年圣诞节限定杯开始，这个创意星巴克已经玩了二十多年。圣诞杯之所以这么有名，很大原因是星巴克把纸杯上的设计权全部交给消费者。2017年数据显示，星巴克当年的限量纸杯是从13个国家1 200多个作品中选出的13个作品，组成当年的圣诞杯。甚至网友在拿到圣诞杯后，纷纷进行再创作，而自己的创作，就是发朋友圈的理由。加上大多数人从众的心理，晒星巴克杯子的人就越来越多。

　　除了圣诞杯，星巴克基本上每年都会在固定节日上市三款特饮，来满足现在追求新奇的消费者。在杯子上写名字，最初是因为消费者众多，星巴克防止出错特地把消费者的名字写在杯子上。当消费者发现自己的名字在星巴克杯子上时，纷纷晒在社交网络上，吸引了大多数人的目光，算是品牌无心插柳柳成荫的营销效果。无论是在杯子上写名字，抑或限量发售杯子，还是在杯型上做文章，都是为了稳固老客户，吸引新的消费者，让喜爱星巴克的消费者能有与众不同的体验，让没有光顾星巴克的消费者有全新的消费体验。

　　资料来源：https://wk.baidu.com/view/d1a3054ecf7931b765ce0508763231126fdb 7768？pcf=2&bfetype=new&_wkts_=1691744131126&bdQuery=.

　　https://zhuanlan.zhihu.com/p/71112717.

第三节　宏观营销环境

宏观营销环境是指会对企业营销活动造成市场机会或环境威胁的主要社会力量，包括人口、经济、自然、政治、法律、文化等因素。

一、人口环境

人的需求是生产的出发点和归宿。人口因素是构成市场的基本因素，人口因素对消费品及生活服务的需求产生直接影响，对生产资料及生产服务的需求产生间接影响。人口因素中的主要变量包括人口数量、人口流动、人口增长率、人口年龄结构、人口性别结构和家庭结构。

（一）人口数量

人作为生产者是有条件的，而作为消费者则是无条件的。在购买力一定的前提下，人口数量直接影响着市场的规模。对影响生活必需品的需求而言，人口数量比收入水平更为重要。对人口数量的认识要与人口的地理分布相联系。

（二）人口流动

统计资料显示的各地区人口数，一般是在一定时间点上人口的静态指标。但在现实中，人口会发生流动，如以改善就业和生活条件为动机从落后地区向发达地区流动，从乡村向城市流动等。对一些人口流入的热点地区，应特别重视流动人口对市场容量和需求结构的影响。

（三）人口增长率

人口增长率是人口的增长量与原有人口的比率。人口增长的一般规律是：发达地区比落后地区增长慢；城市比农村增长慢；受教育程度高的比受教育程度低的增长慢。显然，经济落后而人口增长快的地区，比经济发达而人口增长慢的地区，其消费的档次、结构的提高和改善要慢得多，对必需品量的需求比质的需求更为重要。

（四）人口年龄结构

人口年龄结构，也称人口年龄构成。它是指在一定时间范围内，一个地区各年龄阶段人口在全体人口中的比例。根据生命周期消费理论，消费者寻求整个生命周期的效用最大化，即第一阶段参加工作，第二阶段纯消费而无收入，用第一阶段的储蓄来弥补第二阶段的消费。根据生命周期消费理论的结论显示，处在不同年龄阶段的个体，其边际消费倾向不会趋于一致。对于整个社会来说，社会的人口年龄结构会直接影响整个社会的总消费。

而不同年龄层次的消费者需求特点不同，消费偏好也不同，人口年龄结构的变动也影响消费结构的变化。一是人口老龄化，导致老年人市场不断扩大，对养老保健的需求日益增长，促使企业日益关注老年市场的需求变化。二是出生率下降，造成婴幼儿数量减少，导致婴幼儿市场需求面临萎缩。

（五）人口性别结构

人口性别结构是指在一定时期内，一个国家或地区的人口构成中，新出生的男性或女性各在总人口中的比例。在不同的国家或不同的人口群体中，男性与女性所占的比重是存在差异的。而性别的差异会对消费产生直接的影响，进而对整个社会的消费产生影响。

第一，不同性别的人在消费心理、消费结构上是有差异的，尤其是在穿戴用品及美容、保健的需求上，差异更大。例如，对于糖、脂肪、热量、添加剂等饮食健康要素，女性消费者则明显较男性消费者更为关注。而男性消费者对食品是否富含蛋白质更为看重。

第二，对人口性别结构的认识，不能仅局限于消费者，还要从消费者的行为构成上看。例如，在很多国家中，男性的经济收入要高于女性，但男性直接用于购买商品的支出并不多，家庭中的日用品、副食品的购买决策大多由女主人做出，而性能较复杂的高档耐用消费品的购买决策大多由男主人定夺。但是，随着许多国家女性就业率的增加，女性参与家庭购买决策的权力和范围越来越大。在购买的决策上，男性决策迅速、理智，重视产品的质量和功能；而女性比较重视产品的外表，选择商品更有耐心。

（六）家庭结构

人口是经济社会发展的基础和载体，而家庭是社会的基本组成单位。当人们组成了家庭，新的需求便产生了。随着人类社会的不断进步，人们受教育程度不断提高，观念不断更新，传统家庭比例下降。

第一，生育、死亡和迁移等人口因素直接影响家庭结构。生育水平下降导致子女数量减少，平均预期寿命提高和老龄化程度加深导致老年人增多，迁移流动增多导致亲子异地居住比例提高。这些因素共同导致核心家庭、单人户和残缺家庭等小家庭增多，直系家庭等大家庭减少。

第二，婚姻、生育、性别和家庭文化观念等社会因素直接影响家庭结构变化。婚育观念与行为日益多元化，晚婚晚育、不婚不育现象增多，初婚初育年龄均逐渐增大，性别平等意识逐渐增强，结婚率下降，离婚率与终身不婚率上升，生育意愿低迷，生育率处于低水平。这些因素共同导致单人户显著增多，核心家庭尤其是夫妻核心家庭增多。

第三，教育、就业、收入、住房等经济因素深刻影响家庭结构变化。高等教育大众化延迟了劳动年龄人口进入劳动力市场的时间。随着就业增加、收入水平提高，人民住房条件显著改善，直系家庭和复合家庭等大家庭维系的力量减弱。

家庭小型化的趋势，独身家庭和单亲家庭的出现，每一家庭生命周期运行的不同阶段，以及家务劳动的自动化、社会化趋势，都在改变着需求的结构、数量和质量。

二、经济环境

市场交换是一种经济行为，经济因素也是直接制约营销活动的基本因素。国际营销的经济环境是各种直接或间接影响和制约国际营销的经济因素的集合，是国际营销环境的重要组成部分，具有国际营销环境的各种特征。国际营销的经济环境十分复杂，涉及的因素很多，主要有各国的经济结构、国民收入、个人收入、价格和通货膨胀、利率和税率、汇率、进出口贸易以及经济的发展阶段等，这些因素都会对国际营销决策产生影响。

（一）经济结构

经济结构有两种含义：一是社会经济结构的简称，即指反映一定社会生产关系的社会经济成分组合而成的有机整体，是决定其余社会关系的经济基础。社会经济结构主要通过生产资料所有制结构来表示，即每个社会的各种所有制的各种经济成分的比重。二是指某地区国民经济各部门、各系统以及社会经济各环节的构成及其相互联系、相互制约的比例关系。

经济结构是一个由许多系统构成的多层次、多因素的复合体。从国民经济各部门和社会再生产各方面组成和构造考察，经济结构包括产业结构（如一、二、三次产业的构成，农业、轻工业、重工业的构成等）、分配结构（如积累与消费的比例及其内部的结构等）、交换结构（如价格结构、进出口结构等）、消费结构、技术结构、劳动力结构等。从所包含的范围考察，可分为国民经济总体结构、部门结构、地区结构，以及企业结构等。从不同角度进行专门研究的需要考察，又可分为经济组织结构、产品结构、人员结构、就业结构、投资结构、能源结构、材料结构等。

一个国家的经济结构是否合理，主要看它是否适合本国实际情况。合理的经济结构能够合理有效地利用人力、物力、财力和自然资源，保证国民经济各部门协调发展。

（二）国民收入

国民收入是一国一定时期所创造的新价值。国民收入要从总量、使用结构及人均水平、收入差距等角度去观察。

第一，国民生产总值代表一个国家的总国民收入，是衡量该国经济实力和购买能力的重要指标，反映该国的总体市场规模。

第二，国民收入的使用结构，如积累与消费的比例，直接影响总的需求结构。

第三，人均国民收入水平是把收入与人口因素相结合的指标，对大多数消费者而言，人均国民收入是最能表现非生活必需品市场潜力的因素。

第四，消费者对文化娱乐产品、休闲旅游产品以及服务用品需求层次上的差异，主要是由收入层次的差异引起的。国民收入在不同社会阶级、阶层中的占有额与比重，对于销售者研究需求的结构差异具有参考价值。

（三）个人收入

消费一般由收入决定，企业的国际营销人员需要了解目标市场消费者对其可支配收入的消费模式。研究个人收入因素，必须区分以下概念：个人的总收入，个人总收入中扣除纳税和其他非商业性支付以后的个人可支配收入。个人收入增加，意味着现实购买力减少，潜在购买力增加。消费信贷可刺激现实购买力的增长。

根据恩格尔定律，随着收入水平上升，生活必需品消费所占比重会下降。因此，随着一国整体收入水平的上升，奢侈品或精神消费品的贸易呈增长趋势，生活必需品的贸易在整个贸易中的比例下降，该类产品的价格也有所降低。此外，储蓄也是影响投资和购买力的因素。

（四）价格和通货膨胀

商品和劳务价格受供求影响，反过来也会影响供求。同时，通货膨胀率也影响价格与供求，制约着人们的实际购买力。一般而言，价格高则需求下降，价格低则需求增多，但在通货膨胀严重时未必如此。通货膨胀是纸币充当货币时的特有现象。当通货膨胀较高时，人们在"买高不买低"的心理驱使下，会增加即期购买，使投入市场流通的货币量进一步增加，从而使物价涨得更高。

（五）利率和税率

在市场经济条件下，金融和财政是宏观经济调控的两大手段，利率和税率是这两大手段运用中的两个主要杠杆。一般而言，经济萧条、市场疲软时，利率和税率可以相应下降，以放松银根，鼓励投资与消费，刺激经济增长；反之，经济增长势头过猛以致产生较严重通货膨胀时，利率、税率可以相应上升，以抑制过度的投资和消费需求，吸纳社会游资，回笼货币。其他如政府投资、政府的转移支出和有价证券市场的情形波动等，也影响社会的需求。

（六）汇率

汇率即一国货币单位用另一国货币单位表示的价格。汇率的变动会影响一国的进出口贸易，一国货币对外贬值会抑制进口，而货币升值会抑制出口。汇率的变动也会影响国际企业在不同国家之间的投资，如一国实行外汇管制且其货币贬值较快，会对国际企业业务发展产生某些不利影响。企业对一国市场容量的观察，还要注意，其汇率对实际购买力的反映并不一定是充分的和真实的。

（七）进出口贸易

进出口贸易是指不同国家或地区之间的商品、服务和生产要素交换的活动，是商品、服务和生产要素的国际转移。从国家的角度可称对外贸易，从国际角度可称国际贸易。

一方面，营销者要了解一国进出口贸易的结构，以判断该国的优势产业、劣势产业，或新兴产业、传统产业，或外向产业、内向产业等；另一方面，营销者也可以通过贸易结构观察一国的需求结构和需求水平。此外，经济的外向度（外贸依存度＝进出口贸易额/国内生产总值）也是观察一国经济介入国际分工与国际市场程度的指标。

（八）经济的发展阶段

在不发达国家，市场发育程度低，非货币化的生产活动占比重大；处于经济起飞阶段的发展中国家，则往往走工业化道路，第二产业发展迅速，第三产业也逐渐孕育、发展；在发达国家，以第三产业为主，物质产业大量转移海外，产业"空心化"明显。此外，农村人口与城市人口比重的变化，教育水平的提高，也体现在一国从不发达走向发达的进程中。这一切，无疑会对市场产生影响。

美国经济学家罗斯托的经济成长阶段论对认识各国经济发展所处阶段及发展趋势有一定意义。他认为，经济发展包括 5 个阶段：传统社会、起飞前夕、经济起飞、趋向成熟、大众高消费时代。

三、国际政治法律环境

（一）政治环境

政治环境是指企业市场营销的外部政治形势。在国内，安定团结的政治局面不仅有利于经济发展和人民收入的增加，而且影响群众的心理预期，导致市场需求的变化。党和政府的方针、政策引导国民经济的发展方向和速度，也直接关系社会购买力的提高和市场消费需求的增长变化。企业对国际政治环境的分析，应了解"政治权力"与"政治冲突"对企业营销活动的影响。政治权力对市场营销的影响，往往表现为由政府机构通过采取某种措施约束外来企业或其产品，如进口限制、外汇控制、劳工限制、绿色壁垒等。政治冲突是指国际上的重大事件与突发性事件，这类事件在以和平与发展为主流的时代从未绝迹，对企业市场营销工作的影响或大或小，有时带来机会，有时带来威胁。政治因素对营销工作的影响主要表现在：政治局面是否持续稳定，东道国对国际企业的投资与贸易活动的态度是否敏感。

（二）法律环境

法律环境是指国家或地方政府颁布的各项法规、法令和条例等。法律环境对市场消费需求的形成和实现具有一定的调节作用。企业研究并熟悉法律环境，既可保证自身严格依法管理和经营，也可运用法律手段保障自身的权益。

各个国家的社会制度不同，经济发展阶段和国情不同，体现统治阶级意志的法制也不同，从事国际市场营销的企业，必须对有关国家的法律制度和有关国际法规、国际惯例和准则进行学习研究，并在实践中遵循。

四、社会文化环境

社会文化主要是指一个国家、地区的民族特征、价值观念、生活方式、风俗习惯、宗教信仰、道德伦理、教育水平、语言文字的总和。主体文化是占据支配地位的，起凝聚整个国家和民族的作用，由千百年的历史所形成的文化，包括价值观、人生观等；次级文化是在主体文化支配下所形成的文化分支，包括种族、地域、宗教等。文化对所有营销参与者的影响是多层次、全方位、渗透性的。它不仅影响企业营销组合，而且影响消费心理、消费习惯等，这些影响多半是通过间接的、潜移默化的方式来进行的。这里简要分析以下几方面。

（一）语言文字

营销活动贯穿着信息的交流，而语言文字是传递信息的主要工具。跨国营销涉及各国不同的语言文字，从而使信息的沟通困难。当营销者把产品的商标、说明书、广告语译成另一种文字的时候，由于语言习惯与理解上的差异，这种翻译未必是确切的，甚至会使人产生误解和厌恶心理。因此，克服语言文字的障碍要加强语言训练和调查研究。此外，一些信息沟通工作可交由当地分销渠道的成员去处理。

（二）宗教信仰

人类的生存充满了对幸福、安全的向往和追求，在生产力低下、人们对自然现象和社会现象迷惑不解的时期，这种追求容易带盲目崇拜的宗教色彩。沿袭下来的宗教色彩，逐渐形成一种模式。研究宗教因素要注意宗教节日的影响，注意宗教势力影响的范围以及宗教的要求或禁忌等方面，这些因素都会对营销工作的最终结果产生直接影响。

（三）教育与价值观念

教育程度不仅影响劳动者收入水平，也影响着消费者对商品的鉴赏力，影响消费者心理、购买的理性程度和消费结构，从而影响企业营销策略的制定和实施。

价值观念是人们对客观事物的评价标准，它包括财富观念、时间观念、生活态度、对传统与现代文化的态度等。在对待财富的观念上，有的民族崇尚俭朴，有的则习惯于高消费；有人认为应"财不外露"，有人则相信要显露自己的财富，等等，这就影响消费潮流更替的速度、一次性消费品流行的程度、高档名牌商品的销售规模等。在时间观念上，有的国家生活节奏快，时间观念强，有的则生活节奏慢，时间观念淡薄，这就影响人们对于节省劳动、节省时间的商品与服务的需求量。这些不同的价值观，差异很大，影响着消费需求和购买行为。对于不同价值观念，营销管理者应研究并采取不同的营销策略。

（四）消费习俗

消费习俗是指历代传递下来的一种消费方式，是风俗习惯的一项重要内容。消费习俗在饮食、服饰、居住、婚丧、节日、人情往来等方面都表现出独特的心理特征和行为方式。消费习俗具有群众性。一种消费习俗如果适合大多数人的心理和条件，就会迅速在广大的范围里普及，成为大多数人的消费习俗。

消费习俗一经形成便具有历史继承性及相对稳定性，不易消失。消费习俗的这种特定内涵对于消费品市场有重要影响。不同的消费习俗造就不同的消费者，它要求国际市场营销人员去研究不同习俗的含义和对应的不同消费需求。

（五）消费流行

由于社会文化多方面的影响，消费者产生共同的审美观念、生活方式和兴趣爱好，从而导致社会需求的一致性，这就是消费流行。消费流行在服饰、家电及某些保健品方面，表现最为突出。消费流行在时间上有一定的稳定性，但有长有短，有的可能几年，有的可能几个月；在空间上还有一定的地域性，同一时间内，不同地区流行的商品品种、款式、型号、颜色可能不尽相同。

（六）风俗习惯

风俗习惯可以体现在一些民间传统节日和喜庆活动中，不同节日有不同的需求特点。风俗习惯还可以体现在对事物的评价上，即使对同一事物，也可因风俗习惯不同而得出不同的评价。因此，在本国获得好评的食物不一定在海外也得到好评，用国内现成美好的事物名称作为商标品牌，到了海外也未必能产生积极的效应。此外，风俗习惯对礼仪、消费行为、消费方式等方面都有影响。因此，企业在进行国际营销时要注重风俗习惯的研究，并采取不同的营销策略。

（七）企业对文化环境的认识

从事国际营销的企业应当认识到文化环境影响的复杂性、对东道国市场文化的适应性、文化因素构成相互关联的整体性、文化影响的互通性。

第一，文化环境的影响是极广泛和复杂的，也是多变的，企业在对国际市场文化环境进行调查研究和了解时，应避免以偏概全、张冠李戴和用静止的观点看问题。

第二，对东道国市场文化的适应是有分寸的。如果不考虑适应性，便不易使自己的产品和服务占有当地市场；如果强调全盘适应，将可能影响企业的形象和产品的标准化。因此，要区分三种层次的文化：绝对文化、次要文化、排他文化。对绝对文化必须努力适应，对次要文化可适应也可不适应，对排他文化不宜勉强模仿。

第三，文化因素构成相互关联的整体，人们的兴趣和动机取决于文化交织的各个方面，而不仅仅是其中某一部分的因素。因此，要全面考虑各种文化因素综合影响的结果。

第四，文化的影响是互相的。各国对外来文化通常并不采取一概排斥的态度，这是有利于跨国营销的方面。一般而言，较落后的国家对较发达的国家文化较易接受；发展中国家在实行对外开放政策的时期，对外来文化的接受较快。

案 例

　　1956 年年初，宝洁公司开发主管米尔斯在给孙子洗尿布时，产生了开发一次性纸尿布的灵感。其实当时已有一次性的纸尿布出现在美国婴幼儿制品市场了，但经过市场调研发现，这些纸尿布仅占了整个美国婴儿用品市场的 1%。原因有二：首先在于产品价格太高，其次是婴儿父母们认为这种一次性产品平常并不好用，只是在旅行时或不便于正常换尿布时，才会作为替代品使用。而且报告显示，美国和世界上许多国家正处于一个生育高峰期，巨大的婴儿出生数量乘以每个婴儿每天所需换尿布的次数，这是多么大的一个市场，蕴涵着多么大的消费量！于是宝洁公司研究出了一种既好用又价格低廉的一次性纸尿布，并命名为"娇娃"（Pampers）。直到今天，"娇娃"一次性纸尿布仍然是宝洁公司的拳头产品之一。

　　资料来源：https://wk.baidu.com/aggs/74cbd80f76c66137ee06193d.html.

 讨论与思考

　　1. 什么是国际营销环境？

　　2. 国际营销环境的特征有哪些？

　　3. 公司外部微观环境包括哪些？

　　4. 宏观营销环境包括哪些？

　　5. 什么是经济结构？如何判断一个国家的经济结构是否合理？

　　6. 如何观察国民收入？

第四章　国际营销调研

雀巢咖啡，开启日本市场

20世纪70年代，雀巢咖啡发现了一个极大的商机，那便是进入日本市场。它把咖啡作为进入日本市场的第一个商品。

雀巢咖啡首先做了大量的调研工作。它给每一个年龄段的人介绍咖啡，随后再请他们品尝咖啡并询问："感觉怎么样啊？""你会购买吗？"两个问题的回答是"好喝""会"。

取得这种调查报告使雀巢咖啡非常开心，三个月后，日本的货架上便摆满了雀巢咖啡，但没人买。迫不得已，雀巢咖啡邀约卡拉泰端在日本市场进行调研。卡拉泰端是一个神经内科的医生，他与孤独症儿童在一起工作很长时间，发现大家有时没法正常表述自己的想法，而是在对方的引导下，依据对方的引导说出对方想让他们说的话。

卡拉泰端在调研中发现，日本顾客完全就没有跟咖啡产生过任何连接。日本的小孩自小便是在茶的环境中长大的，身边的父母、叔叔、祖父饮茶，谈事情饮茶，过节还是饮茶，一边饮茶一边吃小吃。卡拉泰端只做了一件事情，推广咖啡味道的咖啡糖，雀巢咖啡研发了越来越多不同口味的咖啡糖，用咖啡糖以更低的价格进入了年轻人的市场，更多人开始记住咖啡的口感，开始接受咖啡的口感，从而打开了日本的市场。

资料来源：https://www.shangjijiaoyi.com/information/69011.html.

第一节　国际营销调研概述

一、国际营销调研的定义

国际营销调研是以国际目标市场为对象，用科学的方法，系统地、客观地收集、整理、分析有关目标市场国的数据、信息和资料，用以帮助跨国经营企业进行有效的国际营销决策，制定合适的国际营销战略。

在这个定义中，"系统地"是指市场营销需要开展周密的计划思考和有条理的组织调研工作。"客观地"是指对所有的信息资料应客观地进行记录、整理和分析处理。调研人员必须是公正和中立的，对调研中所发现的结果能保持坦诚的态度，尽可能减少错误和偏见，这样调研结果才不会导致错误的市场营销决策。"帮助"强调的是调研所得的信息，只能帮助市场营销经理制定策略，但不能代替他们去作决策。调研结果只能作为决策的参考，企业营销经理们根据调研信息做出自己的计划与决策，以指导企业的经营活动。

二、国际营销调研与国内营销调研的区别

国际营销调研是指从事国际营销企业所进行的营销调研活动。两者的相同之处是：调研程序是一样的，即先确定调研问题和调研目标，制订调研计划以收集信息，再执行调研计划和进行数据整理分析，最后解释并报告结果，写出调研报告供决策者使用。

但是国际营销调研与国内营销调研也有不同之处，具体表现如下。

第一，国际营销调研决策比国内营销调研决策更需要充分、及时、准确的信息。由于国际营销环境比国内营销环境复杂，而且营销决策者往往对其比较生疏，如果缺乏充分了解，稍有不慎，可能造成不可挽回的损失。

第二，国际营销与国内营销的决策有不同之处，因此二者所需信息也不一样。例如，国际营销决策首先是要进行是否进入某国外市场和以怎样的方式进入该市场的决策，为了进行这项决策，必须收集该国的外汇、外资政策，了解其劳动力、原材料等资源情况，了解竞争情况和渠道模式等营销环境。所有这些，国内营销调研是不必要的。

第三，国际营销调研比国内营销调研更困难、更复杂。主要表现在：有些信息在国内容易得到，但在国外却很难得到；由于各国统计方法、统计时间等因素不同，所获得的信息往往要经过整理、换算后才能进行比较，加以应用；同样的调查方法，在 A 国可用，但在 B 国可能不可用；国外调研成本比国内调研高得多；国外调研的组织工作比国内调研要复杂得多。

三、国际营销调研的意义

国际营销调研是以国外市场为对象，用科学的方法，系统地、客观地收集、分析和整理有关市场营销的信息和资料，用以帮助管理人员制定有效的营销决策。国际营销调研可以帮助企业了解国外市场客观情况，找出市场发展变化的规律，作为企业部门生产和营销决策的向导。

企业从事国际营销调研的必要性具体表现在以下几个方面。

第一，为占有国外市场、战胜竞争对手提供科学依据。通过国际市场宏观细分，确定进入某国市场后，对待定问题进行调研，为企业生产适销对路的产品提供依据，使企业的产品和服务与目标顾客需求紧密结合，满足顾客的需求。国际市场的竞争是十分激烈的，技术进步和需求变化的速度在加快，产品的生命周期在缩短，从而为传统产品在市场上的占有形成了压力，同时又为新产品、新企业的市场介入不断提供机遇。市场调研可以帮助企业及时发现市场机会并把握机会，在竞争中占据主动地位。

第二，为落实营销战略、策略和提高营销效果提供科学依据。通过国际营销调研，不断改善企业的国际营销管理，提高经济效益。营销调研可使企业发现营销战略与策略同市

场的偏差，从而不断进行修正，使企业的营销战略、策略始终与市场需求密切衔接。市场的供求形势是处于不断变化中的，企业只有不断调查、研究供求格局的变化，进而摸索出这种变化的规律性，才能减少经营的盲目性，避免因对供求关系变化反应滞后而招致损失，掌握市场的主动性。

国际营销调研获得的大量信息是企业的重要资源，对企业制定营销战略、策略，开发新产品，调整销售渠道，选择促销方案，确定合理价格都有重要的作用，其价值往往无法估量。在国际营销过程中会面对许多问题，市场调研能帮助企业寻找问题的症结所在，找出解决问题的途径，进而有针对性地改进产品和服务或调整营销手段。

因此，企业要开展国际营销，必须大力进行营销调研，在调研的基础上，认真解决好外销产品的适应性、供求关系的稳定性、行销市场的时效性问题。

雀巢咖啡的成功之道

一提起"雀巢"，许多人马上会想起雀巢咖啡，因为国内大众对"雀巢"的认识，也许是从雀巢咖啡那句家喻户晓的广告词"味道好极了"开始的。

其实，雀巢公司的经营范围很广，按其营业额分配为：饮品（23.6%），麦片、牛奶和营养品（20%），巧克力和糖果（16%），烹饪制品（12.7%），冷冻食品和冰激凌（10.1%），冷藏食品（8.9%），宠物食品（4.5%），药品和化妆品（3%），其他制品和事业（1.1%）。

雀巢公司的300多种产品在遍及61个国家的421家工厂中生产。很多业内人士熟悉雀巢公司的一个掌故，就是在雀巢咖啡诞生之初，曾因为过分强调其工艺上的突破带来的便利性（速溶），而一度使销售产生危机。原因在于，许多家庭主妇不愿意接受这种让人觉得自己因为"偷懒"而使用的产品。

1990年雀巢公司的营业额为460亿瑞士法郎，而在1997年，头10个月的营业额已高达569亿瑞士法郎，比1996年同期增长217.5%。1994年年底雀巢被美国《金融世界》杂志评选为全球第三大价值最高的品牌，估值高达115.49亿美元，仅次于可口可乐和万宝路。雀巢公司被誉为当今世界在消费性包装食品和饮料行业最为成功的经营者之一。

雀巢在中国已经是家喻户晓的品牌，它为什么在中国会取得如此骄人的成绩呢？其成功离不开广泛的市场调研。

雀巢咖啡刚进入中国市场时，市场占有率较低。为此，雀巢公司组织了专门的调查组对市场进行深入调查，调查内容包括消费者的购买意向，消费者对产品价位的接受程度，消费者认为产品存在的问题，等等。

通过调查，雀巢公司发现以下问题。

（1）由于雀巢走的是高端品牌路线，包装精美、价格昂贵，因而只有极少数高收入人群购买，大多数中低收入者都不知雀巢为何物。

（2）味道苦涩，品种单一，不能满足更多的消费者需求。

（3）速溶性差、沉淀物较多，花费较大力气仍搅拌不均匀。

基于该调查结果，雀巢公司研发了一款新产品——雀巢速溶咖啡，其速溶性强、口感丝滑、价格便宜、品种较多、包装简便，因此深受广大消费者喜爱。该产品扩大了雀巢咖啡的市场占有率，成为雀巢咖啡的经典之作。由此可见市场调研的重要性。

资料来源：https://wk.baidu.com/view/68bdfdff87254b35eefdc8d376eeaeaad1f316b0?pcf=2&bfetype=new&_wkts_=1691916083424&bdQuery=%E9%9B%80%E5%B7%A2%E5%92%96%E5%95%A1%E7%9A%84%E6%88%90%E5%8A%9F%E6%A1%88%E4%BE%8B.

第二节　国际营销调研工作

一、国际营销调研程序

正式的营销调研过程可以划分为一系列步骤，即我们所称的调研程序。一般而言，营销调研的程序大体包括 9 个步骤。

（一）确定研究问题的必要性

营销调研的每一步都相当重要，但首先要确定的是研究问题的必要性。我们知道，营销调研的目的是为企业制定营销决策提供有效的信息。但并不是在做出每一项营销决策前，都要开展营销活动。

（二）界定研究的问题

界定研究的问题是营销调研过程中极为重要的步骤。如果对研究的问题含糊不清，或者对所要研究的问题进行了错误的界定，要么研究将无法进行，要么研究所得的结果无法对企业决策者决策提供依据。

（三）设计调研方案

设计调研方案是关于数据收集、样本选择、数据分析、研究预算及时间进度安排等方面的计划方案，是研究过程中非常重要的指导性文件，通常表现为正式的市场营销调研计划书或合同书。调研问题明确之后，设计调研方案涉及一系列相互关联的决策，其中最重要的决策就是调研类型的选择，即决定到底进行探索性调研、描述性调研还是因果关系调研。

（四）数据收集方法设计

1. 确定收集数据的种类和来源

研究设计的第一步就是根据研究目的、研究目标和研究假设，将需要的数据列出清单，以确定需要的数据种类和来源。数据通常分为原始数据和二手数据两类，前者为根据研究目的而直接收集的数据，后者为现存的企业内部和外部的数据。二手数据有节约成本和时间的优点，一般都尽可能先加以利用。但是二手数据也存在相关性和时效性差等缺点，在大多数情形下无法完全满足研究的需要，这时研究人员就要决定原始数据的收集方法。

2. 决定数据收集的方法

原始数据的收集有多种方法，主要有访问法、观察法、实验法和定性研究法。访问法又分为人员访问、电话访问、邮寄访问和网上访问等，它是研究人员通过询问受访者特定的问题，从受访者的回答中获取信息的一类常用方法。观察法是通过观察特定的活动或活动遗留的痕迹中获取信息的一类方法，它分为人员观察和机器观察等。实验法是在控制某种行为或环境因素的情况下，考察某些变量的变化，以确定有关变量间的因果关系。定性研究方法是获取顾客或有关人员的态度、感觉和动机等数据的一类方法，常用的方法有焦点小组座谈、个人深度访谈和投影技术等。

（五）问卷设计

根据调研的目的和调研类型的不同，调查问卷通常分为结构性问卷和非结构性问卷两种。结构性问卷列出研究人员要询问的问题及每个问题的预选答案，同时也严格规定了问题询问的顺序。非结构性问卷列出要询问的问题或访问纲要，问题没有预选答案，采取开放式的回答方法，并有可能根据访问对象对前面问题的回答进行持续的访问。问卷根据是否公开调研目的分为隐含式问卷和非隐含式问卷。隐含式问卷不暴露调研的真正目的。在实践中，很多调研活动采用隐含式的问卷。非隐含式问卷中，被访问者清楚地知道调研的目的和调研项目的发起者。

（六）样本设计

在一般情况下，市场营销调研都不可能对研究总体进行全面的调查。因此，无论采用何种数据收集方法，都要根据研究目的确定样本设计。对于样本设计来说，首要的任务是确定研究总体，也就是我们要选择定哪些人作为调查对象。其次，样本设计的任务是决定样本的元素，及选择哪些样本元素作为样本。抽样方法分为概率性抽样和非概率性抽样。通常，概率性抽样可以在一定程度上估计抽样误差；非概率性抽样无法做到这一点，但是在调研实践中经常被采用。样本设计最后的任务是确定样本的容量，也就是抽取总体中的多少元素作为调查对象。一般而言，样本越大，研究结果的可靠性越高；样本过小，将影响结果的可靠性程度。但样本过大也造成很大浪费，而且在有些情况下并不能降低数据的误差程度，因此样本的大小以适中为宜。

（七）现场调查，收集数据

数据收集工作是由企业调研部门或外部营销调研公司完成的。一项典型的调研项目往往需要在几个城市中收集资料，尤其是国际营销调研，需要去国外收集数据，需要多家调研公司同时开展现场调查工作。为保证所有的现场调研人员按照统一的方式工作，需要就每一项工作进行详细的说明，要对现场调查中的每一个细节进行严格的控制，研究人员必须严格执行规定的程序。

（八）分析数据，解释结果

数据收集完成后，下一步就是进行数据分析和解释。数据分析工作包括数据的编辑、编码、录入、检查错误等准备工作，也包括单个变量的基本分析、两个变量之间的交叉列表分析、相关分析和其他统计分析等，以及多个变量间的多元统计分析等，分析的目的就是检验相关变量之间的关系，解释分析结果，并提出结论和营销建议。

（九）沟通研究结果

数据分析和解释工作完成后，研究人员还必须准备研究报告，并向管理层沟通结论和建议。研究报告是整个过程中的关键环节，一方面在报告中可以看到研究结论和营销建议，另一方面研究人员也必须使管理层或研究报告的使用者相信，依据收集的数据而得出的结论是客观的和可信的。

一般来讲，研究报告从形式上分为书面报告和口头报告。书面报告又可分为一般报告和技术报告。在准备和提交报告时，认真考虑报告对象的性质是非常必要的。对于报告的格式，没有统一的要求，但是通常有一个基本结构。在报告的开始，应有对研究问题和研究背景的概述，并对研究目标做清楚和简略的说明，然后对采用的研究设计或方法进行全面而间接的表述；其后，应概括性地介绍研究的主要发现以及对结果的合理解释；报告的最后，应提出结论及建议。

二、国际营销调研的原则

（一）客观性原则

调研的根本任务就是为决策提供真实、可靠的依据。客观性是贯穿整个营销调研和分析研究过程中最重要的原则。市场营销调研中的任何环节，如果存在任何主观臆断的成分，都可能造成数据和调研结果的偏差，最终可能导致决策的失误。这一原则要求调研对客观事实采取实事求是的态度，而不能带有个人的主观偏见和成见，更不能任意歪曲或虚构事实。有一点值得注意，由行业专家自身实施营销调研，往往容易产生先入为主的偏见，以经验判断代替客观分析，增加误差，对保障结果的真实性、客观性、可靠性不利。因此，作为行业的专家，在营销调研中所起的作用，主要是帮助决策者明确调研的目标，协助制定调研方案，帮助调研人员了解行业概念和行业常识，使调研人员既能有效地把握问题，又能始终持中立者的身份进行客观的调研。

（二）科学性原则

科学性原则主要是指调查研究及结论的实证性和逻辑性。科学结论所依据的事实应当是全面的，具有内在逻辑的，而不应是个别的或偶然的。国际营销调研应在时间和经费允许的情况下，尽可能获取更多更准确的市场信息，为此，必须对调研的全过程做出科学的安排，采用科学的方法确定调研程序，运用科学的方法处理调研结果。用调研报告和数据表的形式向社会或委托人公布调查中发现的问题、受到的启示和有关建议等，以帮助管理决策部门做出正确的决策。

（三）系统性原则

所谓系统性原则，就是将作为整体的事件分解为相互联系的各个部分、各个要素，然后从不同层次、不同侧面来分析其内在联系，并加以综合，把研究对象的各个层次和侧面，按照现象之间的内在联系结合成一个统一的整体，最后从总体联系上把握社会系统或子系统的结构、功能、作用、机制、运作方式、发展规律等。常见的违背系统性原则的错误是：不善于以动态的角度从整体与局部、宏观与微观、共性与个性的统一中认识和发现问题。

三、国际营销调研的内容

国际营销调研的内容依据不同的角度划分，可以分为不同类型。

从本企业角度看，市场上存在着为本企业供货的供应者和购买本企业商品的需求者，从而可以分为对供货者的调研和对客户（用户）的调研。从竞争的角度看，又可包括对同行业竞争者的调研和对替代产品、替代产业竞争者的调研。从客户的不同类型，可分为对生产资料用户的调研和对消费品用户的调研，或者以顾客的不同民族、不同国籍、不同性别、不同年龄为依据的调研。从信息资料的影响程度看，可分为对宏观市场环境的调研和对微观市场环境的调研，等等。下面，通过宏观及微观环境以及与企业市场营销组合有密切关系的几个方面，说明国际营销调研的内容。

（一）宏观层面

要适应环境，首先要了解环境，并且知道环境的重要性以及如何去适应环境，从而指导企业科学地设计其国际市场营销策略。企业在制定出正确的国际市场营销策略之前，必须了解和掌握政治、经济、法律、自然地理、社会文化等对企业国际化策略有较大影响的环境要素。

1. 政治环境调研

一个国家政治环境通常由某一特定时点上统治这个国家的政府来反映。预测一个国家政治环境的变化是困难的，但营销研究人员可以跟踪目标市场国正在发生或将要发生的变化。营销人员可以与其他国家的大使馆官员、其他国家或当地公司保持联系，了解目标国是否发生政治变化，如果有的话，判断变化的趋势。其他信息来源可以从记者，在当地公司工作的人员，当地政府及工会领导处获得。这些信息可以表露他们的态度，反映影响工商部门的政治条件的变化。

2. 经济环境调研

对外国市场感兴趣的公司应考虑特定国家的主要经济环境。评估一个国家的经济环境通常有就业、收入、国民生产总值、通货膨胀、外汇管理规定、国际收支状况、经济发展阶段及其他几个关系到公司在国外经营和实施营销战略的经济变量。一个国家的就业表现为人口在不同行业的就业比例，这可以显示潜在购买者购买产品的能力。一个国家的高失业率暗示购买力的缺乏，因而限制了营销机会。从 GNP（国民生产总值）的大小及其增长速度，也可看出营销产品的机会大小。通货膨胀率同样重要，因为它反映 GNP 的真实增长速度及人均收入。为了组成有关 GNP、人均收入、通货膨胀的完整资料，细心的营销调研人员还应取得有关可支配收入的大小和分配的资料。可支配收入可以说明外国市场的消费者可以花多少钱，任意收入和支出方式的资料是有用的。收入分配结构是研究外国市场消费者的营销调研人员必须考虑的。有关不同群体和阶层的消费者的收入支配情况，对特定有效市场目标战略是有帮助的。

3. 法律环境调研

对外国市场感兴趣的公司必须了解有关贸易和其他方面的限制及法律制度上的差异。在限制最少的外国市场经营，公司遇到的问题不多，但这样的市场很难找到。因而，营销研究人员应该收集可以影响公司经营战略的进口关税、产品的限额、进口许可证要求、外汇供给条件等。

4. 自然地理环境

自然地理环境包括自然资源、地形地貌和气候条件，这些因素都会不同程度地影响企业的营销活动。营销调研人员研究外国市场时应该考虑这些因素对产品销售的影响。例如，调查除雪机及其他除雪设备的市场营销调研人员应排除印度等国家，因为那里没有这类产品的市场。对冬季服装来说，情况也是如此。同样的，气候还对包装有不同的要求。

营销人员和营销调研人员还必须考虑外国潜在消费者可以获得的资源，因为它对消费者使用产品的方式有影响。例如，绝大多数西欧国家的住房比美国小，这主要是因为土地资源较少，营销调研人员在为欧洲市场设计器具和家庭装饰时应考虑其住房的尺寸。

5. 社会文化环境

社会文化环境是国际营销者最难适应的一类市场环境，因而对国际营销者最具挑战性。它主要包括语言文字、民俗风情、道德及价值观、教育状况、宗教信仰等因素。在不同的文化背景下存在着不同的消费心理与模式；因此，经济收入相同但文化背景不同的个体或群体，可能有不同的消费行为。在国际营销中，各国的社会环境错综复杂，差别巨大，对消费者行为和国际企业营销活动的影响更是千差万别，不容忽视。

（二）微观层面

微观层面的因素与企业有着双向的运作关系，在一定程度上，企业可以对其进行控制或施加影响，主要包括对产品及产品策略、价格、分销渠道、促销方式和竞争形势的调研。

1. 对产品及产品策略的调研

企业产品的生命力制约着企业的生命力。企业要占有国际市场，必须使产品令海外顾客满意。因此，围绕产品因素所开展的调研具有非常重要的意义。

1）产品的构成因素

相关因素包括产品的设计、功能和用途是否符合海外消费者的需要，使用方法和操作安全程度如何，包装设计和商品外观造型是否有助于提升产品的价值和销售能力，有无应该标示的警告词语，配方和制造方法是否符合当地的商检标准。

2）产品的发展问题

相关因素包括该产品在当地市场上正处于生命周期的哪一阶段，在海外销售的产品系列和产品组合方式是否可行、有无需要完善的方面，国外新技术、新工艺、新材料和新产品的发展趋势如何。

3）产品的服务

相关因素包括当地顾客是否重视产品的销售服务，是否需要建立维修服务网点（如果建立维修服务网点，地点、合作者应该如何选择），是否给予商品退还保障，如何征询消费者意见和处理消费者投诉。

2. 对价格的调研

价格是市场供求关系变动的基本信号，也是调节供求变化的重要杠杆。事实上，同一产品可以有多种定价。为使价格的确定能为企业在该市场上带来最佳效果，企业必须进行价格调研，它主要包括以下几个方面。

1）供求与价格的相互制约关系

相关因素包括商品供求的现状，需求价格弹性的强弱程度，替代品的价格变动引起的本产品需求变动（价格的交叉弹性），竞争者价格变动状况及变动趋势对本企业产品销售的影响，等等。

2）东道国政府的价格政策或影响价格的政策

相关的因素包括价格的管制措施，价格的管理体制，差价政策，进口限制措施对价格的影响，税种、税率对价格的影响，利率对价格的影响，通货膨胀对本产品销售的影响，等等。

3）围绕产品特点所做的定价

相关因素包括新产品是高价进入还是低价进入或者以适中价格进入某一市场，产品进入成长期、成熟期、饱和期、衰退期的价格策略，高档产品与中低档产品的价格差异，何种定价才能配合产品特点并引起消费者兴趣。

3. 对分销渠道的调研

分销渠道是沟通产需的桥梁，是制约资本循环和周转的重要环节，是使商品做到货畅其流、货如轮转的外部条件。围绕分销渠道展开的调研，主要包括以下几个方面。

1）分销渠道结构

相关因素包括该产品进入该国市场时选择直接出口还是间接出口，渠道是长一些还是短一些，渠道是宽一些还是窄一些，不同的渠道结构对销售成本和售价的影响。

2）中间商的状况

相关因素包括当地的批发商、零售商实力如何，中间商的经营品种和活动范围是怎样的，中间商的信用、声誉、经营能力如何，中间商的财力、地位、销售网络如何，中间商是否愿意为顾客提供服务以及是否乐意做产品推广工作，等等。

3）储运条件

相关因素包括交通是否便利，运输工具如何选择，运输成本如何，商品的在途风险如何，渠道中成员是否有仓储能力，仓库的分布如何，分销中的通信网络是否畅通。

4. 对促销方式的调研

促销是沟通企业与消费者，改善企业与消费者关系，强化企业及产品形象塑造，对消费者进行说服的基本营销活动。对促销方式的调研活动主要包括以下几个方面。

1）不同产品在不同国家和地区的促销方式

相关因素包括广告、人员推销、企业推广、公共关系、宣传报道等方式如何在不同产品的推广中实行最有效的组合，组合方式在不同国家和地区有无区别，实行这些区别的依据及条件是什么，等等。

2）广告媒体的选择

相关因素包括不同媒体所接触的对象类别与层次有何区别，不同媒体的费用，不同媒体对不同产品的适应性，不同媒体的传播强度，不同媒体的效果检验。

3）同一广告媒体的调研

相关因素包括该媒体的传播范围、层次、对象的数量，人均广告费开支，刊登、播出或展出的时间，版面的大小或播出时间的长短，刊登次数、频率，在同一媒体连续刊登广告是重复还是组合式，在同一媒体连续刊登广告是否成本递减和效益递增（成本和效益对比），等等。

4）人员推销的调研

相关因素包括人员推销的成本及与其他促销方式的效益比较，客户对推销员的评价，推销员有效推销时间及其比例，不同报酬方式对推销员的影响，不同来源的推销员素质及绩效比较。

5）营业推广方式调研

相关因素包括折让价格的效果，店内陈列、示范、展销，赠券、赠物、抽奖的效果，店内装修、色彩、音乐、光线的设计与效果，各类赞助活动的选择，与大众传媒的关系，与政府及社会团体的沟通，等等。

5. 对竞争形势的调研

没有竞争就没有市场调研。确定营销方针，一定要掌握市场形势，才能做出优于竞争对手的经营决策。因此，必须对竞争形势和竞争对手的动向进行调研，这项调研主要包括以下几个方面。

1）分析竞争者

相关因素包括直接竞争者（同业竞争者），间接竞争者（替代品的竞争者），广义的竞争者（与本企业对市场的占有相关的竞争者），主要的竞争者。

2）市场占有率

相关因素包括主要竞争者当前的市场占有率，一定时间内主要竞争者市场占有率的变化，本企业的市场占有率，本企业的相对市场占有率（即本企业市场占有率与最大竞争者市场占有率的比较），本企业市场占有率在竞争中的威胁及变化，等等。

3）竞争者的条件

相关因素包括竞争者的生产、技术、财务、经营能力，竞争者扩大再生产的计划与实践，竞争者进入市场的障碍（关税、非关税贸易壁垒的比较），竞争者对商品销售渠道的控制状况，竞争者与中间商的关系，竞争者强盛或衰落的原因，竞争者的市场营销组合手段，等等。

 案 例

特斯拉 Model Y 用户满意度调研报告

一、调研背景

国内最畅销的中大型纯电 SUV 之一、具有较高潜在需求的特斯拉 Model Y 自进入中国市场以来就一直很火爆，为国内总销量最高的新能源 SUV 车型。作为 30 万级别 SUV 的标杆车型，特斯拉 Model Y 成为越来越多新能源汽车消费者在购车过程中绕不开的一款车型。而随着特斯拉 Model Y 在中国售价不断下探，可以预见的是，特斯拉 Model Y 将会得到更多消费者的青睐。

二、调研目的

为潜在用户、厂家以及汽车行业从业者提供参考与信息支持。这份调研基于真实车主的口碑反馈，在明晰真实车主形象的基础上，掌握其在该车型的购买决策过程、实际使用情况、满意度评价情况、净推荐值和意见反馈。希望这份调研报告，能够为特斯拉

Model Y 潜在购车用户提供一份高价值的购车参考。同时，能够给厂家以及汽车行业从业者提供信息支持。

三、调研概况

本次调研于 2022 年 12 月开展，是一次以线上随机采样为主的问卷调研，以特斯拉 Model Y 唯一或主要购买决策者以及唯一或主要使用者为研究对象。本次调研共回收了 244 份答卷，经过质控筛选，以其中的 206 份有效答卷为分析样本。从地域分布来看，这些样本来自 24 个省/自治区/直辖市，一线/新一线+二线城市的比例为 82%。地域覆盖面广的同时，也聚焦在特斯拉主力销售城市（截至 2022 年 12 月，特斯拉国内体验中心覆盖 76 座城市，其中一线/新一线+二线城市占比 70%）。从用车程度来看，提车半年以上的比例为 72.3%，驾驶里程超过 10 000 千米的比例为 51.9%，大多数用户已有较为深度的用车体验。在此样本基础上，我们对特斯拉 Model Y 的用户特征、购买决策过程、使用行为以及使用满意度、推荐度进行了调查，还了解了用户想对特斯拉高层说的话，以及对特斯拉刹车事件的态度，这些内容构成了报告的主体。

四、调研指标体系

一级指标：特斯拉 Model Y、用户满意度。

二级指标：产品满意度、服务满意度。

三级指标：电池性能、充电、续航、舒适度、安全性、操控性、空间、外观、内饰、智能座舱、质量可靠性、配置、智能辅助驾驶、门店表现。

四级指标：电池安全、电池类型、电池容量，充电速度、厂家提供的充电解决方案，剩余里程显示准确性，高速公路行驶时车辆续航能力、市区行驶时车辆续航能力、实际续航能力、低温状态续航里程，人机工程，乘坐舒适度，NVH（噪声、振动和刚性）水平，空调制冷制热效果，座椅材质和做工带来的舒适度，座椅调节、支撑、位置带来的舒适度，车身结构安全性，刹车性能，主动安全配置、被动安全配置，加速体验、加速线性平顺性，最高车速，行驶时操控稳定、转弯精准、助力稳定，刹车软硬度、刹车时制动力回收效果，通过性离地间隙，前排乘坐空间、后排乘坐空间、行李厢空间、车内储物空间，内部空间的灵活多变，外观造型设计、内饰造型设计、内饰材质、内饰做工，车内整体气味，中控大屏操作、系统交互，车机系统、语音系统、地图导航系统、娱乐影音系统、生态互联情况车机系统，整车质保、电池质保、电池故障率，舒适性配置、娱乐性配置、功能性配置，并线辅助、车道保持辅助系统、车道居中保持、车道偏离预警系统，辅助驾驶影像，主动刹车安全系统，前方碰撞预警，全速自适应巡航，驾驶模式切换，自动驻车，上坡辅助，制动能量回收系统，倒车车侧预警系统，展厅环境，服务人员专业性、服务人员态度、人性化服务、服务环节、服务承诺，便利性。

五、调研评价体系

本次用户满意度调研评价全部采用 10 分制打分（在满意度方面，10 分表示对该项"非常满意"，5 分表示"一般"，1 分表示"非常不满意"，用户可以用 1~10 中任何一个分数来打分。）

在此基础上，我们采用 Top 3 满意率和 Bottom 3 抱怨率作为衡量用户对车辆产品和服务满意度和抱怨度的两项指标，以下为指标的计算方式以及评价标准。

Top 3 满意率＝打 8~10 分的人数总和/206×100%

Bottom 3 抱怨率＝打 1~3 分的人数总和/206×100%

满意度评价标准：Top 3 满意率

85%以上：非常满意；

80%~84%：很满意；

75%~79%：比较满意；

70%~74%：一般满意；

60%~69%：满意度不高；

60%以下：满意度低。

抱怨度评价标准：Bottom 3 抱怨率

0%：无抱怨；

1%~2%：稍有抱怨；

3%~4%：抱怨度较高；

5%~6%：抱怨度很高；

7%以上：抱怨度非常高。

六、调研整体结论

（1）什么样的人购买特斯拉 Model Y？

特斯拉 Model Y 用户多为已婚已育、具有理工科背景的高学历、高净值中青年男性。

（2）特斯拉 Model Y 用户对特斯拉有什么诉求？

181 位特斯拉 Model Y 用户提出了 183 项诉求/建议，在品牌和产品方面呼声最大。

（3）特斯拉 Model Y 的故障情况如何？

特斯拉 Model Y 的故障率为 40%，故障集中在转向系统、NVH 以及功能操作。

（4）用户对特斯拉 Model Y 的推荐原因与不推荐原因。

●推荐原因：用户对特斯拉 Model Y 的推荐原因集中在智能化技术应用、驾驶性/操控性以及品牌方面；

●不推荐原因：不推荐的用户则是出于对续航里程短、舒适性配置较差，以及对服务和频繁跌价不满意。

除了总体满意度，14 个三级指标的满意度划分如下：

●非常满意：空间、外观、操控性以及安全性。

●很满意：智能辅助驾驶、充电以及门店表现。

●较为满意：智能座舱、质量可靠性、电池性能。

●满意度一般：配置、续航。

●满意度低：内饰、舒适度。

七、竞品分析

多数用户对比纯电车，Model 3、极氪 001、宝马 3 系是主要比选车型。购车前，用户比选的纯电车型比例最高，占比六成；比选的燃油车和插混车型分别不到两成，还有一部分用户在购车的过程中仅考虑了特斯拉 Model Y，占比为 8%。主要对比的纯电车型是特斯拉的轿车车型 Model 3、30 万级别猎装轿跑极氪 001。此外，用户还考虑了传统豪华燃油车型宝马 3 系，以及增程版车型理想 ONE。

Model 3 是最主要竞品车型，但用户最终被空间劝退。在问到如果不买 Model Y，最有可能购买哪款车时，用户的回答的 TOP3 车型是 Model 3、极氪 001 和蔚来 ES6。

资料来源：https://wk.baidu.com/view/0cd35a8200d8ce2f0066f5335a8102d276a2618b?_wkts_=1699532225954&bdQuery=%E7%89%B9%E6%96%AF%E6%8B%89model+y%E7%94%A8%E6%88%B7%E6%BB%A1%E6%84%8F%E5%BA%A6%E8%B0%83%E7%A0%94%E6%8A%A5%E5%91%8A.

第三节　国际营销调研的方法

国际营销调研可以分为案头调研和实地调研两大类。案头调研主要是对既存资料的搜集，包括各种文献档案、企业内部记录以及调研人员在以往调研工作中的资料积累；实地调研主要通过与消费者、购买者、中间商等人员的直接交往取得资料。案头调研通常是调研工作的开始，是进行实地调研的基础。国际营销调研，首先有利于实现对质量和顾客满意的不懈追求，其次能够帮助留住企业的现有客户及顾客，最后有利于企业的管理人员了解持续变化的市场。网络营销调研现今也比较流行。

国际营销调研有利于企业发现国际营销的机会，从而把握机会，努力开拓潜在的国际市场。国际营销调研的结果，可以成为企业进行国际营销组合策略的重要参考依据。此外，国际营销调研能够及时地反映国际市场的变化，可以评价国际营销活动的效果，并为调整营销策略提供依据。国际营销调研有助于企业对国际市场未来的发展趋势进行分析和预测，从而掌握国际市场营销活动的规律。

一、案头调研

（一）案头调研的概念

案头调研又称二手数据调研，主要指查寻并研究与调研项目有关资料的过程，这些资料是经他人收集、整理的，有些是已经发表的。通过二手资料的调研，市场营销调研人员可以把注意力集中到那些应该着重调查的特定因素上，并为进一步的实地调查奠定基础。

在国际营销中，二手资料是重要的信息来源，为某些营销决策的制定奠定基础。案头调研可以为实地调研提供必要的背景资料，使实地调研的目标更加明确，从而节省时间和调研成本。

（二）案头调研的作用

在国际营销的调研活动中，派人到国外市场去进行实地调查收集信息，往往要耗费大量的时间和人力财力，而企业某些信息往往通过案头调研在国内就可以获取。调研人员最大限度地利用案头调研，可以压缩市场调研所需的时间、精力和费用，从而提高调研工作的效率。案头调研可提供大量综合性的资料，这些资料在政府或专业机构的各类出版物中均有详细记载统计，进行这方面的实地调研就没有意义，而且很难获得准确详尽的数字。

（三）案头调研的资料来源

国际竞争可以说是一场信息的竞争，谁掌握了信息，谁就赢得了市场。要研究信息，企业必须掌握信息来源。而从众多的信息源中查询二手资料是一个重要的途径。二手资料按来源主要可以分成两大类：内部资料和外部资料。

内部资料指出自所要调查的企业或公司内部的资料。内部资料可以分为三种：一是会计账目和销售记录。每个企业都保存关于自己的财务状况和销售信息的会计账目。会计账目记录了出口企业或公司用来计划市场营销活动预算的有用信息。除了会计账目外，市场营销调研人员也可从企业的销售记录、顾客名单、销售人员报告、代理商和经销商的信函、消费者的意见以及信访中找到有用的信息。二是其他各类报告。其他各类报告包括以前的市场营销调研报告、企业自己做的专门审计报告和为以前的管理问题购买的调研报告等信息资料。随着企业经营的业务范围越来越广，每一次的调研越有可能与企业其他的调研问题相关联。因此，以前的调研项目对于相近、相似的目标市场调研而言是很有用的信息来源。三是本企业的营销信息系统和计算机数据库。西方许多企业建立了以电子计算机为基础的营销信息系统，其中储存了大量有关市场营销的数据资料。这种信息系统的服务对象之一就是营销调研人员。

外部资料指来自被调查的企业或公司以外的信息资料。这类信息包括出口国国内的资料和进口国市场的资料。一般来说，二手资料主要来自以下几种外部信息源。

1. 政府机构

政府机构主要是本国政府在国外的官方办事机构，如商务处。通过这些机构，企业可以系统搜集到各国的市场信息。我国的国际贸易促进委员会及各地分会也掌握着大量的国外销售和投资方面的信息。此外，还有国外政府的相关部门。许多国家的政府为了帮助发展中国家，专门设立了"促进进口办公室"，负责提供下列信息：①统计资料；②销售机会；③进口要求和程序；④当地营销技巧和商业习俗；⑤经营某一产品系列的进口商、批发商、代理商等中间机构的名单；⑥某一类产品的求购者名单及求购数量。

2. 国际组织

许多国际组织都定期或不定期地出版大量市场情报。例如，国际贸易中心、联合国及其下属的粮食与农业组织、经济合作与发展组织、联合国贸易和发展会议、联合国经济委员会、国际货币基金。

3. 行业协会

许多国家都有行业协会，许多行业协会也会定期搜集、整理甚至出版一些有关本行业的产销信息。行业协会经常发表和保存详细的有关行业销售情况、经营特点、增长模式及其他信息资料。此外，他们也开展自己行业中的专门调研。

4. 调研机构

这里的调研机构主要指各国的咨询公司、市场调研公司，这些专门从事调研和咨询的机构经验丰富，搜集的资料很有价值，但一般收费较高。

5. 联合服务公司

这是一种收费的信息来源，他们由许多公司联合协作，定期搜集对营销活动有用的资料，并采用订购的方式向客户出售信息。他们在联合的基础上定期提供4种基本的信息资料：①经批发商流通的产品信息；②经零售商流通的产品信息；③消费者对营销组合各因素反馈的信息；④有关消费者态度和生活方式的信息。

6. 其他大众传播媒介

电视、广播、报纸、广告、期刊、论文和专利文献等，不仅含有技术情报，也含有丰富的经济信息，对预测市场、开发新产品、进行海外投资具有重要的参考价值。

7. 商会

商会通常能为市场营销调研人员提供成员名单、当地商业状况和贸易条例、有关成员的资信以及贸易习惯等信息。大的商会通常还拥有对会员开放的商业图书馆，非会员也可前去阅览。

8. 银行

银行尤其是国际性大银行的分行，一般能提供下列信息和服务：①有关世界上大多数国家的经济趋势、政策及前景，重要产业及外贸发展等方面的信息；②某一国外公司有关商业资信状况的报告；③各国有关信贷期限、支付方式、外汇汇率等方面的最新情报；④介绍外商并帮助安排访问。

世界银行及其所属的国际开发协会每年都会预测许多重要的经济信息和金融信息并公布。另外，一些区域性的银行，如亚洲银行、欧洲银行等也能为市场营销调研人员提供丰富的贸易、经济信息。

9. 消费者组织

许多国家都有以保护消费者利益为宗旨的消费者组织，这些组织的众多任务之一就是监督和评估各企业的产品以及与产品有关的其他营销情况，并向公众报告评估结果。这些信息对调研者而言有很大的参考价值。

10. 官方和民间信息机构

许多国家政府经常在本国商务代表的协助下提供贸易信息服务，以答复某些特定的查询问题。另外，各国的一些大公司会延伸自己的业务范围，把自己从事投资贸易等活动所获得的信息以各种方式提供给其他企业。

我国的官方和民间信息机构主要有国家经济信息中心、国际经济信息中心、中国银行信息中心、新华社信息部、国家统计局、中国贸促会信息中心，以及各相关咨询公司、广告公司等。

（四）案头调研需注意的问题

尽管案头调研具有省时间、省费用的优点。然而，许多二手资料也存在严重缺陷。调研人员特别需要注意以下几个方面的问题。

第一，可获性。由于二手资料的主要优点是省时省钱。因此，人们在选用二手资料时应该考虑这个问题：所需的资料是否能被调研人员迅速、方便、便宜地使用。一般只有在迫切需要信息时才会使用昂贵的资料来源。如果调研经费很少，那么花钱少的信息源应该优先考虑，快速和便利则是次要的了。某些国家统计非常完备，企业可以很容易地得到所需要的资料，可是在另外一些国家（特别是发展中国家），统计手段落后，调研人员很难得到需要的资料。

第二，时效性。在某些信息来源中得到的数据资料往往已过时数年，不能作为企业决策的主要依据。

第三，可比性。从不同国家得到的数据有时无法相互比较，这是由于各国条件不同、数据搜集程序和统计方法不同等。有时，同一类资料在不同的国家可能会使用不同的基期，同一指标在含义上也可能不大相同。例如，电视机的消费量在德国被归入消遣性支出，而在美国则被归入家具类支出。各国数据的不可比性，必然会影响数据的有用性，从而影响企业决策。

第四，相关性。市场营销调研人员必须研究收集到的资料是否能切中问题的相关方面，任何牵强附会只能使调研结果得出错误的结论。例如，已公布的银行报告强调的是某一国的经济状况，而市场营销调研人员所感兴趣的是一个指定的工业部门，尽管一个国家的经济状况和这个指定的工业发展方向是一致的，但后者应有其自己特殊的发展方式和速度。如果简单地使用经济发展数字来取代指定工业的发展状况，那么企业据此所作的营销决策将对指定工业的发展用处不大。因此，在这种情况下，某些精通指定工业的商业杂志可提供更适用于该项调研目标的有关信息。

第五，精确性。只在很少的情况下，一些由别人公布的二手资料会全面、精确地论述市场调研人员所要调查的主题，但多数情况并不如此。特别是得不到直接切题的第二手资料时，市场营销调研人员可能只得利用代用资料，因此要适当地对代用资料进行修改或补充。要提高资料的精确度，市场营销调研人员还应深入研究制作这类二手资料时所用的方法，推敲它们是否经得起检验。

二、实地调研

实地调研是指由调研人员亲自搜集第一手资料的过程。当市场调研人员得不到足够的第二手资料时，就必须收集原始资料。影响调研成败的关键因素是回答者是否愿意并能够提供企业所需要的信息。相对于案头调研而言，实地调研的成本很高。

（一）实地调研的主要方法

实地调研的主要方法有访问法、观察法、实验法等。在采用这些方法时，往往需要用抽样调查和问卷调查等技术。

1. 访问法

访问法，是指将拟调查的事项，当面、通过电话或书面向被调查者提出询问，以获得所需信息的调查方法，它是最常用的一种实地调研方法。访问法的特点在于整个访谈过程是调查者与被调查者相互影响、相互作用的过程，也是人际沟通的过程。访问法包括面谈、电话访问、信函调查、会议调查和网上调查等。

2. 观察法

观察法，是指调查者在现场从侧面对被调查者的情况进行观察、记录，以收集市场情况的一种方法。它与访问法的不同之处在于，访问法让被调查者感觉到"我正在接受调查"，而观察法不一定让被调查人感觉出来，只能通过调查者对被调查者的行为、态度和表现的观察来推测问题的结果。常用的观察法有直接观察调查和实际痕迹测量法等方法。

3. 实验法

实验法，是最正式的一种方法。它是指在控制的条件下，对所研究的对象从一个或多个因素进行控制，以测定这些因素间的关系。它的目的是通过排除观察结果中带有竞争性的解释来捕捉因果关系。在因果性的调研中，实验法是一种非常重要的工具。实验法主要有产品试销和市场实验等方法。

（二）实地调研存在的问题

在应用这些实地调研方法和技术时，由于各国在政治、经济、文化、社会诸方面存在着差异，往往出现一些问题。

1. 代表性问题

以抽样调查为例，一项抽样调查要取得成功，样本必须具有代表性。但是在发展中国家，抽样调查的样本往往具有很大的偏倚性，最大的问题是缺乏对总体特征的适当了解和从中抽出有代表性样本的可靠性不足。在这种情况下，许多调研人员只能在市场和其他公共场所抽取合适样本，以取代概率抽样技术。由于公共场所接受询问者之间的差异，调查结果并不可靠。

2. 语言问题

在使用问卷方式进行调查时，最重要的问题就是语言的翻译。由于翻译不当引起误解，导致调查失败的例子很多。例如，在有的地方官方语言只有少数人能讲，在这种情况下，问卷调查是极其困难的，因为一种语言中的成语、谚语和一些特殊的表达方式很难被译成另一种语言。识字率则是另外一个问题。在一些不发达国家和地区，识字率很低，用文字写成的调查问卷几乎无用武之地。

3. 通信问题

问卷调查中的另一个问题是，问卷邮寄在许多发展中国家十分困难。有些国家的邮电系统的效率极低，邮寄问卷的调查方法根本行不通。在许多发展中国家，电话数量很少，除非仅调查富裕阶层，否则电话调查法就没有价值。即使被调查人有电话，也并非都能应用电话调查法。据估计，在开罗，有50%的电话线可能同时失灵。在这些国家，即使是进行工业调研，采用电话调研也是不足取的。

4. 文化差异问题

个别访问是取得可靠数据的重要方法之一。但在许多发展中国家，由于文化的差异，采用这一方法很困难，被调查者或拒绝访问和回答问题，或故意提供不真实的信息。

（三）解决实地调研问题的方法

解决实地调研问题需要借鉴相关经验与教训，注重交叉文化，借助当地人的语言和文化优势，采用"返翻法"，加强调研人员培训。这些方法可以帮助调研人员更好地进行实地调研，获取准确和有价值的数据。

第一，要重视借鉴其他国家在国际营销调研上的经验与教训。一方面，其他国家在国际营销方面可能有一些成功的案例，可以作为借鉴和学习的对象。另一方面，其他国家在国际营销过程中可能也会遇到一些困难和失败的情况，通过了解这些教训，我们可以避免犯同样的错误。

第二，要注重交叉文化的研究，克服由文化差异带来的调研困难。了解和尊重其他文化的观念、价值观和行为方式，可以更好地理解和解释市场行为。同时，要进行充分的文化调研，包括文化背景、历史、宗教、社会结构等方面的了解，这可以帮助我们更好地理解文化对市场行为的影响，从而更准确地制定营销策略。

第三，借助当地人的语言和文化优势，进行系统的营销调研。要尽可能借助精通两国语言和两国文化、系统地接受过营销学和营销调研方面训练的当地人，搞好在当地的营销调研，减少因文化差异带来的实地调研误差或困扰。

第四，采用"返翻法"解决调查问卷的词义问题。"返翻法"即把资料从一种语言译成另外一种语言，然后请当地人把它翻译回原来的语言，以检查是否有错译或曲解的地方，确保词义的准确性。

第五，加强对调研人员的培训。培训调研人员，使其熟练掌握各种调研技巧。

三、网络营销调研

网络营销调研是指为实现信息目的而进行研究的过程，包括将相应问题所需的信息具体化、设计信息收集的方法、管理并实施数据收集、分析研究结果、得出结论并确定其含义等。在分类中，网络营销调研包括定量研究、定性研究、零售研究、媒介和广告研究、商业和工业研究、对少数民族和特殊群体的研究、民意调查及桌面研究等。

（一）网络营销调研方法

随着计算机技术与网络技术的不断发展，市场调研模式也逐渐向网络化的方向发展。与传统的市场调研相比，网络营销调研有很大的优势。网络市场调研的方法主要包括观察法、实验法、访问法和问卷法等。

1. 观察法

观察法是社会调查和市场调查研究的最基本方法。它是由调查人员根据调查研究的对象，利用眼睛、耳朵等感官以直接观察的方式对其进行考察并搜集资料的方法。例如，市场调查人员到被访问者的销售场所去观察商品的品牌及包装情况。

2. 实验法

实验法由调查人员跟进调查的要求，用实验的方式，将调查的对象控制在特定的环境下，并对其进行观察以获得相应的信息。控制对象可以是产品的价格、品质、包装等，在可控的条件下观察市场现象，揭示在自然条件下不易发生的市场规律，这种方法主要用于市场销售实验和消费者使用实验。

3. 访问法

访问法可以分为结构式访问、无结构式访问和集体访问三种。

结构式访问是事先设计好有一定结构的访问问卷的访问。调查人员要按照事先设计好的调查表或访问提纲，并以相同的提问方式和记录方式进行访问。提问的证据和态度也要尽可能地保持一致。

无结构式访问是没有统一问卷，由调查人员与被访问者自由交谈的访问。它可以根据调查的内容，进行广泛的交流。例如，对商品的价格进行交谈，了解被调查者对价格的看法。

集体访问是通过集体座谈的方式听取被访问者的想法，收集信息资料。集体访问可以分为专家集体访问和消费者集体访问。

4. 问卷法

问卷法是通过设计调查问卷，让被调查者填写调查表的方式获得所调查对象的信息。在调查中将调查的资料设计成问卷后，让调查对象将自己的意见或答案，填入问卷中。在实地调查中，以问卷法采用最广。

在传统市场调研的过程中，对于企业而言，无论是成本还是调研结果的客观性都有一定的不足，特别是调研周期相对较长，这样有可能导致调研结果在现实生活中实用性不强，误差比较大。随着网络技术、信息技术发展，网络营销在实体企业得到越来越多的应用，作为网络营销中一个重要组成部分，网络市场调研优势体现越明显。

（二）网络营销调研的作用及注意事项

网络营销调研可以把调研的相关信息迅速传递给世界各地上网的用户，具有及时性和共享性；与传统营销调研相比，可以有效地降低调研的费用，具有便利性和低成本性；可以减少因调查问卷的不合理而导致调查结果出现偏差等问题，具有交互性和充分性；用户是自愿填写信息的，从一定方面保证了调研的客观性与真实性；有效地避免了传统营销调研中人为因素的干扰，具有可靠性和客观性；可以全天候地进行营销调研，无须人为守候及监控；可有效地对采集信息的质量实施系统的检验和控制，具有可检测性和可控制性。

网络营销调研应调整调研问卷内容组合以吸引访问者，采取适当的激励措施，同时有针对性地跟踪目标顾客，并结合多种调研方式进行营销调研。

第四节　国际营销调研的资料分析

市场资料收集完后，调研人员手中已经掌握大量数字和材料。然而，这些资料比较零散，且缺乏系统性。因此，调研人员应根据研究目的进行系统整理，并对整理后的资料进行系统分析，得出必要的结论。在营销调研的全过程中，资料的整理与分析占有重要地位。

一、市场调研资料的整理

资料整理是指把调查收集的原始资料进行科学的分类和汇总，使其变为有用的、系统化的、条理化的统计资料，为分析和解释作准备工作的过程。资料整理主要包括资料的编辑、汇总和分类、编码、制表等工作。

（一）编辑

资料编辑是指对所收集到的资料进行鉴别、校对和修正，使这些资料达到完整、准确、客观、前后一致的状态。

实地编辑是初步编辑，其主要任务是发现数据中非常明显的遗漏和错误，帮助控制和管理实地调查队伍，及时调整调研方向、程序，帮助消除误解和进行有关特殊问题的处理。它应该在问卷或其他数据收集形式实施后尽快执行，以便问卷能在数据收集人员解散之前得到校正。

在进行实地编辑时应注意以下问题。

（1）**资料的完整性**。在进行市场调研时，一部分问卷调查可能会重复出现，或者答案不完整，难以系统反映被调查者的状况。

（2）**资料的准确客观**。一定要确保所调查的内容与调查目的相关，并能准确客观地实施调研。

（3）**资料的一致性**。在进行编辑工作时，应注意各项资料是否一致和协调。若资料的计量口径或者计量单位不一致，编辑人员应该适时调整。

（4）**资料的明确性**。答案的意义应明确，要将含糊不清的答案设法弄清楚。

办公室编辑主要是在实地编辑之后，审查和校正回收的全部资料。回收上来的问卷问题主要包括：对所问的问题不完全回答，明显的错误回答，由于被访人缺乏兴趣而做的搪塞回答，以及对开放性问题的乱序回答。而办公室编辑主要是找出这四类问题并对其进行区分和处理。

此外，对次级数据的审核也是办公室审核的重要工作。包括对著述性文献和行会文献的审核，对统计数据的审核，以及主要是指标口径和数据分组。

（二）汇总和分类

汇总是把已收集到并经过编辑的资料进行编组或按大类集中，使之成为某种备用的资料。资料分类是资料整理中最基本的一项工作，是根据调研的需要，将调查所获资料按一定的属性和特征区分为若干部分，以便研究人员对资料进行进一步的分析。

汇总和分类可以减少资料的项目和类别，把定性的资料转化为定量的资料，便于比较分析。注意：分类标志应根据研究的目的和统计分析的要求而定；使用的间隔要使最常出现的答案在中间；分类间隔多比分类间隔少好。

（三）编码

编码是指对一个问题的不同回答进行分组，用符号代表某一类问题的答案，简化资料的处理工作。对资料进行事后编码和运用计算机制定编码明细单。数据编码是为每个问题的每种答案分配一个代码，通常是一个数字对一个结构性问题。对于非结构或开放问题方面的编码比较困难，应注意：类别代码应彼此独立、无遗漏；对于重要问题，即使没提及，也要编码；数据编码应尽可能详细地描述数据。

（四）制表

在进行资料编校、分类时，还需要将调查资料中所涉及的数据编制成表格，简单明确地表示出来。列表的方法是计数变量值的出现次数，如果仅计数一个变量的不同数值的出现次数，此列表为单项列表；若同时计数两个或多个变量的不同数值联合出现的次数，此列表为交叉列表。

二、调研资料的分析

通过对资料的编辑整理，大量纷繁杂乱的数据和市场现象变成有意义的统计资料。对所整理出来的资料，调查人员应运用统计学和数学专业知识以及各种分析技巧，根据调研目的予以指标分析。资料分析方法有百分数使用、平均数运用、指数分析、统计检定、简单回归分析与相关系数分析。

调研资料分析的主要任务是利用经过调查得来的全部情况和数据，验证有关因数的相互关系和变化趋势。市场调研的分析方法包括两种：定性分析法，定量分析法。

（一）定性分析法

定性分析法主要根据科学的观点、逻辑判断和推理，从非量化的资料中得出对事物的本质、发展变化的规律性认识。

对调研数据做分析解释时，还应特别注重解释的客观性，这要求研究者始终保持客观的态度，以使抽样调查能以最小的误差反映总体情况，实现调查的最优化。

1）归纳法

归纳法是将反映某一主题的市场信息资料集中在一起，进行系统的综合，以准确、全面、概括地说明主题。

2）推理法

推理法是在详细分析大量市场信息资料的前提下，根据事物的内在联系和发展规律，科学地进行判断、推理得出某种结论，形成新的信息资料。

（二）定量分析法

定量分析法是对社会现象的数量特征、数量关系与数量变化进行分析的方法。在企业管理上，定量分析法以企业财务报表为主要数据来源，按照某种数理方式进行加工整理，得出企业信用结果。定量分析法的主要方法主要包括以下几种。

（1）比率分析法。这是财务分析的基本方法，也是定量分析的主要方法。

（2）趋势分析法。对同一单位相关财务指标连续几年的数据作纵向对比，观察其成长性。通过趋势分析，分析者可以了解该企业在特定方面的发展变化趋势。

（3）结构分析法。通过对企业财务指标中各分项目在总体项目中的比重或组成的分析，考量各分项目在总体项目中的地位。

（4）相互对比法。通过经济指标的相互比较来揭示经济指标之间的数量差异，既可以是本期同上期的纵向比较，也可以是同行业不同企业之间的横向比较，还可以与标准值进行比较。通过比较找出差距，进而分析形成差距的原因。

（5）数学模型法。在现代管理科学中，数学模型被广泛应用，特别是在经济预测和管理工作中，由于不能进行实验验证，通常会通过数学模型来分析和预测经济决策可能产生的结果。

以上五种定量分析法，比率分析法是基础，趋势分析、结构分析和对比分析是延伸，数学模型法代表定量分析的发展方向。

（三）国际营销抽样调查

抽样调查是指按某种规则从调查对象总体中选取一定数量的单位，作为代表总体的样本，运用样本单位的调查结果推断总体的一种调查方式。国际市场营销是企业通过营销调查以了解客户需求，并据此制定营销策略、实施营销战略，达到组织目标的管理活动。在这一系列的营销管理活动中，营销调查是基础性的、系统的工作，对企业所组织的目标是否成功起着关键性的作用。所以，调查人员必须对调研总体进行非常精准的定义，一旦对总体定义错误，就会对该项调查产生毁灭性的影响，在此基础上所做出的市场战略、市场决策就会"谬以千里"。因此，为制定出正确的营销战略和营销策略，企业应该意识到营销调查的重要性，进而实施全面、系统、精确的营销调查。

研究人员开发样本计划应包括：定义总体；识别抽样框；设计样本计划，抽取样本，收集数据。抽取样本应注意两个因素：一是确定组成样本的元素，二是从这些样本中获取信息。也就是说，当你需要选择一个人然后询问他问题时，必须认识到会有人不愿意回答某些问题，那么就需要确定"如何找到替代者或者能不能更换其中的问题"，进行舍弃抽样或者再抽样，然后从中获取目标的信息，据此制定相关的战略以及实施策略。抽样调查较普查而言，省钱、省时、省力，但是会不可避免地产生一些误差，此误差可以通过事先计算加以控制。抽样调查分为随机抽样和非随机抽样两种。

1. 随机抽样

随机抽样是指按随机原则，从调查总体中抽取一定数目的样本进行调查，以其结果推断总体的一种调查方式。随机抽样遵循随机原则，以概率论与数理统计为基础，使总体中的每个单位都有同等被抽中的机会，以使所抽取的样本更能代表总体，更能全面反映总体状况。

随机抽样按照样本的选取方式，分为四种方法。

第一，简单随机抽样。简单随机抽样又称纯随机抽样，即在总体单位中不进行任何有目的的选择，完全按随机原则选取抽样单位。其适用于总体特征分布均匀的总体，可用抽签法或乱数表法实施。简单随机抽样要求总体元素有完整列表，在已知的总体中进行选择个体，其对总体的要求是"小且稳定"。如美发屋的店主想了解400多名顾客对他的服务的意见，就属于简单随机抽样。

第二，类型抽样。类型抽样又称层次抽样，即将总体按其属性分为若干类，然后在各类中以纯随机抽样法抽取样本。总体被分为相互排斥和完备的子集，从每个组或子集中独立地选择一个简单随机样本。在类型抽样中所分的各类中，类与类之间的差异很大，但每一类的个体特性很小。因此，在各类中抽取不同比例的基本单位，然后加以综合，就能更全面地代表总体。其适用于总体范围大、总体中单位间差距大且分布不均匀的总体。

第三，系统抽样。系统抽样又称等距抽样，它是先对总体单位进行有序编号，然后按照一定抽样距离将总体分段，从中抽取样本。其适用于总体范围大的总体。系统抽样比简单随机抽样更具代表性。

第四，分群抽样。分群抽样又称整群抽样，即先将总体按某种标准（如地区）分为若干群，然后以群为单位从中随机抽取个体。其适用于介质不清的总体。

分群抽样适用于介质不清的总体，在此情况下，不便于制定分类标准，只能按其外部特征来划分为若干群。分群抽样中分成的各群彼此差异不大，如按地区划分的样本。

2. 非随机抽样

非随机抽样是指从调查对象总体中按调查者主观设定的某个标准抽取样本单位的调查。此种方法在调查中具有一定的主观性，会对调查的可靠性产生一定的影响，但是简便易行，因此在实际市场调查中运用广泛。非随机抽样主要有四种方法。

第一，任意抽样。任意抽样又称便利抽样，即样本的选择完全根据调研人员的方便性而定。此种抽样方法简便易行，但是抽样偏差大，结果不太靠谱，一般适用于探测性调查。

第二，判断抽样。判断抽样是指对样本的选择是根据调查人员的主观判断而定。判断抽样的关键特征在于有目的性地选择总体元素。

第三，配额抽样。配额抽样是以总体的某些社会或经济特征为基础，将总体分为若干层次，然后利用非随机抽样方法在每一层抽取一定数额的样本单位，综合成最终的样本进行调查。配额抽样使样本中拥有某种特征的元素比例与该类元素在总体中的比例一致，以此来成为总体的代表。

第四，参考抽样。参考抽样中的参考样本，又称"雪球样本"，要求受访者提供另外受访者的名字。当研究者的样本元素的列表小于他们的预期总数量时，就开始进行这一添加列表的过程，即在访问每个受访者后，询问其他可能的受访者的名字。

3. 非抽样误差与抽样误差

第一，非抽样误差。非抽样误差指在市场调查过程中，由于客观条件的限制或工作人员在登记、汇总和计算过程中的失误而造成的误差。这种误差在全面调查和抽样调查的过程中都可能存在。在市场调查中，这种误差是可以避免的，调研人员应该采取谨慎的态度，尽量避免这种误差。

第二，抽样误差。抽样误差是指用样本代表总体、以样本指标推断总体指标所产生的误差。此误差的大小直接影响调查的准确性，其相关的影响因素如下。

（1）抽样误差的大小与总体单位的差异程度有关。总体各单位的差异性越大，抽样误差就越大；总体单位的差异性越小，抽样误差也就越小。

（2）抽样误差的大小与样本单位数量有关。样本单位数越多，样本单位数占总体单位数的比重越大，则抽样样本的代表性也就越强，抽样误差越小；反之，抽样误差越大。

（3）抽样误差的大小与不同抽样组织方式有关。纯随机抽样、系统抽样、分群抽样、类型抽样的抽样误差各不相同，要根据实际情况加以选择。

在抽样调查中，需要考虑多大的样本才能达到预计的准确性，选择样本大小的标准一方面应注意避免使误差太大，另一方面要将样本数量控制在一定范围之内，以避免过高的成本。

4. 样本容量的确定

样本容量是指一个样本中所包含的单位数。样本容量的影响因素主要包括：总体各单位变异程度的大小、允许误差的大小以及抽样估计的精确程度。企业需要综合考虑这些因素，选择合适的样本容量来进行调研。

第一，总体各单位变异程度的大小。总体各单位变异程度的大小是影响样本容量的一个重要因素。总体各单位变异程度越大，表示总体越不均衡或不一致，需要抽出来调查的数目越多；反之，总体各单位差异程度越小，表示总体越均衡，需要抽出来调查的单位数目越少。

第二，允许误差的大小。允许误差的大小是指在样本调查中，研究者可以接受的样本估计结果与总体参数之间的差异程度。允许误差越小，抽样数目应该越多；反之，抽样所允许的误差越大，抽样数目应越少。若不允许存在误差，则应该进行全面调查。在确定允许误差的大小时，研究者还需要考虑研究目的和研究问题的重要性、可行性和资源限制。

第三，抽样估计的精确程度。抽样估计的精确程度是指样本估计结果与总体参数之间的差异程度，也可以理解为估计结果的可信度或置信水平。抽样估计的精确程度受样本容量、总体的变异程度以及抽样误差等因素的影响。若要求的精确度高，就应多抽些样本，增大样本容量。

5. 抽样方法和抽样组织形式

在相同的条件下，重复抽样应多抽一些单位，不重复抽样可以少抽一些单位。抽样组织形式不同，需抽取的数目也不一样。简单随机抽样的误差比系统抽样的误差大。因此，在系统抽样时，可以少抽一些单位，而在简单随机抽样中应该多抽一些单位。

 **案 例**

宜家在印度的营销调研

一、宜家在印度的售前调查

宜家在进入印度市场前进行了两方面的市场调研：第一，让印度人了解宜家；第二，让宜家人了解印度。

（一）让印度人了解宜家

宜家邀请了大量印度记者对宜家瑞典总部进行访问，并与记者进行面对面交流和问答，通过印度记者的视角提问，让记者们对宜家的发展规划和发展理念进行全面了解。访谈结束后，记者们进行了宜家购物体验。通过记者访谈和深度购物体验，宜家通过印度媒体之手将其购物理念和购物感受传递给印度民众，为宜家初步探索印度市场做了前期的媒体宣传。

（二）让印度人了解宜家

宜家派出了创意调研团队深入印度进行实际调研，调研团队在印度居住3年，每天的任务就是对印度人的生活状态、对家具材质的喜好、主要流行颜色的选择进行深入的了解。并通过家庭走访的方式，了解印度普通家庭的日常家具摆设和家具使用习惯。

1. 市场调研

调研团队分两路进行调查：女性调研人员主要负责市场考察，通过市场购物行为和主要销售商品了解印度人喜欢的颜色、定价方式；男性调研人员主要深入家具市场，对印度市场主流家具的材质、颜色进行了解，并了解印度人对北欧家具的主流颜色——白、灰、米色的认可度。在家庭走访中，调研人员了解了印度普通家庭的陈设方式，并了解印度人的财产传承理念。

2. 展示店

根据调研结果，宜家在印度正式投入运营前，在商场内推出了展示店。通过实体店布局的形式，向印度消费者展示宜家的主要商品，让顾客体验宜家的运营和购买模式。并对4件展示商品进行了定价，以试探印度消费者对宜家商品的接受程度。

（三）售前调研效果

1. 颜色偏好

通过实际的走访调研，调研人员充分了解到，印度人偏爱比较明亮的颜色，红色、粉色和橙色十分流行。

2. 产品偏好

家庭生活中偏爱金属质的家具，比较浪费空间。家里的家具是统一的材质和颜色，协调非常重要，不喜欢花花绿绿的颜色。印度人更喜欢实木家具，其中以带有天然木纹的柚木最为畅销。

3. 价格偏好

印度人对价格较为敏感，偏爱讨价还价，这使定价方面存在困难。

4. 服务偏好

印度消费者通常专注于定制产品、重型家具，并希望提供免费送货和装配服务。

5. 生活习惯

印度有着独特的美食及生活习惯，喜欢睡硬床垫，对日常生活用品以及家具有不同于瑞典甚至其他国家的偏好。此外，印度偏向集体主义，当地人更加重视家庭的概念，重视孩子的喜好。

除此之外，印度很多家庭里都有一个金属制成、很高、能上锁，而且很占地方的歌德瑞柜。

二、宜家的售中调查

宜家的售中调研策略主要通过家庭走访的形式进行，对消费者在使用产品时的感受进行记录，并根据不同的家庭进行不同的需求调查，为后续产品和营销方式的设计提供新的想法。

资料来源：https://b23.tv/oD4p3Sy。

第五节 国际营销信息系统

一、国际营销信息系统的定义

国际营销信息系统是指一个由人员、机器、程序构成的人机相互作用、协作的组合系统。企业在进行国际营销的过程中通过这个系统对目标市场的信息进行搜集、挑选、分析、评价和使用，为国际市场营销管理人员制订、改进营销计划，执行、控制工作等提供强有力的信息支持。

国际营销信息系统就是为搜集、整理、贮存、检索和分析信息并据以制定国际营销策略而设计的一个持续的系统。这个系统的功能是：向各业务部门提供准确的业务信息；向各业务职能管理部门按时、按地点提供管理信息；为企业决策部门识别、选择和解决营销问题、把握机会进行决策等提供容易理解和使用的信息。国际营销信息系统功能如图4-1所示。

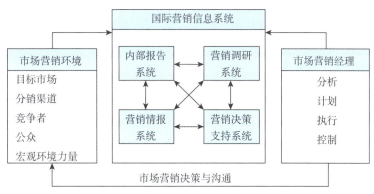

图4-1 国际营销信息系统功能

二、国际营销信息系统的构成

(一) 内部报告系统

内部报告系统是向管理人员提供订单、销售额、存货水平、应收账款和应付账款等信息的系统。这类信息必须按产品品种、时间、地区、推销人员来分类整理。通过对这类信息的分析，管理人员能发现存在的市场机会和企业营销活动面临的问题。

订单收款系统是内部报告系统的核心。销售代表、经销商和顾客将订单送交公司。销售部门准备数份发票副本，分送各有关部门。存货不足的项目留待以后交付；需装运的项目应附上运单和账单，同时还要复印多份分送各有关部门。公司总是希望迅速和准确地执行这些步骤。顾客偏爱那些能及时交货的公司。顾客和销售代表用传真与电子邮件报出他们的订单，计算机化的仓库迅速执行这些订单，开单部门尽快开出发票。越来越多的公司采用互联网和外部网，更快、更准确和更有效地处理订单-收款循环。

(二) 销售信息系统

营销经理需要对当前的销售汇总出及时和准确的报告。例如，沃尔玛了解商店每件产品的销售和每天的总量情况，这就使它能够向供应商每晚发出订单，从而补充存货，沃尔玛与一些诸如宝洁这样的大供销商分享销售数据，以便宝洁能准时为沃尔玛供货。

(三) 营销情报系统

内部报告系统为管理人员提供结果数据，而营销情报系统则为管理人员提供发生的数据。一个营销情报系统是使公司经理获得日常关于营销环境发展的恰当信息的一整套程序和来源。营销经理通过阅读书籍、报刊和同业公会的出版物，与顾客、供应商、分销商或其他公司经理交谈收集情报。营销情报系统是跨国经营企业收集有关目标市场国营销环境的信息系统，一般通过企业的营销人员、中间商、市场调查人员完成。

(四) 营销调研系统

企业管理人员有时需要对特定问题或机会进行深入研究，这要求调研人员必须有针对性地开展市场营销调研活动。营销调研系统能设计、搜集、分析和提出资料数据，及时提出与企业营销状况有关的调研结果。对于建立有营销调研机构的大企业来说，营销调研工作可以由自己的营销调研部门组织开展；而一些没有能力自己组织营销调研工作的中小企业，可以委托专门的营销调研公司为其提供所需的服务。

(五) 营销决策支持系统

越来越多的组织为了帮助其营销经理做好决策，设立了营销决策支持系统。约翰·李特尔认为：营销决策支持系统是一个组织，它通过软件与硬件支持，协调数据收集、系统、工具和技术，解释企业内部和外部环境的有关信息，并把它转化为营销活动的基础。销售经理常用的决策模型包括以下几类。

BRANDAID 模型：一种着重消费包装品的弹性营销组合模型，其组成因素是制造商、竞争者、零售商、消费者和一般环境，模型包括广告、定价和竞争子模型。该模型用创造性的标准把判断、历史分析、追踪、实地测试和适应性控制结合起来。

CALLPLAN 模型：该模型帮助销售人员决定在一定时间内访问预期客户和现有客户的次数，该模型计算了旅行时间和推销时间。美国联合航空公司利用该模型，通过实验小组试验，在一个控制小组的控制下，将销售额提高了 8%。

DETAILER 模型：用于帮助销售员走访客户和每次访问前准备推销的代表性产品。这种模型大多用于药厂的新药推销员访问医生，每次访问准备不超过 3 个产品，在两次应用中，该模型产生了较大的盈利效果。

GEOLINE 模型：该模型用于设计推销和服务地区，它满足 3 个原则：推销地区与工作负担相等；每一推销地区包括周边邻近地点；该地区是完整的。

PROMOTER 模型：该模型估计最低基础销售与促销的关系（无促销活动的销售额），测量随着促销活动的增加而递增的销售额。

MEDIAC 模型：该模型帮助广告主计划一年内如何购买媒体资源，包括市场细分轮廓、销售潜量估计、递减的边际效应、遗忘率、时机问题以及竞争者媒体计划。

ADCAD 模型：分析广告的类型（幽默、生活片段等），以应用于不同的产品、目标市场和竞争环境中的营销目标和特征。

COVERSTORYN 模型：检查大量的行业销售数据，并用英语打印出报告的最精彩部分。

 案 例

宝洁（中国）CRM 管理系统

一、项目背景

由于消费者对品牌忠诚度日渐降低，加上无法直接掌握消费者的喜好，因此，如何突显企业品牌的独特性一直是消费日用品公司的最大挑战。美国宝洁公司自从 1988 年在中国建立中国宝洁有限公司以来，陆续建立了十几家生产洗发、护肤、洗涤、纸品和口腔保健产品的合资和独资企业，旗下飘柔、海飞丝、潘婷、沙宣、舒肤佳和玉兰油等品牌在中国市场家喻户晓。

由于消费日用品的市场推广一般属于产销体系，客户通常是到零售据点购买，企业与客户之间的接触大多靠广告与售后服务，无法做到近距离甚至是一对一接触。根据调查，价格并不是消费者选购商品的第一考虑因素，相反，消费者对企业的信任才是最重要的。宝洁（中国）体会到企业在提高商品品质的同时，还应该注重调整企业运作流程，全方位、多渠道地满足客户服务需求，提供更先进的个性化服务，从而提升客户对企业的信任度。

此外，消费品的客户数量和产品种类繁多，所以，企业需要花费大量的成本才能将企业的信息和新产品通知客户，如高额的广告费、邮寄费用和大量的人工成本。那么，如何更好地应用互联网络或低成本的 E-mail，在帮助企业降低销售成本的同时，又能够保持与客户的良好关系，保证企业信息的到达率，就成为宝洁（中国）管理层需要认真探索的问题。另外，宝洁公司通过多年的积累，已拥有大量的客户资料，存在于各个部门。如何充分利用这些资料，更好地为客户提供贴心服务，成为宝洁（中国）公司将目光转向客户关系管理系统（CRM）的初衷。

二、项目确立

显然，宝洁（中国）公司的愿望是通过 CRM 在企业内的实践来提高企业了解客户行为的能力，并借此达成向客户提供个性化服务的目的。那么，消费品市场大都采用间接销售体制，采用"推式"或"拉式"市场营销方式，产品生产厂商同最终客户并没有直接打交道，且由于这些消费品不像专业设备那样需要维护，企业的呼叫中心也不是采集客户数据的主要来源。

那么，消费品厂商如何拉进客户距离，而又不给分销商添加额外的负担呢？答案就是网络。现在问题集中在如何利用网络这个新媒介收集客户信息，分析客户信息，并利用分析结果开展"个性化"促销活动。通过对国内 CRM 软件的分析，宝洁公司认为艾克国际的网上个性化软件、电子邮件营销以及客户分析三个模块比较能够满足企业的业务需求。

三、项目实施

宝洁（中国）CRM 软件项目主要选用艾克国际的客户关系管理系统（CRM）中的三个功能模块，即 Web Personalizer®（个人化网页）、E-mail Master®（电子邮件行销）和 One to One Analyzer®（客户资料分析）。

艾克国际的 Web Personalizer® 整合宝洁（中国）网站的客户信息，可以灵活运用网络营销。Web Personalizer® 提供网络实时互动与个人化机制，以一对一个人专属网页，让消费者一进入网站就能得到贴心的服务，并根据消费者过去的行为模式与浏览偏好，提供适合的个人化销售建议与讯息。

艾克国际的 E-mail Master® 使宝洁（中国）发送能个人化电子邮件并追踪邮件发送与阅读状态，有效执行电子邮件行销。E-mail Master® 可协助企业透过自动信件回复的机制，做到预约发信、大量发送、支持多重项目与客户，提高电子邮件服务效率与降低人工成本，并强化内部流程自动化整合。同时，通过与后端分析机制结合，提供消费者个人化的电子邮件，例如，一封美容用品的电子邮件，信件内容可以针对消费者个人的肤质与季节性，提供适合的美容用品与相关的促销活动，让消费者感觉到他的确需要这样的产品，进而刺激其购买意愿，提高成交率。

艾克国际的 One to One Analyzer® 提供宝洁（中国）多种数据分析工具，分析客户行为模式与偏好，确定正确的行销策略与互动机制。One to One Analyzer® 的分析工具包括产品关联分析（分析产品之间的关联性，可用在产品交叉销售）、客户要素分析（企业可利用分析结果对其他潜在消费者进行交叉销售）、客户价值评量分析（依客户的贡献度将客户分等级，并提供不同的服务）、决策树分析（可以描绘出客户的聚类轮廓，协助企业发掘具有相同特质的潜在客户并进行开发）和 RFM 等。所谓的 RFM 也就是Recency, Frequency, Monetary，即根据最近一次购买的时间有多远与最近一段时间内购买次数的变化推测客户消费的异动，依流失可能性列出客户，再以最近一段时间内购买的金额为另一个角度，把重点放在贡献高但流失机会也高的客户，重点拜访或联系，以最有效地挽回最多客户。

整个项目实施时间为半年，于 2002 年 2 月完毕。

四、实施效果

Web Personalizer®，E-mail Master®以及 One to One Analyzer®三个模块的使用为宝洁（中国）建立了以互联网为操作平台的客户服务和个性化营销机制。自上线以来，网上注册客户大幅度增长，为公司与最终消费者群体的近距离交流提供了现实条件。另外，由于很好地处理了"渠道冲突"问题，现有的广大零售店也因此获益，从而间接强化宝洁产品的整条供应链的功能。总之，这三个模块在互联网平台上相辅相成，形成了一个从网上捕获客户信息、分析信息到有效一对一促销的"闭环"系统，为宝洁（中国）带来了全新的网上营销模式，既提高了公司的品牌形象，又提高了公司与原本"生疏"的客户的亲和度以及向市场推广产品的能力，可谓一举多得。

资料来源：企业 CRM CTIhhh 论坛（ctiforum. com）

讨论与思考

1. 什么是国际营销调研？国内营销调研与国际营销调研的区别是什么？

2. 在国际营销调研过程中需要注意哪些问题？

3. 如果公司派遣你到印度进行市场调研，你可能会遇到什么问题？将如何解决这些问题？

4. 讨论拥有完善的国际营销信息系统的重要性。

5. 在取得市场调研资料后，怎样对调研资料进行分析？

第五章 国际市场进占战略

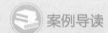 案例导读

海尔进占国际市场战略

1. 目标产品或目标市场的选择

海尔将它的目标市场细分为"三个三分之一",即最终实现国内生产国内销售 1/3,国内生产海外销售 1/3,海外建厂海外销售 1/3。海尔在目标市场的选择上,采用先难后易的方式。首先是把欧美地区的门户打开。欧洲人对中国的陌生和对中国产品质量的偏见,是海尔在欧美市场遇到的最大难题。同时,海尔对欧洲人的消费习惯和欧洲产品的准入机制也很陌生。为了消除进入障碍,海尔聘用了熟知市场的当地人。例如,1999 年,海尔用年薪 25 万美金聘请了美国人迈克作为海尔美国贸易部总裁,迈克成功地让海尔产品进入美国最大的连锁超市沃尔玛,产品品种也越来越多。同样,海尔聘请在飞利浦公司干了 16 年营销工作的亚默瑞担任海尔欧洲贸易公司总裁,其团队调研得出海尔缺少的是符合欧洲人消费需求的产品。因此,海尔针对欧洲人的消费习惯专门进行了产品设计。

2. 进入目标市场的目的和目标

海尔的目的和目标,就是成为世界名牌,很重要的一点就是要在每一个地方成为本土化的世界名牌,因为家电的特点是每个区域的需求都不一样。因此,海尔努力实现全球化的采购、全球化的制造、全球化的设计、全球化的销售、全球化的流通,成为一个真正在每一个地方都有竞争力的品牌,进而辐射到世界各地。

3. 进入目标市场的模式选择

海尔集团进入海外市场,采取的都是投资进入国际市场的模式,包括投资建厂、并购厂房、合资建厂。在美国市场,海尔投资建立了美国海尔工业园,在本地生产家电产品,并且聘用当地员工。海尔美国公司是属于海尔集团在美国建立的独资企业。在欧洲市场上,海尔以 800 万美元收购意大利迈尼盖蒂冰箱工厂,在欧洲本地生产并出售产品,这是海尔集团通过并购海外其他公司而在国外建立的独资企业。在非洲市场,海尔与突尼斯 Hachicha 集团在突尼斯合资成立工厂,在本地生产经营,还与英国 PZ 集团签订合资协议,在尼日利亚成立合资工厂,进行联合品牌 Haier-Thermocool 冰箱、冷柜、空调的组装以及销售。这都是海尔集团通过合资的方式在国外建立的合资企业。

4. 进入目标市场的营销规划

首先，海尔在国外市场的竞争采用了本地化战略。海尔在洛杉矶建立了"海尔设计中心"，在纽约建立了"海尔美国贸易公司"、在南卡罗来纳建立"海尔生产中心"，在美国形成了设计、生产、销售三位一体的经营格局。这样做的目的是更好地了解美国市场，更快地针对市场变化做出反应。海尔在美国销售的许多产品都不是海尔原有的产品，而是专门针对美国市场设计和生产的。海尔美国贸易公司和生产中心的人力资源管理也实施当地化战略。

其次，海尔采取全球范围融资、融智和文化融合的办法，充分利用当地的人力资源和资本，在全球范围初步整合了企业资源。在国际化战略的实施过程中，海尔用两三年的时间，在美国、欧洲等主要经济区建起了有竞争力的贸易网络、设计网络、制造网络、营销与服务网络。

再次，海尔一直都采用单一的综合品牌战略，即使是在走进国际市场上之后。海尔生产的电冰箱、洗衣机、微波炉、酒柜、手机、空调等全部采用统一的品牌"海尔"。由于所有产品共用一个品牌，海尔可以大大节省传播费用，对一个品牌的宣传同时可以惠泽所有产品，还利于集中所有资源全力塑造一个大品牌，增强综合品牌的美誉度、知名度和联想度，使企业更专注和专业；也有利于新产品的推出，如果品牌已经具有一定的市场地位，新产品的推出无须过多宣传便会得到消费者的信任。这在海尔以某个强势产品打入欧美市场，再推进其他产品的过程中体现得尤为明显。

最后，进军国际市场并非海尔一朝一夕的念头，而是海尔在发展过程中的必然趋势，是海尔在国际市场上做大做强之后顺势而为的结果，海尔进军国际市场的目的不仅仅是出口创汇，而是成为国际化的海尔，创出中国的世界名牌。

5. 监测目标市场的经营控制制度

企业文化有助于在企业职工中形成向心力，使内部控制制度得以顺利实施。管理部门只有重视内部控制制度，企业的内部控制才有效。海尔坚持管理高质量，不做表面文章，注重管理实效，对于管理制度、标准、程序确定以后必须严格执行，依法治厂，无一例外。合理的企业组织结构保证内部控制活动有条不紊地进行。以事业部为基础的"联合舰队"模式使每个加入海尔集团的单位，都是有很强战斗力的"舰只"，既能各自为战，又是联合作战的一部分，最终实现整体大于各部门之和的经营效果。海尔认为，企业发展源于员工个人价值的实现，因此，海尔将员工的管理摆在第一位置。海尔对人的管理原则是：充分发挥人的潜能，让每个人不仅能感受到来自内部竞争和市场竞争的压力，而且能将压力转化为竞争的动力。集团各企业根据实际情况制定自己的管理规章制度，做到事事有章可循，处处有法可依。海尔有一套层次分明、内容完整、责任明确的目标计划体系。每年12月，海尔根据市场变化情况和本年度目标完成情况，确定下一年度的总目标，然后将总目标分解到各个部门，由各个部门分解为月度目标和计划，各部门将子目标分解为各车间控制的项目，由各车间分解成每个岗位、每个员工每天的工作项目和责任。

资料来源：叶曼曼. 海尔进军国际市场的战略及其对其他企业的适用性分析 [J]. 商，2015（05）：106.

国际市场进占战略是指企业为进入国际目标市场所进行的一种综合规划，包括进入国际目标市场的目的、营销方针、营销资源配置等多个方面。

第一节　国际市场进占战略设计

一、国际市场进占战略的要素构成

每一项产品进入国际市场的战略通常涉及评估产品与市场、确定目标市场、选择进入模式和制定营销规划这4个要素，如图5-1所示。根据不同的产品生产模式以及经营模式，可以将国际市场进入模式划分为出口模式、契约模式和投资模式。

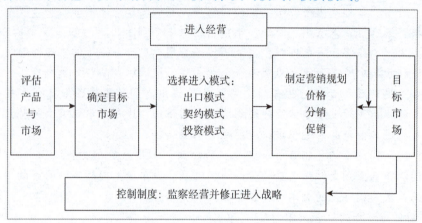

图5-1　国际市场进占战略的要素构成

（一）评估产品与市场

评估产品与市场是国际市场进占战略的第一步，既定产品是否契合目标市场关系到整个国际市场进占战略的成败，因此必须仔细考量产品与产品间的关系，产品和市场间的关系。例如，以上等茶叶为原料而延伸的周边产品进入国际市场的评估如下：茶叶具有种类丰富、拓展性好、开发前景大、成本低等优点，已经得到世界以及业界专家的认可和接受，因此，进入国际市场不存在太大的接受问题。茶叶在欧洲国家历史上的进入，也让这些国家对茶叶健康、环保等功效非常认同，更可以快速占领目标市场。

（二）确定目标市场

目标市场的重要性不言而喻，甚至在某种程度上能直接决定产品的生死。目标市场就是在一个大的市场里，找到产品的细分市场。确定目标市场的方法有很多，如先将市场进行分类，根据市场、消费者的心理需求进一步细分。确定目标市场主要在于调查，调查清楚才能做到知己知彼，对症下药。在国际市场进占战略中，按经济发展程度，可以把市场划分为发达国家市场和发展中国家市场；按照社会制度性质，可以把市场划分为资本主义国家市场和社会主义国家市场。

（三）选择进入模式

企业开拓国际市场的模式，一般可以归纳为三大类，即出口贸易、对外合作和直接投资。国际市场进占模式可分为出口进占、契约进占和投资进占。进入模式选择同样是国际市场进占战略中的重要一环。

（四）制定营销规划

营销规划首先考虑价格：初期打入市场应在成本基础上加少量利润，以快速占领市场，但要注意规避反倾销。其次是销售战略：以当地代理商为依托，以分销、促销等手段占领市场。

二、进占前的准备工作

（一）调研国际市场

只有掌握了国际市场的脉搏，才能找出企业进入国际市场的切入点。企业的国际调研需要大量详细且广泛的信息，如目标市场的文化、经济、教育水平、目标消费人群接受新事物新品牌的能力等。

（二）分析企业自身的竞争优势和劣势

优势是指自身拥有的、能利于成长与发展的因素，企业优势就是企业内部存在的、有利于促进生产经营发展、提高企业生产力或竞争制胜的因素或资源。企业劣势是企业自身在生产经营过程中所形成的、对企业生产经营活动具有制约作用的因素。

（三）确定企业的营销目标

做出相应的国际营销战略规划，找出与原计划的差异，制定相应的规章，组织监督部门监察，以保证预期的国际营销目标顺利达成。

（四）分析目标市场消费者

了解当地的消费观念，从目标市场的消费习惯、消费群体的特征等影响因素分析，从而细分市场，找到适合企业进入的市场，并分析这一细分市场的潜力及培养空间。

（五）分析目标市场国政策

分析当地的经济政策可以让企业更加准确地判断行业竞争优势及发展趋势，更好地把握市场机遇，制定更加有效的经营策略，以实现企业的可持续发展。分析政治法律等政策则可以让企业规避风险，防止企业因外力因素而终止现行的企业计划。

（六）分析竞争对手、供应商及分销渠道

分析竞争对手，掌握竞争对手的市场策略，提升产品差异化竞争能力，有助于企业更稳定地发展。供应商对企业的产品价格和产品质量有重要影响，分销渠道除具有向使用者或消费者输送产品的功能外，还具备调研、促销和沟通等功能。培养良好的竞争环境，有利于企业降低成本。

（七）建立良好的企业文化氛围

企业文化是凝聚众多员工的"黏合剂"，它能让员工明确目标，步调一致。建立以企

业为中心的企业文化氛围可以将职工的积极性、主动性和创造性充分地发挥出来，激发人的潜能，促进员工的综合能力发展，提升下属机构的自主管理能力、自主经营能力，激发其自身的活力，提升企业的总体执行力。

三、进占的渐进性分析

企业进入国际市场的渐进性，即先易后难进行进占，大致分为以下几步：国内营销，通过中间商间接出口产品，企业自营出口，设立海外销售机构，设立海外销售公司或建立子公司。

在一般情况下，从间接出口到建立海外独资企业，企业需要投入的资金增加，风险加大，但是企业进入市场的程度加深，可以获得更多的利润和国际营销经验。不同的市场进入方式各有利弊，不存在所谓的"最好"，而需要根据具体情况选择"最合适"的。从投资、风险和盈利水平等方面横向比较各种方式，作为选择投资方式的依据。从风险程度考虑，越是直接的市场进入方式，企业所面临的风险越大，反之则越小。企业在国际化的不同阶段，应注意选择适当的进入方式，从简单的出口实验走向对外直接投资，逐步实现企业的国际化经营。例如，首先以间接出口的方式建立与国际市场的联系，进行市场"试销"，进而争取自营外贸进出口，逐步建立企业的海外经营渠道，积累国际营销经验，如果市场前景看好，有条件的大型企业可以建立海外的销售机构和设厂组装、生产，早日跻身大型跨国公司的行列。

案 例

TCL 并购汤姆逊

一、并购历程

2004 年 7 月，TCL 集团和法国汤姆逊公司经过漫长的谈判，正式签署协议，合资组建 TTE。TCL 将把其在中国、越南及德国的所有彩电及生产厂房、研发、销售网络等业务投入合资公司，而汤姆逊则将投入位于墨西哥、波兰及泰国的制造基地、所有的销售业务以及研发中心。

二、TCL 并购汤姆逊的背景及动因

（一）市场互补，打造世界级企业

早在 1995 年，TCL 就提出创建世界级企业的目标。TCL 在欧美市场的空白正好与汤姆逊的市场形成互补。两者的强强联合可能会改变全球产业格局，突破全球市场，在数量、技术和市场上都成为世界顶尖级的企业。

（二）绕开贸易壁垒

中国企业进入欧洲市场会遭遇各种关税非关税壁垒，大大削弱本国产品在外国市场的竞争力，不能够快速实现国际化经营。为了打破这种局面，大多数企业选择了跨国并购这一道路。而并购汤姆逊可以使 TCL 的产品绕过贸易壁垒，直接进入欧洲和北美市场，实现本土化。

（三）规避知识产权的风险

各国的法律法规会对知识产权进行各种保护，购买和转移知识产权需要承担很大的成本和风险。汤姆逊是世界上拥有许多专利权的公司之一，这对 TCL 来说是不小的诱惑，得到某项彩电的专利也是 TCL 决定并购汤姆逊的主要原因。

（四）引进先进的管理技术和人才。

国外有着先进的管理技术和专业化人才，并购欧美企业，以快速扩大企业规模，吸收被并购企业的渠道和技术资源和品牌影响力，提高国际市场份额，才能满足销售收入大幅增长和竞争力增强的战略目标，推动 TCL 成为国际企业。

三、并购失败原因

在合资企业 TTE 中，TCL 与法国汤姆逊共同出资 4.7 亿欧元，其中汤姆逊持有 33% 的股份，TCL 占 67% 的股份，重组双方的彩电和 DVD 业务，组建全球最大的彩电供应企业。2005 年，TCL 股票大幅下跌，经营上遭遇巨亏，昭示着并购失败。其并购后失败的主要原因如下。

（一）人事问题

两者并购后人才流失比率是正常情况下的 12 倍，且大多是企业高管，这主要源于双方文化的差异。文化差异越大，并购失败的概率就越高。管理的难度增大，本土员工担心接下来会有越来越多的中国员工进入，削弱他们的影响力。核心员工的流失对刚组建的新企业来说打击是巨大的，及时的强有力的文化整合是保证并购后企业正常运行的一大难题。

（二）文化、法律、制度环境的差异

即使尽可能地进行透明化管理，文化语言的障碍，财务报表的差异，公司传统的不同，都会造成信息和交流的不对等。TCL 注重产品的更新、速度和低成本，汤姆逊强调产品细节、质量，这就形成了冲突。双方都有很突出的企业文化，交流上又存在障碍，这让双方文化的整合非常困难。

（三）对并购评估不足

当时的汤姆逊是一家年亏损额达 1.3 亿欧元的老企业，并且在并购前的评估中也发现了一些问题，但并购这一世界级的大型企业对 TCL 充满诱惑。加上之前在越南有让一个连续亏损 18 个月的公司起死回生的案例，使得 TCL 想放手一搏。

TCL 的这次并购仓促，没有很好地利用本土化、专业化的眼光对企业进行估值和预算，高估了并购能够带来的效益，不够理性地做出了最后的决定。

（四）对市场预估的失误

TCL 希望从汤姆逊那里得到领先的技术优势，但是对市场预估失误，短短几个月，日韩的液晶平板电视使传统的电视产业受重创。汤姆逊所掌握的 CRT（显像管）技术落后于时代，传统彩电在欧洲的销量骤跌，平板电视席卷了市场。当 TCL 的平板电视开始大规模供应上市时，其他的竞争对手开始降价，导致 TCL 失去市场，出现巨额的亏损。

资料来源：任同莲. TCL 并购汤姆逊的案例分析 [J]. 现代妇女（下旬），2013（10）：183.

第二节　国际市场进占的基本模式

企业开拓国际市场的方式，一般可以归纳为三大类，即出口贸易、对外合作和直接投资。国际市场进占模式可划分为出口进占模式、契约进占模式和投资进占模式，如表 5-1 所示。

表 5-1　国际市场进占模式分类

模式	具体分类
出口进占模式	直接出口
	间接出口
契约进占模式	许可证进占
	特许经营进占
	合同制造进占
	管理合同进占
	工程承包进占
投资进占模式	合资进占
	独资进占

一、出口进占模式

在我国，出口贸易是国际市场营销最普遍的形式，出口可分为直接出口和间接出口两种方式。直接出口是指厂商直接将产品出售给国外市场的经销商、进口商或用户。

（一）直接出口（Direct Export）

直接出口则是指企业直接与国外买家签订合同，将产品销售到国际市场，不通过任何国内中间商。在直接出口方式下，企业的一系列重要活动都是由自身完成的，这些活动包括调查目标市场，寻找买主，联系分销商，准备海关文件，安排运输与保险等。直接出口使企业部分或全部控制国际营销规划；可以从目标市场快捷地获取更多的信息，并针对市场需求制定及修正营销规划。

1. 直接出口的优点

厂商可以不受国内中间商、销售渠道和业务范围的限制，在更大范围内选择目标市场；可以通过与国际市场的直接联系及时获取市场信息反馈，从而改进企业的生产经营；可以增强对营销活动的控制，有利于改进营销工作。此外，直接出口的合同期限一般较短，使企业易于调整目标市场的进入方式，具有一定的灵活性。出口企业可以摆脱对出口中间商的依赖，自己选择国际目标市场。企业可以较快地积累国际市场营销经验和培养自己的国际商务人才，为后续的发展打下良好的基础。企业可以更快地提高在国际市场上的知名度，更好地树立国际声誉和在东道国的形象。企业可以通过直接出口渠道了解和掌握国际市场的第一手信息，有利于改善企业的国际营销决策，减少失误并更好地把握机会。

2. 直接出口的缺点

直接出口投入的资源多，承担的风险大，营销方式的改变意味着企业要付出更高的代价。直接出口企业利用的是国外的中间商机构，寻找国外中间商的难度大，维持与之关系的成本高。直接出口的业务，如合同洽谈、单证处理、出口运输和保险等，由企业自己处理，而单个企业的出口业务量比较小，也比较分散，无法达到规模经济。

3. 直接出口的途径

直接出口主要有三种途径：①建立独立的出口经营机构，将产品直接出售给国外经销商和消费者；②设立驻外分支机构和国外营销分公司，派出销售人员直接在国外从事营销活动；③设立海外市场商业代表，与国外进口商、批发商、经纪人乃至零售商、消费者建立业务关系，将产品直接销售到海外市场，直接出口的企业既可以自行建立销售系统，也可以利用国外中间商。总之，直接与国外市场发生联系，是现代企业普遍采取的一种出口营销方式，尤其为大企业所重视。其局限性在于：企业独立与国外客商签订合同，费用无法分摊，而且企业必然增加国际营销业务机构及专业人员，成本随之增高；企业独立完成出口营销，工作量大，责任较重，面临的风险也相对增大。与直接出口相对应的营销方式主要有国外包销、代理、寄售、拍卖、展卖、投标、易货贸易等。近年来，发展中国家普遍采用加工贸易和补偿贸易来扩大出口，属于直接出口的复杂形式。

（二）间接出口（Indirect Export）

间接出口是指企业通过国内出口商或代理商将产品销售到国际市场的方式，而不需要自己直接与国外买家进行交易。

1. 间接出口的优点

第一，企业可以利用中间商现有的海外渠道进入海外市场，对于缺乏海外联系或初次进入外国市场的企业优势尤为明显。

第二，企业不必自己处理出口单证、运输和保险业务，节约程序性费用，这对于出口业务较少、缺乏规模效益的企业很重要。

第三，企业可以降低市场风险，如买方的信用风险、汇率波动风险、需求变动风险等，将这些风险都转嫁到中间商身上。

第四，企业可以保持进退国际市场和改变国际营销渠道的灵活性，在自身条件成熟时，采用更积极的营销策略。

2. 间接出口的缺点

第一，间接出口企业无法控制中间商的销售行为，无法自主地选择海外的目标市场，产品的国际流向完全取决于中间商的决策。

第二，间接出口利用了中间商专业人才的丰富经验和成熟网络，不利于企业自身国际营销人才的培养，也不利于企业在国际市场上树立自身的形象。从长远来看，会影响企业国际营销活动的进一步展开。

第三，企业只负责生产环节，而不参与国际市场行情的调研、国际销售价格的制定、销售渠道和广告促销的选择等一系列重要活动和决策，随着出口量的增加，企业对中间商的依赖会日益加深，这对想进一步拓展国际市场的企业来说是极其不利的。

3. 间接出口的途径

一是企业将产品出售给出口商，再由出口商以自己的名义将产品销往国外。

二是企业与出口贸易机构签订代销合同，由后者协助寻找国外销路，企业承担风险，产品售出后付给出口贸易机构一定比例佣金。

三是与国内中间商合作经营，由中间商提供信息，寻找买主，风险共担。

一般说来，本国生产厂商只与本国中间商联系，而由后者与国际市场买主联系的出口，均属于间接出口。

二、契约进占模式

契约进占模式是国际化企业与目标国家法人单位之间长期的非股权联系，前者向后者转让技术或技能。契约进占模式主要包括以下方式。

（一）许可证进占模式

许可证进占模式是指企业在一定时期内向一国外法人单位（如企业）转让工业产权，如专利、商标、产品配方、公司名称或其他有价值的无形资产的使用权，以获得提成费用或其他补偿的模式。许可证合同的核心就是无形资产使用权的转移。

许可证贸易是技术转让最基本和最主要的方式。技术转让是一种有偿的技术转移，指技术的输出方将某项技术的使用权作价出售给技术的输入方。技术转让有利于尽快缩短企业同国外的技术差距，有利于开发出适用于国际市场的新产品。随着技术在国际商场上的作用日益重要，技术转让成为企业开拓国际市场的重要手段。许可的形式包括以下几种。

（1）独占许可，即在许可证合同规定的区域，国外被许可者独占技术或商标使用权，而许可者或其他厂商在此区域无使用权。

（2）排他许可，即在规定的区域，许可证合同双方有使用权，而其他厂商被排斥在外。

（3）普通许可，即在规定的区域，合同双方有使用权，许可者也有再转让权。

（4）区分许可，即在规定的区域，合同双方都有使用权，而且被许可者也有再转让权。

（5）交叉许可，即合同双方互相交换各自的技术或商标使用权。

在上述五种许可形式中，合同双方所享受的权力和所承担的义务是不一样的，企业在进行相关决策时，要予以注意。

许可证进占的优点如下。

第一，许可证进占是一种低成本的进入模式。其最明显的好处是绕过了进口壁垒，如避过关税与配额制的困扰。当出口由于关税的上升而不再盈利时，当配额制限制出口数量时，制造商可利用许可证模式。当目标国家货币长期贬值时，制造商可由出口模式转向许可合同模式。

第二，政治风险比股权投资小。当企业由于风险过高或者资源方面的限制，不愿在目标市场直接投资时，许可证进占不失为一种好的替代模式。

许可证进占的缺点如下。

第一，企业不一定拥有国外客户感兴趣的技术、商标、诀窍及公司名称，因而无法采用此模式。

第二，这种模式限制了企业对国际目标市场容量的充分利用，有可能将接受许可的一方培养成强劲的竞争对手，许可方有可能失去对国际目标市场的营销规划和方案的控制，甚至还有可能因为权利、义务问题陷入纠纷、诉讼。鉴于许可证进占模式存在的这些弊端，企业在签订许可证合同时应明确规定双方的权利和义务条款，以保护自身的利益。

（二）特许经营进占模式

特许经营进占模式指企业（特许方）将商业制度及其他产权，如专利、商标、包装、产品配方、公司名称、技术和管理服务等无形资产许可给独立的企业或个人（被特许方）。特许方通过签订合同，授予被特许方经营某种享有盛名或流行商标产品的特许权。被特许方用特许方的无形资产投入经营，遵循特许方制定的方针和程序。作为回报，被特许方除向特许方支付初始费用外，还定期按一定的销售额比例支付报酬。对大公司而言，通过发展其特许经营组织，可以控制大量分散的中小企业，扩大公司的市场份额；对中小企业而言，可通过特许经营与大公司联营，从而提高本企业的知名度，扩大销售，增加收入。因此，特许经营方式是企业开拓国际市场的有效方式，在当今国际市场营销活动中广为流行。

特许经营进占模式与许可证进占模式相似，不同的是，特许方要给予被特许方生产和管理方面的帮助，如提供设备、帮助培训、融通资金、参与一般管理等。

（三）合同制造进占模式

合同制造进占模式是指企业向外国企业提供零部件由其组装，或向外国企业提供详细的规格标准由其仿制，由企业自身负责营销的一种方式。合同制造有几种不同的类型。

第一，合作双方分别生产不同的部件，再由一方或双方装配成完整的产品，并在一方或双方所在国销售。

第二，一方提供关键部件和图纸以及技术指导，另一方生产次要部件和负责产品组装，并在所在国或国际市场销售。

第三，一方提供技术或生产设备，双方按专业分工共同生产某种零件或某种产品，然后在一方或双方市场销售。

合同制造进占模式的优点如下。

第一，企业将全部或部分生产的工作与责任转移给了合同的对方，将精力集中在营销上，因而是一种有效的扩展国际市场的方式。

第二，实行合同制造的企业不仅可以输出技术或商标等无形资产，还可以输出劳务和管理等市场要素，以及部分资本，因而可以比许可证模式和特许经营模式更全面地发挥国际营销企业的要素优势。

合同制造进占模式的缺点如下。

第一，企业可能把合作伙伴培养成潜在的竞争对手。

第二，企业可能失去对产品生产过程的控制。

第三，企业有可能因为对方的延期交货导致营销活动无法按计划进行。

（四）管理合同进占模式

管理合同进占模式指管理公司以合同形式承担另一公司的一部分或全部管理任务，以提取管理费、一部分利润或以某一特定价格购买该公司的股票作为报酬。这种模式可以保证企业在合营企业中的经营控制权。

管理合同进占模式的优点如下。

第一，企业可以利用管理技巧而不发生现金流出来获取收入。

第二，企业可以通过管理活动与目标市场国的企业和政府发生接触，为未来的营销活动提供机会。

管理合同进占模式的主要缺点是具有阶段性，即一旦合同中约定的任务完成，企业就必须离开东道国，除非又有新的管理合同签订。

（五）工程承包进占模式

工程承包进占模式是指企业通过与外国企业签订合同并完成某一工程项目，然后将该项目交付给对方的方式进入国际市场。

1. 国际工程承包合同的类型

国际工程承包合同可以分为分项工程承包合同、"交钥匙"工程承包合同、"半交钥匙"工程承包合同和"产品到手"工程承包合同四种类型。

第一，分项工程承包合同，即只承包国外总工程中的部分项目。

第二，"交钥匙"工程承包合同，即承包国外工程的全部项目，包括勘察、可行性研究、设计、施工、设备安装、试运转和试生产等，整个工程试运转和试生产合格后，再移交给外国工程业主。

第三，"半交钥匙"工程承包合同，即不负责试生产的"交钥匙"合同。

第四，"产品到手"工程承包合同，即不仅负责"交钥匙"所包括的所有项目，而且要负责工程投入使用后一定时间内的技术服务，如技术指导、设备维修、技术培训等，使产品质量稳定后，再移交给工程业主。

2. BOT 进入方式

BOT 进入方式，即"建设（Build）—经营（Operate）—移交（Transfer）"。BOT 工程承包方式在工程建设方面与上述"交钥匙"工程承包基本相同，所不同的方面如下。

（1）BOT 是一种带资承包，即承包者需要负责工程项目的筹资。

（2）BOT 是一种经营承包，即承包者在协议期间内拥有、运营和维护这项设施，并通过收取使用费和服务费，回收投资并取得合理利润。协议期满，这项设施的所有权无偿移交给政府。BOT 方式主要用于发展收费公路、发电厂、铁路、废水处理设施和城市地铁、轻轨等基础设施项目。

从营销的角度看，BOT 对发展中国家的吸引力主要如下。

第一，由工程承包方负责筹资，既完成了基础设施或公益性项目的建设，又不增加政府的财政负担。

第二，合同期满后，东道国政府拥有该项目的所有权或部分所有权。

第三，在项目实施过程中，东道国可以学习国外先进的技术和管理经验。

3. 工程承包进占模式的优点

第一，工程承包进占模式是劳动力、技术、管理甚至是资金等生产要素的全面进入和配套进入，这样有利于发挥工程承包者的整体优势。

第二，工程承包进占模式最具吸引力之处在于，它所签订的合同往往是大型的长期项目，利润颇丰。

4. 工程承包进占模式的缺点

工程承包的长期性，使这类项目的不确定性增加，如遭遇政治风险。对企业来说，预期国外政府的变化对项目结果的影响往往很困难。

三、投资进占模式

投资进占模式指直接投资，又称股权进入，即企业直接在目标市场国投资，就地生产，就近销售。直接投资的优点在于，投资者可以获得单纯商品贸易所不具备的所有权优势、区位优势和内部化优势，有利于实现对国外市场的某种控制和垄断；可以降低产品成本，提高竞争力。而且，直接投资对扩大商品出口有重要作用：首先，由于生产和销售紧密结合，信息反馈迅速、准确，有利于及时调整营销策略。其次，避开了贸易壁垒，使产品容易进入和占领国际市场，许多国家采用关税或非关税措施限制或禁止某些产品的输入，在当地生产无疑是一种可行的替代办法。再次，直接投资对拓展运输成本高的国外市场独具优势。最后，直接投资能带动生产设备、零配件和元器件乃至其他商品的出口。但是，在国外直接投资也有局限性，表现在投资额大，且多使用外汇，缺乏灵活性，面临的风险也较大。直接投资是跨国公司开展国际市场营销的主要方式。在跨国公司数目增加和规模扩大的同时，它的国外生产（国际产值）与国内生产相比所占的百分比越来越大。跨国公司对外直接投资一般采用合资和独资两种方式。

（一）合资进占

合资进占是指与目标国家的企业联合投资，共同经营，共同分享股权及管理权，共担风险。联合投资方式可以是国外公司收购当地公司的部分股权，或当地公司购买国外公司在当地的部分股权，也可以是双方共同出资建立一个新的企业，共享资源，按比例分配利润。合资经营的地点可选择合资双方国（投资国和东道国），也可以选择第三国。通常所称的合资企业，一般采用股权式合营形式，即外国投资者以认股的方式对东道国进行投资，或由合资双方各参加一定比例的股份，共同建立股份有限公司。合资经营有利于学习国外先进管理和技术，对于产品研发、降低成本、提高质量有明显的作用，更重要的是在产品销售方面，可以利用外国投资者的国外销售渠道直接推动产品的出口。

合资进占的优点如下。

第一，由于有当地人参与股权和经营管理，因此在当地面临的障碍比独资进占小，更容易被东道国所接受。

第二，投资者可以利用合作伙伴的专门技能和当地的分销网络，开拓国际市场。

第三，由于当地资产的参与，合资企业可以避免东道国政府没收、征用外资的风险，还可以分享东道国政府对当地合作伙伴的某些优惠政策。

合资进占的缺点如下。

第一，由于股权及管理权的分散，合作双方在投资决策、市场营销和财务控制等方面容易发生争端，有碍于进行跨国经营的公司执行全球统一协调战略。

第二，合资企业难以保护双方的技术和商业秘密，现金技术或营销技巧等无形资产有可能流失到合作伙伴手里，将其培养成未来的竞争对手。

合作经营是一种契约安排，由合营双方通过签订协议或合同，具体规定各方的权利义务。一般由外方提供资金、设备和技术，东道方提供场地、原料和劳务，产品、销售额或利润则按合同规定的责、权、利进行分配。合作经营不需要建立具有法人地位的经济实体，简单易行，投资方式更灵活，适用性更广。

（二）独资进占

独资进占是指企业在目标市场上投资设厂，单独控制企业的生产和营销。独资经营的标准不一定是100%的公司所有权，主要是拥有完全的管理权与控制权，一般有90%的产权即可。在这样的投资企业中，作为投资者的国际营销者独自享有经营利润和承担风险。独资经营的方式可以是单纯的装配，也可以是复杂的制造活动。其组建方式可以是收买当地公司，也可以是直接建新厂。

独资进占的优点如下。

第一，企业可以完全控制整个管理与销售，经营利益完全归其支配，内部的矛盾和冲突比较少。

第二，独资进占可以保护国际营销企业的技术秘密和商业秘密，从而保持在东道国市场上的竞争力。

第三，企业可以独享在东道国的营销成果，可以独立支配所得利润，从而避开合资进入面对的利益分配问题。

独资进占的缺点如下。

第一，投入资金多，因为得不到当地合作者的帮助，在利用当地原材料、人力资源和销售网络方面不如合资进占便利，且市场规模容易受到限制。

第二，可能遇到较大的政治与经济风险，如货币贬值、外汇管制、政府没收等。

 案 例

山东高速集团在欧洲首个铁路建设项目落地

2017年11月26日下午，在匈牙利举办的第六次中国—中东欧领导人峰会上，山东高速集团与波黑塞族共和国签署了巴尼亚卢卡—诺维格莱德—多布林—克罗地亚边境铁路现代化与重建项目、巴尼亚卢卡—普里耶多尔—诺维格莱德高速公路（首段巴尼亚卢卡—普里耶多尔）项目合作协议，合同金额约6.4亿美元。这是山东企业在欧洲参与建设的第一个铁路基础设施项目，也是波黑首条由中国企业建设的铁路和高速公路项目。

据了解，两个项目均被外交部列入第六次中国-中东欧领导人峰会会晤40项成果清单，在国际舞台展现了鲁企良好的形象。波黑铁路项目连接波黑塞族共和国首都巴尼亚卢卡与克罗地亚共和国边境交接站多布林，线路全长约110千米，是巴尔干半岛连接中欧地区的关键运输通道之一。项目建成后有助于加强波黑塞族共和国境内各主要城市间的经济交流，改善投资环境，为当地民众创造更多就业机会。

波黑公路项目起点为波黑塞族共和国首都巴尼亚卢卡，终点为波黑塞族共和国第二大城市普里耶多尔，全长42千米，设计时速为120千米/小时。山东高速集团力争将该项目打造成中波基础设施领域合作的示范项目。

近年来，山东高速集团坚持立足山东、面向全国、走向世界，大力实施"走出去"战略，经营领域涉及106个国家和地区，通过低风险的经援、优贷和EPC总承包方式累计承建了近1 000亿元的工程项目。此次成功进军波黑市场，是积极响应和落实"16+1"

合作、"一带一路"倡议，推进中国—中东欧全面深入合作的具体实践，对于进一步提升山东高速集团在海外的品牌影响力、巩固和开拓中东欧市场具有良好的促进作用。

2021 年 11 月 6 日，波黑塞族共和国巴尼亚卢卡—普里耶多尔—诺维格莱德高速公路项目举行开工仪式，波黑塞族共和国总理维什科维奇、议长丘比里洛维奇和中国驻波黑大使季平等出席，波黑轮值主席团塞族成员多迪克发来祝贺视频。

这是可以记入本地区历史的重要项目，生活在这里的 50 万居民将获得更多的发展机遇。这也是迄今为止中国企业在波黑的最大投资项目，也是中国在欧洲第一个以特许经营方式投资建设的陆路交通基础设施项目。这一项目的开工意味着双方在经济领域的合作又迈上了一个新的台阶。

资料来源：国务院国有资产监督管理委员会

第三节 国际市场进占模式选择的影响因素

国际市场进占模式选择的影响因素包括外部和内部两个大类。外部因素直接影响企业在国际市场、特定行业的进占策略和决策，内部因素决定企业最终选择的市场进占策略，直接影响企业的竞争力和发展潜力。外部和内部因素共同影响企业在国际市场的市场进入模式的选择，需要企业在制定战略时全面考量这些因素，并根据实际情况灵活应用，以成功进军国际市场。

一、外部因素

外部因素涵盖了东道国的经济环境、政治因素、市场环境、文化差异、汇率风险、目标国家的产业增长率、东道国产业的市场集中度和规模经济程度、资产专用性以及母国市场规模与竞争程度九个方面，具体如下。

（一）东道国经济环境

东道国经济环境主要是指东道国的经济发展水平、市场的完善程度、基础设施状况和物价水平的稳定程度等。东道国的经济环境综合考虑了经济发展水平、市场完善度、基础设施状况和物价水平的稳定度等多个关键因素。不同的经济发展水平导致市场结构和投资需求不同，对跨国投资企业的进入策略和产品政策产生深远影响。经济发展水平较高的国家，通常具有更完善和开放的市场结构，使跨国公司更倾向于采用高度控制型的进入模式以适应复杂的市场需求。市场的完善和开放程度直接关系企业投资的环境质量，而良好的基础设施建设为跨国公司提供了更便利和高效的生产经营条件。同时，经济和物价的稳定成为保障企业正常运营的基本前提，跨国公司在选择进入市场时务必关注目标国家的经济状况和物价水平稳定程度，以确保企业能够达到预期的经济效果和利润水平，这不仅是风险管理的必要措施，也是业务可持续发展的关键因素。

（二）政治因素

政治因素是指由于东道国政府在政权、政策法律等政治环境方面的变化可能对国际投资活动造成的影响，在国际投资中扮演着关键角色。政治因素主要可分为国家主权、征用或国有化、战争和政策四大类。其中，东道国政府对土地、税收、市场和产业规划等方面政策的具体变化直接影响投资者的决策。东道国市场的开放程度以及在投资区域和行业方面实施的限制或鼓励政策也直接影响投资者的收益。此外，东道国政府在国际贸易方面实施的一些限制性进口政策可能会限制出口进入模式。因此，投资者需要密切关注东道国政治环境的动态变化，以制定灵活的战略，适应潜在的政治风险，确保国际投资活动的可持续性和成功。

（三）东道国的市场环境

东道国的市场环境对企业的进入方式有着深远的影响。一般而言，若目标市场规模大且有利可图，企业更倾向于选择直接投资的方式，以更有效地满足市场需求并提升竞争力。然而，当目标国的投资竞争激烈时，企业也可运用合同进占模式，或用跨国战略联盟方式进占，以降低风险、共享资源，更灵活地适应变化莫测的市场环境。相反，对于市场潜力较低但需求不确定性较高的情况，企业更倾向于选择低资源承诺型的进占模式，如合同进占，以在测试市场反应的同时最大限度地降低投资风险。在制定进占策略时，企业需要全面考虑目标市场的特征，以确保选择最适合的方式，从而有效应对市场变化，提升整体市场表现。

（四）文化差异

文化差异在东道国与企业所在国的语言、传统习惯、价值观、做事方式和市场体系等方面存在，也称文化距离，直接影响着跨国企业选择进占模式的倾向。文化差异的存在导致企业在管理和组织成本以及其他附加成本方面面临挑战，同时增加了市场进占的不确定性。因此，文化距离越大，企业越倾向于采取高控制的进入模式。根据交易成本理论，文化差异提高了低控制模式下的不确定性，导致了高额的交易成本。在这种情况下，决策的集中化和一体化组织形式成为理想的选择，以规避交易成本和防范机会主义。

（五）汇率风险

汇率风险对企业而言至关重要，直接涉及资本的自由流通、利润和其他收益的兑换问题，因此企业在涉足国际市场时需要特别关注东道国的外汇和外资政策。一方面，企业必须对外汇风险进行准确预测，深入了解汇率的变化趋势；另一方面，为了有效管理外汇风险，企业需要采取可控的措施，灵活运用外汇风险管理方法。这包括但不限于在远期外汇市场进行套期保值，巧妙利用货币市场进行套期保值，灵活运用货币互换，巧妙选择提前或延后支付时机，以及明智选择计价货币等。通过这些方法，企业能够降低由汇率波动而带来的潜在风险，确保资金的流动和利润的有效兑现，从而在国际市场中可持续和成功地运营。

（六）目标国的产业增长率

目标国的产业增长率对跨国企业的进占模式选择具有重要影响。一般而言，高产业增长率表明该产业具有较大的市场规模或潜在增长空间，因此更可能选择高控制度的进占模式。相关研究表明，在高增长的产业投资中，跨国公司更倾向于采用新建模式，因为新建企业能够吸收额外的生产能力。选择新建模式可以规避与当地合作伙伴分享利润的问题。从管理成本的角度比较了全面收购和部分收购，认为在高增长的产业中，跨国公司更可能选择部分收购模式。这种选择能够在保持一定控制权的同时，减轻管理成本的压力，更好地适应快速增长的市场需求。

（七）东道国产业的市场集中度和规模经济程度

研究产业组织特征与国际市场进占模式的关系，主要关注东道国产业的市场集中度和规模经济程度。市场集中度和规模经济被认为是影响进占模式选择的关键因素。一般而言，市场集中度越高，跨国公司越倾向于选择低控制模式；相反，市场集中度越低，高控制模式越有效。在市场集中度极低或极高的情况下，独资的可能性也较大。规模经济同样影响着进占模式的选择，在存在规模经济的产业中，通常存在进入壁垒，因此相对于新建企业，规模经济较为显著的产业更倾向于采用收购或合资的模式，以最小化潜在风险。这种策略有助于企业更好地利用已有的规模优势，降低进入难度，提高市场竞争力。

（八）资产专用性

资产专用性是指支持交易的资产在可转移性或专用性投资方面的程度。现有文献主要关注于研究研发、广告、知识、技术及顾客化等无形资产专用性对进占模式的影响。根据传统的交易成本理论，当资产专用性较高时，跨国公司更倾向于选择高控制的独资模式，这是因为拥有专用性资产的公司在投资外国市场时具备独特优势，并致力于在国外建立子公司。通过将具有价值的资源转移到相对于本土竞争者而言资源稀缺的外国市场，这些可转移的资源能够在国外运营，而且可在没有沉没成本的情况下操作。国外子公司也能够从与投资公司共享的资源中获得竞争优势。

（九）母国市场规模与竞争程度

母国市场规模与竞争程度对企业的国际市场战略选择具有深远的影响。如果国内市场规模大且潜力无限，企业将受到激励，从而在国际市场上展现更强的创新性和竞争力。相反，如果国内市场规模受到限制，则对企业提升经营能力不利，使企业更侧重于寻求外部发展机会。在 20 世纪末，随着国内局部市场和传统产业部门的饱和，一些企业为释放过剩产能，采取了外贸方式进入国际市场。然而，随着国内经济的不断发展，国内市场经济利益关系的多元化，以及国内市场竞争与国际市场竞争的交织，企业不断提升技术水平、管理技能、生产能力和营销经验。在这种情况下，企业更倾向于选择直接投资的方式进入国际市场，以更主动地参与并受益于全球竞争。这种策略有助于企业更好地适应国际市场的激烈竞争，实现全球化经营的战略目标。

二、内部因素

内部因素主要考虑公司规模，国际化经验，知识、技术和资本密集度等。

（一）公司规模

公司规模对国际市场进占模式的选择产生显著影响。小规模企业往往更倾向于采取合资和联盟等风险较小的策略，以减少潜在风险。大规模企业由于拥有更多的资源优势，更偏好采用独资模式，以更好地掌握市场并发挥其优势。因此，在其他条件相似的情况下，公司规模越大，越倾向于采取高控制模式进入国际市场；反之，较小规模企业可能更适合选择合同或联盟等方式进入国际市场。

（二）国际化经验

公司的国际化经验对于企业在新的国际市场确定进占方式和策略至关重要。企业往往倾向于依据过去成功的经验模式来指导和分析未来的国际化战略，因此，在考虑进入新市场时，对以往经验的适用性与可行性进行慎重分析是至关重要的。拥有一定国际经营经验和实力较强的企业通常倾向于选择能够获得海外投资高度控制权和带来高收益的进占模式，以充分发挥母公司的资金和技术优势。这种基于经验的战略选择有助于企业更加精准地应对新市场的挑战，最大限度地利用已有的优势资源，提高国际市场进入的成功概率。

（三）知识、技术

公司在面对激烈竞争时，必须拥有一些具有相对优势的知识、技术，以在市场中取得竞争优势。在进入外国市场时，公司需要保持对这些资源的控制权。从出口进入、合同进入到投资进占模式，公司的控制程度逐渐增强。相对于出口进入，合同进入和投资进入对技术实力和资本的要求更高；在知识产权方面显著的直接投资中，采用独资的形式更有利于母公司强化对自身知识产权的控制，以防止先进的生产技术或管理技术泄漏。因此，公司应当根据自身的技术实力和战略目标，选择最适合的国际市场进入模式，以最大限度地发挥公司的核心竞争力和保护知识产权。

（四）资本密集度

资本密集度是指企业利用和部署资产的能力，确保这些资产具有可持续的价值。企业资本来源主要分为内部积累和外部市场融资两个方面。这两者相互协调，构成了企业资本生态位的基本框架。资本密集度反映了跨国公司进入海外市场所需的有形资本投入规模。合资方式提供的资金能够有效降低企业在跨国经营中的资本投入。因此，为了规避风险，在面对较大的投资项目时，外国投资者往往更倾向于采取小股权比例的进入方式。这种策略既有助于分散资本投入的风险，又能有效提高企业在海外市场的适应能力。

 案 例

游族网络授权越南代理商 Sgame

一、概况

游族网络作为网页游戏开发商和运营商，自成立之初就制定了明确的发展战略，将"打造精品页游，提供优质的轻娱乐游戏体验，弘扬中国传统文化"作为己任。2011年，游族网络自主研发了首款创新武侠网页游戏《十年一剑》，这款游戏代表了游族当时最高的研发水准，也成为武侠类网页游戏代表作之一。在国内网游市场取得良好反响后，游族随后向海外授权发行了这款游戏。而早在《十年一剑》之前，游族旗下就已有两款精品游戏在海外市场发行，并都取得不俗成绩，为游族在行业内奠定了一定的品牌影响力。

当《十年一剑》在韩国市场创造佳绩后，游族有意进入东南亚市场。此时，越南游戏公司 Sgame 迅速捕捉到这一信息，主动与游族取得联系，表达了希望能够代理运营这款页游的意愿。Sgame 公司作为越南领先的网页游戏发行公司，拥有丰富的本地宣传推广资源。

越南版《十年一剑》公测上线，是游族与 Sgame 的首次合作。作为游族海外新的战略伙伴，Sgame 公司表示看好游族公司的能力，其旗下之前的游戏产品在东亚地区已得到检验。Sgame 公司表示，越南网页游戏市场的武侠类游戏领域接近空白，越南版《十年一剑》是公司重点运营产品，会利用各种渠道资源加大在国内的宣传力度，要将越南版《十年一剑》打造成第一武侠类网页游戏。越南运营商认为，中国文化在越南的深刻影响，使中国游戏在越南市场有着得天独厚的优势，当地玩家对于中国文化内涵的游戏接受度高，但随着越南版号审查趋严，推行游戏防沉迷，对中国游戏进入越南将造成一定的负面影响。此外，游族表示在游戏的后期运营过程中，虽然主要是依据越南运营商所提供的运营数据和玩家信息在后续版本中进行内容玩法的调整更新，但该游戏研发之初并不是针对越南市场，并未深入了解当地市场文化背景，故较难做到全面的本地化开发。

二、影响因素

上述中国企业授权代理出海的过程及结果，可以归纳出影响其走势关键因素。首先，越南代理商 Sgame 与游族公司都是主打网页游戏的厂商，属于同类化企业，并且 Sgame 主动与游族联系，将游族游戏作为当年的重点运营产品，希望通过此次活动与游族在未来进一步合作，说明 Sgame 对于对方游戏有着强烈的代理意愿。外部条件因素中的机会因素以及同类化企业因素，促进了游族网游的海外授权行为。

游族网络将《十年一剑》作为主打游戏进行重点立项，它集公司研发技术与内容创新于一体，属于武侠题材页游头部产品，这是游族选择授权出海的重要依托条件。在这款游戏之前，游族已有多款精品游戏在海外发行，为游族在业界树立了良好的口碑和形象，也给游族带来了产品授权出海时的议价能力，以上两点构成游族的企业内部因素。

游族选择出海的时候，国内页游市场同质化竞争激烈，而越南当地武侠类页游市场却基本空白，此时在当地发行游戏可以获得广阔市场。代理商 Sgame 公司是越南领先的网页游戏发行公司，拥有丰富的本地化运营经验和渠道资源，这些条件满足了游族授权出海的市场与资源需求。

游族此次游戏授权出海同样也伴随着风险：一是越南当地实施版号停发和更严格的游戏防沉迷系统，为游戏进入及后期运营盈利造成影响。二是游族远离越南市场，对于东道国的游戏运营缺乏主导权，游戏的市场表现和玩家信息依赖运营代理商提供，造成游戏内容后续本地化开发不足。

资料来源：程明杰. 我国头部游戏公司国际市场进入模式选择与影响因素研究[D]. 上海：上海师范大学，2021. DOI：10.27312/d. cnki. gshsu. 2021.001511.

讨论与思考

1. 在进占国际市场前，企业需要做好哪些准备工作？
2. 直接出口和间接出口的区别是什么？
3. 在什么情况下可选择特许经营？选择特许经营与许可经营的不同之处有哪些？
4. 阐述投资进占模式的优点和缺点。
5. 影响进占国际市场模式的重要因素有哪些？这些影响因素如何排序？

第六章 国际营销的产品战略

 案例导读

星巴克上海烘焙工坊体验式营销

一、星巴克上海烘焙工坊简介

1971年成立的美国咖啡品牌星巴克畅销了很多年，1999年进入中国市场。2020年星巴克计划在中国建设一个"咖啡创新产业园"，整合咖啡烘焙和智能存储物流，该创新产业园位于昆山经济技术开发区。随着这家新咖啡烘焙店的推出，中国将成为星巴克全球烘焙网络的重要节点。届时，不仅中国咖啡产区的咖啡豆，全球优质咖啡产区的咖啡豆也将在此烘焙，充分满足星巴克在中国对优质咖啡豆的需求。

但是，中国咖啡市场竞争压力越来越大，星巴克不仅要拓展网络渠道，打造"第四空间"，还要创新和完善线下门店提供的"第三空间"体验。星巴克首席执行官考虑到市场容量，决定采取长期高端战略，这与中国精品店数量的快速增长是一致的，定期的精品稀有咖啡豆甄选门店让星巴克变得越来越高端。星巴克致力于打造"咖啡梦乐园"烘焙工坊，将咖啡机和烘焙师改造成梦乐园的"超级明星"，并用艺术技巧展示咖啡烘焙过程。将烘焙工坊设在上海，原因有三：第一，上海的咖啡馆比中国其他城市多得多，也是世界上星巴克门店最多的城市。上海有着深厚的咖啡文化，培养了忠诚的消费群体，如追求时尚和大企业风格的年轻人，以及以白领为代表的企业家。第二，上海作为中国经济发达城市，居民收入水平居全国前列，居民消费水平不断提高，消费者有能力选择烘焙工坊这个高端定位品牌。第三，作为国际大都市和特色旅游城市，上海在吸引国内外游客方面具有先天优势，这有助于使烘焙工坊成为上海的景区。

二、星巴克上海烘焙工坊体验式营销策略分析

（一）思维营销

星巴克上海烘焙工坊被誉为星巴克的"创新实验室"。工作室的咖啡制作人引导顾客大开脑洞，创造出新的咖啡游戏，包括不同的温度、不同的烹饪方法、冰激凌、巧克力和其他创意性想法。自从在上海开设烘焙工坊以来，星巴克已经推出了100多种高级独家饮料，其中一些在全国其他商店成功做了广告。2019年，星巴克上海烘焙工厂最大、最受欢迎的新饮料烟熏司考奇拿铁，年销售14万杯。除了用创意咖啡饮料吸引顾客外，工坊还不

断更新高品质的咖啡设施，满足咖啡爱好者的好奇心。例如，2008 年，星巴克生产了咖啡行业广泛认可的真空过滤器，作为星巴克技术的独家产品，目前只能在上海星巴克烘焙工坊的中国卖场才能看到它，吸引了大量的粉丝。此外，为了让客户加深对星巴克品牌和咖啡文化的了解，工作场所的咖啡馆还展示了公司地标的历史照片和咖啡豆地图，展示了咖啡豆原产地的风俗。星巴克上海烘焙工坊有一个非常独特的翻转板，有 1 111 个方块，可以分别翻转 10 个数字和 26 个英文字母。该标牌不仅可以每天发布有关咖啡豆的信息，还可以用于求婚等，这不仅可以表达情感，还可以激发创造性思维。

（二）行动营销

在星巴克上海烘焙工坊的夏季家庭旅行项目中，孩子们可以在工坊和父母一起玩，准备冷咖啡和披萨，不仅可以享受与父母互动的美好时光，还可以享受独特的制作体验。这种付费体验项目逐渐成为工坊的主要收入来源之一。为了回报社会，星巴克上海烘焙工坊特定期组织免费介绍活动，例如，"梦工厂标签体验"给特殊学校学生提供了进入咖啡馆的机会，他们可以与控制台的制作人员合作，为消费者提供良好的服务。这些活动也为有心理障碍的学生提供了与社会沟通的机会。学生们在这种角色扮演的体验中增加了自信和快乐，也体现了企业的责任感和良好的企业形象。

资料来源：https：//roastery. starbucks. com. cn.

国际市场营销就是要在合适的时间、地点以合适的价格向来自各个国家的客户提供合适的产品。企业应该根据世界各国市场的不同特征和要求，以及自身状况选择合适的营销方式。所谓营销方式，就是企业拓展国际市场的方式、方法和策略。随着国际市场营销活动的不断发展，国际市场营销方式也逐渐增多，当今各国企业普遍采用多样化的营销方式来组织生产和销售，以达到提高国际市场占有率的目标。

第一节　国际市场直接营销战略

在我国，确定国际市场直接营销的战略往往与出口贸易相联系。可以说，我国多数企业的国际市场直接营销战略与直接出口和间接出口联系在一起。

一、与直接出口相联系的国际市场营销战略

（一）包销

包销是指国内企业在特定地区和一定期限内给予国外客户销售指定商品的专营权。包销关系是由双方的包销协议来确立的。一般有两种包销协议：一种是仅规定双方的一般权利和义务，作为将来订立具体合同的依据；另一种则明确规定包销商购买若干数量或金额的商品，相当于逐笔售定合同。包销协议应包括下列内容：①商品的范围。应明确规定包销商品的具体品种、规格、牌号、货号等。②包销地区。应明确规定包销商行使专营权的地理范围。③包销期限。国际市场包销的习惯做法是不规定具体期限，不规定中止条款或续约条款。④专营权。应明确规定包销商行使专卖和专买的权利。专卖权指企业将指定商品在规定地区和期限内给予包销商独家销售权，而不能再向该地区其他客户直接供货；专

买权指包销商承担不向第三方购买同种商品的义务。双方在包销协议中，既可把专卖权和专买权作为互惠条件加以明确规定，又可根据具体情况单独规定其中一项。⑤包销数量与金额。⑥作价办法。

包销协议实质上是一个买卖合同，国外包销商以自己的名义买货，自负盈亏，它同逐步售定买卖合同的区别在于买方享有专营权，这种专营权一方面会调动包销商的积极性，减少多头经营自相竞争的弊端，另一方面也可能因为包销方式使用不当而使出口经营受到约束，例如，包销商有时会操纵市场，控制价格或者包而不销等。因此，采用包销方式最重要的是正确选择包销商，既要考虑自身的经营意图和包销商品的类型、性质及市场情况，更要考虑包销商的经营规模、资信状况、销售能力及在该地区的商业地位。对大众化商品采用包销方式时，可先试包一段时间，情况适应后再签订包销协议。为避免包销商经营无力、包而不销或少销、垄断市场、控制价格等问题，应规定中止条款或索赔条款，以减少损失。此外，企业还应慎重选择包销商品范围、包销地区及包销数量和金额，并在包销协议中强调包销商应负责商品的广告宣传工作，定期报道当地市场情况，保护包销商品的商标权或专利权。

（二）代理

代理指代理人根据本人的授权，代表本人同第三者订立合同或其他法律行为。与包销方式相比，代理方式具有以下特点：代理人与委托人之间属于委托买卖关系，代理人在代理业务中只是代表委托人的行为，如，招揽客户、签订合同、处理货物、收受货款等，本身不作为合同一方参与交易。代理人通常运用委托人的资金进行业务活动，取得佣金收入。

国际市场上存在名头繁多的代理商，主要有：①总代理，指委托人在指定区域的全权代表，有权指派分代理，并可分享分代理的佣金。②独家代理，指委托人给予代理商在特定地区和期限内享有代销指定商品的专营权。③佣金代理，指在同一地区和同一期限内同时委托数个代理人，委托人根据推销商品的实际金额或者协议规定的办法向代理商支付佣金。与独家代理不同的是，委托人可直接同该地区的实际买主成交，无须给代理商佣金。

代理协议是明确协议双方权利义务的法律文件。签订代理协议时，除需明确规定指定代理商品、指定代理地区、代理协议有效期、中止条款、佣金条款外，还应明确规定对双方的权利。对国内企业而言，选好代理商，明确其权利至关重要，代理方式不同，代理商的权利也不同。在西方国家的代理协议中，通常订有非竞争条款。非竞争条款是指代理商在协议有效期内无权购买与委托人的商品相竞争的商品且无权为该类商品组织广告宣传，也无权代表协议地区内的其他竞争公司；此外，代理商有义务向委托人提供市场趋势、外汇、海关规定及本国进口政策资料，并与委托人磋商，组织广告宣传。

独家代理通常要规定提供专营权的条款，一种方法是委托人不保留在该地区同其他买主交易的权利，另一种方法是委托人授权代理人有限绝对代理权，即委托人保留一定的直接供货的权利，但需对代理商计付佣金。

（三）寄售

寄售是一种委托代销的交易方式，它是指国内企业寄售商先将货物运至国外，委托国外客户（代销商）在当地市场上代为销售，商品出售后，所得货款扣除代销商佣金及其他费用后交付给寄售商。寄售商与代销商的关系是由寄售协议确定的。寄售协议中，应明确规定双方的权利和义务、寄售商的作价办法以及佣金条款等。寄售与包销、代理方式的区别在于，代销商以代理商身份办理寄售，未售出之前商品仍属于寄售商，代销商有权以自己的名义向买主收取货款、处理争议或进行诉讼，所需费用由寄售商支付。此外，代销商在寄售商不执行寄售协议时，可对寄售商品行使留置权或将寄售商品作为担保和抵押。因此，寄售关系实际上是一种特殊的代理关系，代销商的权限要大于一般的代理商。

采用寄售方式进入国际市场，因为寄售方式周期长、费用高、收汇不安全，易使寄售商处于被动地位，出口风险增大，如商品寄出后，当地市场发生波动或者代销商有意压价。因此，企业选用寄售方式时应慎重选择代销商。签订寄售协议前，要调查寄售地市场动态、供求情况及代销商商业作风。另外，企业一般要代销商提供银行保函，如代销商不履行协议规定，则由银行承担支付责任。

（四）投标

许多国家的政府机构和某些大企业的物资采购和国际承包工程经常利用招标方式。所谓招标，是指招标人在规定时间、地点发出招标公告或招标单，提出准备买进商品的品种、数量和有关买卖条件，邀请卖方投标的行为。相应的，根据招标公告或招标单的规定条件，在规定时间内向招标人递盘的行为，称为投标。

采用投标方式出口，既可由国内企业自身参与，也可委托所在国客户代为投标，投标人参加投标前，需做许多准备工作，如编制投标资格审核表，分析招标文件，寻找投标担保单位等。其中，最重要的是分析研究招标文件中的招标条件以及招标人所在国的税收、法律及市场，经过慎重研究后，如决定参加投标，就要根据招标文件的要求填写投标单。填写投标单时要十分慎重，因为投标单属于不可撤销实盘。此外，投标人要向招标人支付一定保证金或提供银行保函或备用 L/C（信用证）。一旦中标，就应抓紧落实货源，以免中标后不能按时、按质、按量履行合同。

（五）拍卖

拍卖是由专营拍卖业务的拍卖行接收货主的委托，在一定时间和地点，按照一定的章程和规则，以公开叫价竞购的方式把货物卖给出价最高的买主的一种现货交易方式。按照出价方法不同可将拍卖分为三种：①增价拍卖，即由拍卖人宣布指定货物的最低价格，然后竞买者出价竞买，直到再无人出更高的价格为止。②减价拍卖，又叫"荷兰式拍卖"，即先由拍卖人喊出最高价，然后逐渐减低叫价，直到某一竞买者认为已经低到可以接受的价格，表示买进时为止。③密封递价拍卖，即先由拍卖人公布每批商品的具体情况和拍卖条件，然后审查比较各买方密封递交的出价，决定货物买主。拍卖的一般特点是：由许多专门从事拍卖业务的专门组织，提供拍卖的场所及各项服务；买主须事先看货，一旦拍卖成交，拍卖机构及货主不接受任何形式的索赔；买方竞购，卖给出价最高的买主。

（六）对等贸易

对等贸易是一个松散的概念，尚无明确的定义和概念，一般可理解为包括易货、记账贸易、互购、产品回购等货物买卖，以进出结合、出口抵补进口为共同特征的各种外贸方式的总称，可笼统地称为"大易货"。其种类较多，主要有：①易货，指双方当事人之间等值互换货物，不以货币为媒介。国际市场上多以对开信用证的方式进行易货。②互购，这是当前对等贸易中的主要形式，先出口的一方须做出购买对方货物的承诺，使两笔或等值或不等值的现汇交易结合。③产品回购，这种做法在我国称为补偿贸易，在日本则称为产品分享，多用于设备交易。一方以赊销方式向另一方提供机械设备，进口设备方用出售产品所得货款分期摊还设备价款和利息。

（七）直接售于消费者

在上述六种方式中，包销、代理、寄售等均需经过国外中间机构（包销商、代理商、代销商或拍卖商），投标时直接与招标者打交道，对等贸易则是一种复杂的进入方式。在很多情况下，拓展国际市场依靠直接售于消费者。这种形式不通过任何中间商，可以减少中间环节，且多为逐笔售定，简单易行。当企业生产的产品种类繁多，或出口产品价格昂贵、技术性极强（如飞机）时宜采用这种方式。许多新开发的商品（如药品）往往都聘请推销员直销，他们利用商品目录、广告或直接邮寄销售资料进行推销，只要消费者返回订单，厂商即将货品送上门。

将产品直接售于国外消费者，企业需要具有较强的国际营销能力，对中小企业而言较为困难。与国际消费者直接接触，一般是企业驻外分支机构和国外营销子公司的职责。分公司的主要职能是推销产品、提供售后服务、搜集市场信息等。设立驻外机构可以加强企业对全部市场经营活动的控制，但需大量的前期投资和持续的间接费用，中小企业无力为之。即使是大企业，如果在某市场上销售潜力小，也不值得专设分支机构。

二、与间接出口相联系的国际市场营销战略

间接出口主要是通过进出口公司和出口代理公司、国际贸易公司以及出口合作等形式进行。

（一）进出口公司和出口代理公司

进出口公司实质上是专门从事国际市场营销业务的国内批发商。它们以两种方式为生产企业的产品拓展国际市场：一是根据国际市场的供求状况收购生产企业的产品，组织出口；二是为生产企业代理出口贸易。

在第一种方式下，商品所有权从生产企业转移到进出口公司，后者以现金交易，负担一切风险和推销责任。这种方式的优点是：①利用进出口公司的特长为产品在国外打开销路。一般生产企业在涉足国际业务的起步阶段很难插足国际市场，只能求助于具有较强营销能力的进出口公司。②降低生产企业的经营风险。不仅中小企业欢迎进出口公司组织出口，某些大企业也愿意将那些不太重要或者拓展困难的国际市场交给进出口公司。③降低流通费用。把产品卖给进出口公司，生产企业自身不必从事具体的出口业务，这样就节省了流通费用。但是这种方式的缺点也是显而易见的，主要是：①生产企业缺乏对国际市场销售渠道的控制力，同国际市场存在隔离层，即使产品非常畅销，生产企业也不能在国际市场上建立自己的声誉。②难以分享丰厚的盈利。由于进出口公司经营品种种类繁多，随时可能停售某企业的产品，这就会影响该企业扩大再生产。③产销脱节使生产企业不了解国际市场的供求信息，不利于产品的更新换代。

在第二种方式下，进出口公司实质上等于出口代理公司，它一般以生产企业的名义外销其产品，通常经营某一产业部门的产品，使用生产厂商的品牌。同一出口代理公司可以代表数家生产企业销售具有互补性的产品，向生产企业收取一定比例的佣金。

代理出口的优点包括：①委托进出口公司代理出口，可以借助这种公司丰富的外销经

验和市场情报，顺利拓展国外市场。②生产企业部分地直接面向国际市场，可以了解国际市场的供求趋向，制定相应的对策。③生产企业对国际市场的控制力有所加强，不仅能充分享受产品畅销的利润，还可以建立自己在国际市场上的声誉。④许多出口代理公司承担国外客户的信用责任，大大降低了生产企业的出口风险。

代理出口也有不足之处：①长期过分依赖进出口公司会使生产企业失去自营出口的能力和意识，因而积累不到国际市场的营销经验。②出口资金、信贷风险、运输、保险及出口单证等工作常由生产企业负责，这会增加企业的流通费用。③当国外销售额日益增大时，生产企业自营出口会获得更大的利润。④生产企业和进出口代理公司的委托代理关系主要取决于利益的分配，这方面两者之间存在矛盾，常使后者谋求从抽取佣金转向买进产品转售到国外市场。在欧美一些国家存在专门的出口代理公司，规模较小，且只熟悉特定的产品和市场，很少能包办生产企业在全球市场的出口业务，生产企业在委托之前需慎重考虑。

（二）国际贸易公司

国际贸易公司是指高度多样化经营的大型企业，它们既从事商品开发与生产，又从事商品批发与零售，既从事国际贸易，又从事国内贸易，日本和韩国的综合商社即是典型的国际贸易公司。其特点是：①规模巨大。1981 年，日本九家综合商社的总销售额达 80 万亿日元，平均每家商社的销售额约为 9 万亿日元。②经营的商品种类繁多，从方便面到重工业产品均属其经营范围，大体可分为钢铁、有色金属、燃料、机械、化学产品、食品、纤维、杂物乃至建筑业、不动产业等。③活动范围及职能多种多样，商社的职能有商品购销职能（进行商品所有权的转化，以回收货款）、进出口职能（进行国际间的采购销售）、金融职能、信息职能、商品开发职能等。改革开放以来，我国也出现了一些综合性国际贸易公司（综合商社）。

通过国际贸易公司出口也有两种方式：一是由国际贸易公司承担风险购销商品，赚取买卖差价，利润浮动幅度较大；二是生产企业委托国际贸易公司作为代理商参加特定商品的全部交易，采购和销售方面的风险由生产企业承担。

（三）出口合作

出口合作是一种常用的外销方式，是指某一生产企业（携带者）除了开展现有的出口业务和从国外营销渠道推销本身产品以外，还代表另一家企业（伴随者）出口产品。这些产品通常与自己产品互补，例如，缝纫机公司可以代销针、线等相关产品，这对两家企业均有好处。对携带者而言，可以利用伴随者的互补性产品扩大自己的产品范围，以增加收入、方便顾客；对伴随者来说，互补出口是一种简单易行、风险小的出口方式，尤其适用于那些没有力量直接出口的小企业。从经营方式来看，出口合作有两种做法：一是携带者从委托代销的伴随者那里收取佣金，起代理人的作用；二是由携带者直接收购伴随者的产品，然后同自己的产品配套外销。对第二种做法，携带者收购伴随者的产品后，有时会打上本企业的品牌。采取何种做法，由双方协商。何者为宜，通常根据产品的重要程度以及合作双方品牌知名度来决定。

（四）外国企业在本国的采购处

许多外国企业（包括大型批发商、零售商、百货公司、综合商社等）在东道国设立采购中心，主动寻找适当的产品运到本国或海外其他市场销售，例如，日本的大商社多在我国设有采购处，生产企业可以将产品销售给这些采购处，由后者负责将产品售往国外。此外，有些国内公司可能需要为其海外公司或子公司采购一些设备和物资，生产企业也可将产品卖给这些公司，从而间接出售给海外公司。

 **案 例**

CX 公司石蜡出口

一、CX 公司产品简介

CX 公司成立于 1995 年 10 月，是有外贸进出口经营权和边境小额贸易经营权的民营股份制企业，为中国五矿化工进出口商会会员单位。在国内哈尔滨、沈阳、保定、宁波、温州、福州、厦门、广州等地设有分公司；境外分别在澳大利亚、南非、英国、加拿大、俄罗斯等地设有分公司或办事机构。CX 公司主要从事聚氯乙烯、石蜡、柠檬酸、大麦等化工和粮食产品的国际国内贸易，2003 年营业额达一亿美元。销售规模由 1996 年的 2 000 吨扩大到 2003 年的 150 000 吨，取得了可喜的经营业绩。CX 公司还从事国际教育交流等业务，并建有一座国际教育交流学院。CX 公司从 1996 年起，总体经营石蜡业务，业务范围涉及北美、亚太、非洲、欧洲等地区。

二、CX 公司石蜡出口基本情况

1. CX 公司 2003 年出口石蜡 5 万多吨，约占中国石蜡全年出口量的 10%，出口国别包括美国、加拿大、澳大利亚、新西兰、韩国、印度、泰国、印尼、南非、坦桑尼亚、肯尼亚、莫桑比克、津巴布韦、赞比亚等。

2. 竞争对手情况。

CX 在国内面临的主要竞争对手就是同样从事石蜡出口的中石化、中化、中联油、MASTERANK 公司、MANLCHA 公司，以下分别进行介绍。

（1）中石化国际事业有限公司（简称"中石化"）是中国石化股份有限公司的全资子公司，其前身为中国石化国际事业公司，是一家工贸结合的外贸公司，主要负责中国石化股份有限公司的对外贸易和经济技术合作业务。年出口石蜡约 15 万吨。

（2）中国化工进出口总公司（简称"中化公司"）是中国化工行业最大的综合贸易服务商之一，在全球建立了广泛的业务渠道，经营品种和规模不断扩大，化工产品已出口到世界 100 多个国家和地区。出口石蜡呈逐年下跌趋势。

（3）中国联合石油有限责任公司（简称"中联油"）是中国石油天然气股份公司的国际贸易专业公司，承担着对股份公司原油、天然气、成品油等石化产品的进出口业务。年出口石蜡大约为 20 万吨。

（4）MASTERANK 公司是一家在美国注册的贸易公司，老板为中国人。石蜡资源大多数来自抚顺石化，年出口石蜡大约 10 万吨。

（5）MANLCHA 公司是一家在比利时注册的贸易公司，老板为中国人。石蜡资源大多来自大连石化，年出口石蜡大约 5 万吨。

三、CX 公司在石蜡市场上的地位

目标市场定位至关重要。通过前面的论述我们可以看出，CX 公司在中国石蜡出口企业中占有非常重要的席位，在开展石蜡出口贸易时，应将自己定位为中国乃至世界石蜡市场上，特别是非洲市场上的领导者。作为市场上的领导者，面对整个国际石蜡市场，企业最重要的三项工作：一是设法扩大整个市场需求；二是采取有效的防守措施和攻击战术，保护现有的市场占有率；三是在市场规模保持不变的情况下，进一步提高市场占有率。

1. 扩大市场需求总量。一般来说，当一种产品的市场需求总量扩大时，受益最大的是处于市场领导地位的企业。因此，CX 公司应努力从以下三个方面扩大石蜡市场的需求量。

(1) 发掘新的使用者。每一种产品都有吸引顾客的潜力，因为有些顾客或者不知道这种产品，或者因为其价格不合适或缺乏某些特点等而不想购买这种产品。企业可以从三个方面发掘新的使用者：设法说服不用石蜡的行业使用石蜡（市场渗透策略）；说服原来使用某种类型石蜡的企业使用另外类型的石蜡（新市场策略）；向其他国家或地区推销石蜡（地理扩张策略）。

(2) 开辟石蜡新用途。公司也可通过发现并推广石蜡的新用途来扩大市场，特别要依靠国内石蜡生产与使用企业，在开发石蜡的用途上增加科技投入，扩大石蜡的使用用途。

(3) 扩大石蜡的使用量。

2. 保护市场占有率。处于市场领导地位的企业，在努力扩大整个市场规模时，必须注意保护自己现有的业务，防备竞争者的攻击。如何防御竞争者的进攻呢？答案是不断创新。领导者不应满足于现状，必须在产品创新、提高服务水平和降低成本等方面，真正处于该行业的领先地位。同时，应该在不断提高服务质量的同时，抓住对方的弱点主动出击，所谓"进攻是最好的防御"。

3. 提高市场占有率。市场领导者设法提高市场占有率，是增加收益、保持领导地位的一个重要途径。美国一项"企业经营战略对利润的影响"（PIMS）的研究表明，市场占有率是影响投资收益率最重要的变数之一，市场占有率越高，投资收益率也越大；市场占有率高于40%的企业，其平均投资收益率相当于市场占有率低于10%者的3倍。

资料来源：姜作红. CX 公司石蜡出口国际市场营销策略案例［D］. 哈尔滨：哈尔滨工程大学，2005.

第二节　国际市场间接营销战略

国际市场间接营销一般指在国外投资设厂的战略，在国外投资设厂最初只是作为回避贸易摩擦的一种手段，如今已成为国际市场间接营销战略的一项重要内容。

一、投资设厂国外战略的目的

企业在国外投资设厂，至少有两个目的：一是在国际市场上寻找市场机会；二是追求资源的比较成本优势，这里的资源包括自然资源、技术资源和人力资源。企业要发展，最终需要走外向型道路。有的经济学家将企业发展为跨国公司投资外国市场，从事国际市场营销归于以下六种动机。

（1）保护自己，抵御风险。通过在国外建厂，公司往往可以减少本国经济波动带来的副作用，并经受住国内商业周期所带来的不确定性。这是国际多元化经营的一个明显优势。

（2）开发日益增长的世界商品市场和服务市场，是国际化经营过程的一个组成部分，是国际商品市场营销的发展趋势，这表现在跨国公司在世界范围生产和提供的类似商品与服务迅速增长。

（3）这是对日益激烈的国际市场竞争的一种反映，以保护自己在世界市场上的份额。采用追随竞争者的战略，跨国公司可以在竞争者的本国建厂，这一方面可以夺取竞争者的市场份额，另一方面可以对其他公司起威慑作用。

（4）降低成本。通过在靠近国外用户的地方建厂，可以充分利用当地资源，节省运输费用和中介费用，可以更准确、更迅速地对用户需求做出反应。

（5）到东道国内部去服务国外市场，可以跨越关税壁垒。

（6）通过自己直接生产商品，不将生产权特许给其他公司，可以充分利用自己的技术优势。

二、投资设厂国外战略的实施过程

企业投资设厂国外战略的实施过程，一般会经过 PDCA 过程，即制定战略—实施战略—评价战略—修正战略—实施修正后的新战略这一良性循环过程。

（一）制定战略

为什么要在国外投资设厂，投资以哪种形式进行，被投资国市场前景有多大，竞争对手如何，在国外投资设厂后自己的强项与弱点，以及主要威胁是什么，等等。所有这些，是确定投资设厂国外战略需要考虑的问题。

1. 市场环境分析

市场环境分析是指对被投资国政治、经济、文化、资源等大环境的分析。市场环境分析，决定公司投资战略在该国的可行性，如中国某家电力企业准备投资南亚某国，该国政治稳定、市场潜力巨大、人才济济，就是值得该企业作为国外投资战略重点国进行考虑的有利因素；相反，如果该国政治动荡或市场渗入壁垒严重，则需要慎重考虑。

在对投资国进行投资可行性分析时，一般用 SWOT 分析法可以概括该国的投资市场环境。SWOT 分析是指对企业所处环境中的强项 S（Strength）、弱点 W（Weakness）、机会 O（Opportunity）、威胁 T（Threat）的全面分析。

2. 内部资源分析

研究、生产、销售、售后服务于一体，是企业正常运作的模式。在这一模式中，企业一般将内部资源分为四部分，即人力、商品与研发能力、售后服务与品牌、分销网络资源。

企业在国外投资时，对这四种资源进行正确评价，知己知彼，可以根据周围环境，利用自身优势，弥补自身不足，开拓国际市场。例如，商品品牌不占优势的企业，可以利用优质的售前、售后服务，赢得市场占有率。

3. 确定经营目标

企业对市场环境与内部资源环境进行分析后，就可以对投资项目确定合理的经营目标。企业以市场为中心，以盈利为目的，所以销售额、利润及市场占有率是最重要的经营目标。同时，制定非销售部门的经营目标，也是衡量其绩效的重要方面。例如，生产部门应强调当地零部件调配率、成本年度降低率，人力资源部门需评价职员干部当地化比率，等等，常见的经营目标如表6-1所示。

表 6-1　企业常见的经营目标

盈利	市场营销	生产	财务	人力资源管理
①各种产品的资产、投资、股东权益和销售收益率 ②年盈利增长 ③年每股收益增长	①总销售量 ②全球、地区和国家市场占有率 ③销售量增长 ④有效的营销所需要的市场一体化	①国外及国内生产的比率 ②通过国际生产一体化所实现的规模经济 ③质量及成本控制 ④低成本生产方法的引入	①外国附属公司的融资——盈利储存或在当地借债 ②税收——全球交税负担最小化 ③外汇管理——汇率波动损失最小化	①使管理者树立全球概念 ②东道国管理人员的培养

（二）战略的实施、评价、修正、实施新战略

明确经营目标，制定战略以后，企业进入实施阶段。当一个财政年度结束后，企业就实施的结果与当初确定的经营目标相比较，进行经营目标绩效评价，对不足之处加以修正，制定新的战略，继而为下一财政年度实施修正后的新战略，为取得更好的成绩做准备。

当今，一些跨国公司对经营目标绩效的评价周期已从一个财政年度缩短到半年度，甚至季度，也就是每年进行两次甚至四次经营目标的绩效评价，这样有助于企业及时应对市场变化，抓住机遇，改正错误，少走弯路，快速发展。

 案 例

宁德时代德国落子

2018年7月9日，A股新锐宁德时代新能源科技股份有限公司（简称"宁德时代"）与德国图林根州政府正式签署投资协议。根据协议内容，宁德时代将2.4亿欧元（约折合18.7亿人民币）在德国图林根州埃尔福特市设立电池生产基地及智能制造技术研发中心。该基地将分两期建设，主要从事锂离子电池的研发与生产，计划于2021年投产，2022年生产后将形成14 GWh的产能。这是宁德时代接下宝马集团10亿欧元的新能源电池大单之后，正式进军欧洲市场，并建立第一家海外工厂的战略性举措。"我们看到了欧洲的巨大机遇"，宁德时代董事长曾如此表示。与福耀玻璃之前应客户需求，而在美国建厂类似，宁德时代也是应客户需求，而开始了海外扩张之路。

1. 宝马曾经的"神助攻"

成立于2011年的宁德时代，现在是全球最大的新能源动力电池供应商，也是创业板市值"龙头大哥"，而其创业之初就与宝马"结下良缘"。2012年，华晨宝马筹备首款高端纯电动车"之诺1E"高压电池项目时选中了宁德时代，公司正式进入电力电池领域，主营动力电池系统、储能系统和锂电池材料。正因为起点高，宁德时代一下在新能源动力电池领域声名鹊起。在宝马"助攻"的情况下，宁德时代在动力电池收获良多，

扩张迅速，随后在德国、法国、美国、加拿大和日本等地设立子公司。在宝马之外，宁德时代获得了大批国际客户订单，包括大众集团、戴姆勒等，不过其中大部分还是在中国使用，而本次进军德国市场，是宁德时代海外首次落子。2017年，宁德时代锂离子动力电池出货量达到11.84 GWh，约占全球动力电池市场17%，超越比亚迪、日本松下，位居新能源动力电池市场份额全球第一。

2. 国内饱和海外扩张

国内新能源汽车在国家相关政策的鼓励下，获得了飞速发展。据统计，目前我国新能源汽车销售总量超过全球份额的50%，2017年达到77.7万台，同比增长53.3%。中国新能源汽车产销量都稳居世界第一。但在这种情况下，国内新能源汽车电池有饱和的趋势。数据显示，2017年中国动力电池产能已经超过了200 GWh，但总体产能利用率却只有40%。市场两极分化明显，高端优质产品供不应求，低端产品销售困难，呈现出结构性产能过剩。截至2017年年底，宁德时代的总产能已达到17.09 GWh，加上湖西锂离子动力电池生产基地项目新增的24 GWh，宁德时代在全球规划产能已达55.09 GWh。此外，为了进一步扩张，宁德时代还在福建晋江市投资24亿元建设了大型锂电池储能项目。在国内市场竞争剧烈，动力电池饱和，甚至过剩的情况下，宁德时代率先向海外扩张，不得不说是一记妙招，既规避了国内产能过剩的现实，又在海外竞争中取得先机，这对于宁德时代的长远发展有很大好处。

资料来源：闲游. 宁德时代将在德国建厂，海外扩张占据先机［J］. 福建轻纺，2018（7）：23-24.

第三节　国际营销产品的周期

国际产品生命周期理论（International Product Life Cycle）由美国哈佛大学雷蒙德·弗农（Raymond Vernon）教授于1966年首先提出，该理论是在一般产品生命周期理论的基础上，对美国在20世纪五六十年代与其他各国的贸易情况进行分析，研究国际市场产品转移与竞争的规律性而得到的结论。该理论认为，国际产品生命周期一般经历以下三个阶段。

一、新产品的导入阶段

新产品最先在发达国家被开发、生产出来，以满足市场的新需求。当国内市场基本饱和后，便以出口的形式销售到其他国家市场。

二、成长和成熟阶段

在这一阶段，生产技术不断扩散，并被其他国家所掌握，这些国家制造出有一定差别的产品参与市场竞争，最先出口的国家逐步失去优势。

三、标准化阶段

在这一阶段，产品已经标准化，成熟的生产技术转移到发展中国家，发展中国家以成本优势制造类似的产品，并返销到原出口国市场和其他海外市场。发展中国家企业大都是通过许可交易或建立合资公司等方式来生产，或者仿制这种产品。

国际产品生命周期如图 6-1 所示。

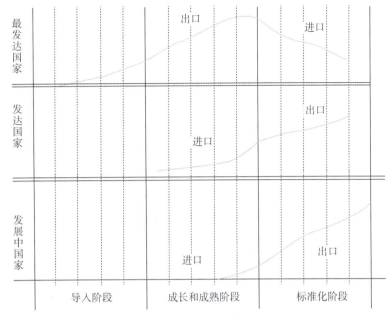

图 6-1　国际产品生命周期

三个阶段的特点形成了以下三种模式。

（1）首先开发新产品的国家：是最先的产品出口国，后成为该产品的进口国。

（2）其他工业化国家：开始是该产品的进口国，后来成为该产品的出口国。

（3）发展中国家：开始是该产品的进口国，最后成为该产品最大的出口国。

国际产品生命周期的基本出发点是，新开发的产品首先是为了满足本土市场的需要，而出口是为了延长产品的生命周期，增加销售收入。该理论对国际市场营销的进程做了有益的分析、探索，但随着世界经济的发展，国际市场竞争越来越激烈，跨国公司的产品策略也发生了变化，国别营销理念成为国际营销的主导思想，跨国公司开始高度重视不同海外市场需求的差异化，并针对不同海外市场需求特点，开发和提供能够更好满足当地市场需求的产品，而不再沿袭把母国成熟的产品延伸至海外市场的做法。这表明，弗农的理论是存在局限性的，它已不适应目前的国际营销环境，但这一理论对国际营销者仍有其指导意义，它有助于我们分析国际市场态势，不失时机地开发新产品，加速出口产品的升级换代，及时淘汰过时产品，并根据产业结构的传递浪潮，利用产品在不同国家所处的不同阶段，调整出口产品的地区结构，延长产品的生命周期，增加业务收入。

案 例

小米公司的国际营销战略研究 ——基于产品生命周期理论视角

一、导入期

小米公司的产品在欧美国家尚属导入期。其在欧美国家的销售从 2016 年 5 月开始，标志性事件是小米商城海外版正式上线。根据 Canalys 的数据显示，小米于 2018 年 5 月开始进入法国、意大利、英国等西欧重要市场，2018 年时在西欧的销售量为 410 万，同比 2017 年的 80 万销量增长了约 415%。2018 年 12 月，小米在墨西哥也是在北美的第一家"小米之家"开业，当天有超过 2 000 人排队购买产品。2018 年 11 月，新西兰首家小米旗舰店在奥克兰开业，店内商品主要有扬声器、健身手表、智能手机、踏板车、电饭煲等，开业第一天，超过 1 500 名消费者排成长龙以购买 400 辆电动踏板车中的一辆，销售额逾 25 万美元。小米手机在欧美为了更好地进入市场，必须充分了解消费者的状况以及市场状况和需求。从市场状况角度来说，美国手机市场已经饱和，欧美地区的手机销售都非常依赖运营商，渠道并不丰富。就消费主体而言，欧美国家消费者心理上更加偏好高品质产品，更加追捧高科技和高性能的高端产品，而小米的产品以性价比为主，主打中低端产品，与欧美消费者需求不相符。此外，欧洲消费者非常注重服务和体验，小米公司在欧洲设立的授权店、"小米之家"也较少，品牌影响力不足。此外，一些市场的消费者也可能对智能手机以外的电子产品感兴趣并产生需求。

2015 年 11 月，小米曾在南非、尼日利亚和肯尼亚销售红米 2 和小米 4，但销售业绩并不理想。2019 年 1 月，小米公司宣布成立非洲地区部，并在肯尼亚设立办事处，再次进军非洲市场。根据 IDC 数据显示，2018 年第三季度，传音、三星、华为在非洲的智能手机市场占有率分别为 34.9%、21.7% 和 10.2%。近年来，非洲互联网渗透率大幅增长，从 2005 年的 2.1% 上升至 2018 年的近 28%，随之而来的就是越来越旺盛的智能手机需求。因此小米在非洲市场的开拓前景也较为乐观。

对于非洲市场而言，小米因当地的宣传力度不够、缺乏合作伙伴及市场份额已经被传音、三星等竞争对手占据等原因，发展遇到瓶颈，面临诸多挑战。小米公司的高性价比产品以及粉丝经济的营销理念可能受到追捧，但是非洲市场的环境较差。其一，缺乏电信基础设施，小米运用互联网营销的模式会遇到困难；其二，销售渠道较差，由于基础设施较少，货物运输会受到阻碍；其三，非洲智能手机普及率较低，市场开拓进程较为缓慢。从消费者角度出发，非洲的用户热爱歌舞，小米需要开发相应软件来迎合消费者的需要；非洲消费者可能需要更长待机时间的手机；非洲消费者对于高性价比智能手机可能有更强的偏好。

二、成长期

小米手机在东南亚一些国家及俄罗斯的营销属于成长期。小米公司于 2016 年 6 月正式进入俄罗斯市场，至 2017 年年底，小米在俄罗斯的市场份额已经达到 11.1%，位列第三，并在俄罗斯设立了 19 家授权店及 11 家专门维修店。2018 年上半年，小米在俄罗斯卖出了 200 万台手机，是印度一个月的销量，其中线上只占了 20%。俄罗斯的线上渠道不够发达，俄罗斯的电商仍处于起步阶段。俄罗斯的线下零售商也将市场垄断了近九成的份额，互联网市场难以得到开拓。同时，俄罗斯的消费者大多通过线下店购买手机，线下店的建立和服务的完善尤其重要。

2014 年 5 月 20 日，小米手机正式进入马来西亚市场，并迅速在 4 个中心城市建立了售后服务中心，于 2018 年 6 月在马来西亚智能手机销售榜上位居第三。2014 年 8 月，小米进军印度尼西亚市场，在该国电子商务网站 Lazada 上销售红米手机，至 2017 年底已经占据印尼 18.3% 的市场份额，位居第二，仅次于三星。

在产品处于成长期阶段的国家，小米公司根据当地的市场环境把握了消费者需求，将国内市场的经验一定程度上用于国际市场中，在进入这些国家不久便开始迅速发展：在东道国建立工厂，扩展授权店，增加"小米之家"的数量，加大广告投入及宣传。在这一阶段，小米公司的国际营销以周边国家为主，尤其是东南亚国家。这些国家大多数没有生产过在国际上有较大影响力的品牌手机，因此进入这个市场相对阻力小。进入马来西亚市场成为小米公司的试金石，虽然马来西亚本国不生产手机，但是全世界最先进的手机都在此聚集，具有非常全面的国际手机买卖市场。从市场特点上来看，2018年马来西亚已拥有2 200多万名互联网用户，智能手机普及率超过70%，市场潜力、需求较大，小米最擅长的网络营销也能在该地区适用。

三、成熟期

小米公司自2015年在印度建立第一家工厂开始，便不断深化其在该市场的根基。2016年第三季度，小米的市场份额已经达到6.4%，并在同年10月初通过一次促销活动创下了3天内销售50万部手机的记录。

随着对本土化生产的重视，小米开始筹划通过在印度设立的工厂优化供应链和降低成本，同时注意到需要解决产品线单一和售后服务不足的问题。2017年下半年，小米已经成为印度市场出货量最高的手机品牌，市场份额显著增长。2017年7月，小米在印度的第500家服务中心成立，显著提升了其售后服务能力。最终，在2018年年底，小米以28%的市场份额，确立了自己在印度手机市场出货量第一的位置。

从整体上来看，小米的国际营销也逐渐向成熟期过渡。有数据显示，在海外销量占比方面，2017年小米的海外销量占比高达43.4%。相比之下，无论是国内还是全球出货量均高出小米一头的华为，其海外销量占比都要略逊一筹，为33%。2017年之后，随着中高端市场的逐步打开，小米国际化策略开始走线上线下并行的路线。据公开资料不完全统计，2017年小米先后在印尼、雅典、西班牙、俄罗斯、迪拜等国家开线下授权店。2018年，小米又在越南、埃及、菲律宾、法国、意大利等国家新开线下授权店。

资料来源：颜开红，胡燕，郭颖. 小米公司的国际营销战略研究——基于产品生命周期理论视角 [J]. 商业观察，2020（01）：192-195.

第四节　国际产品品牌策略

本节主要从品牌和包装两个方面介绍国际营销产品的形式。品牌化的基本目的在全世界任何一个地方都是相同的，即增加新的销量，或者引起重复购买。在国际营销实践中，实施合理的品牌和包装策略，有助于获取市场份额、保持顾客忠诚。

一、品牌

品牌管理是国际营销管理的重要内容。品牌是企业无形资源的重要组成部分，它不仅表明了产品的生产者或提供者，而且全面反映了企业的生产技术、管理水平、服务能力和企业文化等内涵，并为企业与客户搭建了一个传递情感的文化平台。因此，品牌是企业市场竞争力的综合体现，而国际知名品牌更是企业强大的国际市场竞争力的象征。在国际营销中，品牌策略与产品策略密切相关。从跨国公司的长期实践看，标准化产品策略往往与全球品牌策略相伴而行；而差异化产品策略则往往与民族品牌策略相辅相成。

（一）全球品牌策略

实践表明，如果全球品牌策略使用得当，会获得丰厚的回报。如 IBM、可口可乐、索尼、GE 在全球获得的成功，都有品牌的魅力加持。随着经济全球化的日益深入和文化融合趋势的不断增强，许多企业开始实施全球品牌策略。全球品牌具有以下特征。

（1）在世界各地提供的产品和服务基本上是相同的，即使有差别，也只是细微的差别。

（2）有相同的品牌内涵、特征和价值观。

（3）有相同的战略原则和市场定位。

（4）尽可能地使用相同的营销组合策略。

但要实现品牌全球化绝非易事，国际营销者面临的障碍主要来自三个方面。第一，文化的差异。例如，法国人认为很好的电视广告，在德国人眼里也许就显得过于夸张。由于东西方文化交流相对较少，所以中国企业实施全球品牌策略的过程少，需要跨越的文化差异障碍更大。第二，创建一个全球性的品牌管理团队是很困难的。第三，单一的品牌形象不能强加给所有的市场。例如，本田汽车在美国意味着高品质和可靠性，但是在日本，高品质的属性是大多数汽车拥有的，本田汽车的形象就转变为速度、年轻和活力。因此，在不同的市场上，品牌战略应该有细微差别。实施全球品牌战略，不是要开发一个适合全世界的品牌，而是要通过全球范围的品牌管理创建一个世界级的强势品牌。

当前，大多数公司采取分权制的组织结构，总公司必须有人对全球品牌管理负责。设置全球品牌管理机构可以采取三种方式。

（1）品牌领袖。由公司高层领导者全面负责全球品牌的研究、生产、市场推广和维护。品牌领袖是全球品牌的主要倡导者，视品牌为公司最核心资源，对品牌战略具有热情和天赋。例如，雀巢公司营养部的副总裁是 Carnation 品牌领袖，速溶咖啡部的副总裁是 Nescafe 的品牌领袖。

（2）品牌管理经理。在许多公司，高层管理者往往缺乏品牌管理和从事营销工作的背景，因此就得聘请有营销经验的专家作为品牌管理经理。该经理的任务就是要消除分公司经理的偏见，让他们接受全球品牌策略。品牌管理经理的权力有限，无法对有很大经营自主权的分公司经理发号施令，因此很难保证分公司经理能很好地履行职责。

（3）品牌管理团队。品牌管理团队由不同的利益相关部门派出的代表组成，团队的行为会得到相关部门的支持。品牌管理团队的最大困难是没有人对最终的结果负责，而且品牌管理团队的成员受相关工作岗位的影响，不能客观做出决策。怎样解决这个问题呢？美孚公司的做法是建立一支"行动团队"到各分公司检查战略的执行情况。如果分公司经理有相当的自主权，就要赋予品牌管理团队更大的权力，以免品牌管理团队的行动受到阻挠。

（二）民族品牌策略

为了更突出地反映差异化产品的特色，并能更顺畅地与当地消费者沟通，许多国际营销者选择了民族品牌策略，即在不同国家或地区，为产品树立不同的品牌。例如，在雀巢的品牌家族中，有 7 000 多个民族品牌。吉列、联合利华等企业也有大量的民族品牌。

民族品牌可以是国际营销者特意为目标市场国新树立的品牌。如果国际营销者选择这样的做法，在确定新品牌的内涵和特征时，必须尽可能多地吸纳当地文化元素，以更快得到当地消费者的认同和接受，进而形成品牌偏好。民族品牌也可以是企业收购的当地原有品牌，并依赖该品牌占领当地市场。例如，联合利华在中国收购了"中华"牙膏、"老蔡"酱油、"京华"茶叶，然后对这些品牌进行了重新打造和市场推广，使这些品牌焕发出新的生命力，同时也使自己的市场份额大大扩大。不管民族品牌如何形成，该策略的不利之处是品牌管理的成本高。

品牌本土化是与民族品牌相近而又相关的一个概念，即在海外市场宣传、推广企业的国际品牌时，企业非常重视吸纳当地文化元素，使品牌与当地文化融合，进而使国际品牌在当地树立起独特的市场形象，并形成品牌认同和偏好。例如，飘柔等国际品牌在中国市场进行宣传时，就非常重视吸纳中国传统文化元素，如选择中国影视明星或普通老百姓充当代言人，将产品外包装或电视广告的主色调设计为红色、黄色，等等。品牌本土化的做法，将全球品牌策略和民族品牌策略有效地结合起来，使企业能够同时享受到两种策略的好处，同时又避免了它们的不足。

（三）国际品牌的培育

随着经济全球化的日益深入和跨国公司的全球扩张，一个成熟的行业能够产生国际性品牌的机会越来越少，即使是像通用汽车、耐克、IBM这样的大企业，也不敢对激烈的国际市场竞争有一丝一毫的轻忽。由于国际市场竞争越来越激烈，树立国际品牌需要的投入也就越来越高，而且需要持续多年的高投入。因此，一批积极寻求跨国并购的中国企业家坚持认为，现在再去树立新的国际品牌为时已晚。

尽管机会越来越少，但一些民族品牌仍选择不断向国际市场扩张，并最终成长为该行业的国际性品牌，如韩国的现代（汽车）、三星和LG（家电）。根据2020年BrandZ全球品牌价值100强的排名，华为位列第10位，成为排名最高的中国品牌。通过持续的创新和国际化战略，中国企业在全球市场上的竞争力和品牌影响力不断提升。

在竞争日益激烈的国际市场，要培育国际知名品牌，不仅需要有坚持不懈的恒心，还需要处理好以下问题。

（1）要有明确的市场定位和品牌内涵。市场定位的实质是关于企业如何处理与竞争对手关系的战略思路。有了明确的市场定位，才能在消费者心目中逐步形成独特的印象，才能与竞争对手进行差异化竞争。值得注意的是，市场定位必须围绕目标消费者群的需求特征进行设计，并有助于发挥自身资源优势。企业不能特意靠追求新概念、新外表或新创意来"骗取"消费者的追捧，而必须做到表里如一，即要有能力兑现自己的承诺。

（2）强势品牌不仅要表达产品功能，而且要有情感诉求点，以帮助消费者表达自己的情感。许多强势品牌都在打动人心上做文章，检验一个公司是否真正理解品牌，只要看它的品牌中是否包括这几个因素：人性化特征、特定的用户群和象征物（如奔驰汽车的"人"型标志、麦当劳的拱形门标志）。说明产品功能的几个简单的词是不能充分代表强势品牌的。

（3）国际品牌的培育可以通过收购当地原有品牌实现。收购当地品牌后，要对这些品牌进行必要的打造和充实，然后推向市场，使这些品牌焕发新的活力。

二、包装

（一）产品包装的作用

包装有广义和狭义之分。广义的包装是指包装工作（Packaging），即设计并生产容器或包扎物的一系列活动；而狭义的包装就是指容器或包扎物本身。在现代市场营销中，包装的功能已从最初的保护产品，便于产品运输，发展到促进产品销售，增加其附加值等。因此，包装成为强有力的营销手段，甚至有人把包装称为传统"4P"之外的第5个"P"，包装的作用主要表现为以下几个方面。

第一，保护产品，便于运输。产品包装最基本、最原始的功能就是保护产品，方便运输。有效的包装可以起到防潮、防震、防挥发、防污染、保鲜等作用，使产品在运输、存储、消费等各个环节完好无损。出口到国际市场的产品，其运输距离更远，时间更长，转换次数更多，因此对产品包装材料、包装技术的要求更高。

第二，美化产品。随着人们生活水平的提高，消费者愿意为精良包装所带来的方便、可靠和声望多付一些钱。华丽的包装不仅能够提高商品档次，而且能够带来美的享受，礼品、工艺品和高档商品的包装往往比较精美。

第三，树立品牌形象。包装是产品差异化的外部表现，独特的包装设计可以使本企业的产品有别于其他品牌的同类产品，以便消费者区分和挑选。包装设计可以通过商标、文字、图案和色调的搭配，使产品形象更加鲜明独特。与商标一样，包装设计专利权同样受到法律的保护。此外，不同凡响的包装形状和包装技术，能够有效防止假冒行为。

第四，促进销售。从一定意义上讲，包装就是无声的推销员。对于那些人们不了解的新产品，包装就是吸引消费者眼球、宣传介绍产品的媒介。而人性化的设计，更体现了企业对消费者细致入微的关怀。企业应让优质的产品辅以恰当的包装，使出口产品锦上添花。

（二）国际产品包装设计的基本要求

为国际产品设计包装，要建立包装概念，即明确包装应为何物，或对特定产品起到什么作用。在包装概念确定后，还必须对包装要素进行确认。包装要素一般包括包装物尺寸、包装材料、形状、色彩、文字说明以及商标标记等。

国际产品包装设计是一项技术性和艺术性很强的工作，应做到美观、独特、实用、经济，具体要求如下。

（1）能够准确传递产品信息。包装物上的文字、图案、色彩及其组合应与产品的特色和风格相一致，切忌包装物上的图片、说明、色彩等夸大产品的性能、质量，严禁表里不一的包装。

（2）包装物的价值应与产品价值相适应。包装物的价值应与产品的价值相配套。如高档化妆品应配以高档包装，以烘托产品的名贵。但是，若包装物的价值超过产品本身的价值则会引起消费者反感，这样也会影响到产品销售。此外，包装还必须与广告相互协调。

（3）要考虑国际目标市场的需求。进入国际市场的产品包装要考虑各个国家或地区的储运条件、分销时间的长短、气候条件、消费者偏好、环境保护、审美以及相关法律法规等。例如，出口到热带国家的食品包装，要重点考虑产品的保质问题，以避免因气候炎热而导致食物变质。在发达国家，出于保护环境的目的，包装物不能使用不易降解的塑料制品或其他可能破坏环境的包装材料。包装方案设计还要考虑当地居民对颜色、图案等的审美偏好，千万不要触犯当地的禁忌。包装设计好后，还必须进行一系列的测试，如工程测试、视觉测试、消费者测试、经销商测试等，工程测试的目的是保证包装在正常情况下经得起磨损，视觉测试的目的是保证字迹清楚和色彩协调，消费者测试的目的是保证包装能够赢得有利的消费者反应，经销商测试的目的则是保证经销商发现包装具有吸引力，并且便于处理。

（三）国际产品包装策略

1. 统一包装策略

统一包装策略是指企业销往世界各地的产品都采用相同的图案、相近的颜色、相同的包装材料和相同造型进行包装。这种包装策略的效果是使顾客极易联想到这些产品出自同一家企业。其优点在于：节约包装的设计和生产费用；壮大企业声势，提升企业的市场地位；带动新产品销售。若产品档次或质量相差较大，则不宜采用该包装策略。

2. 差别包装策略

差别包装策略是指对不同档次或不同质量等级的产品分别使用不同的包装，并在包装材质、装潢风格上力求与产品档次相适应。采取这种包装策略可以满足不同消费层次的顾客在不同使用环境中的消费需求，并在不同档次产品之间形成"区隔"，分散风险。但是，该策略的实施必然会增加包装的设计、生产成本，也会提高新产品上市时的宣传推广费用。

3. 聚集包装策略

聚集包装策略是指企业根据各国消费者的消费习惯，将若干种相关产品配套包装在同一包装物中，如咖啡和咖啡伴侣、洗发水和护发素以及各种化妆品的混合配套包装，为消费者的购买和使用带来方便。这种包装策略有利于推动多种产品的销售，有利于新产品的推广，同时也可以节约包装费用。但是，该策略的实施有一定局限性，只有那些购买频率高、配套性强的小件商品才适合采用。

4. 复用包装策略

复用包装策略是指包装内产品使用完后，消费者可以将包装物另作他用，如咖啡瓶当作水杯，或者企业将包装物收回后重复利用，如啤酒瓶等。该策略的好处是：通过包装物的重复使用，节约材料，降低成本。精巧实用的包装还能起到刺激消费者购买欲望、促进销售的作用。

5. 附赠包装策略

附赠包装策略是指在商品包装物内附赠一些礼品甚至奖券，以吸引消费者购买。例如，在化妆品包装中附赠胸针，在食品包装中附赠小玩具等。有些企业还承诺积累一定数量的包装物，可以用来换取奖品。这种策略已经成为国际市场上比较流行的一种包装策略。

可口可乐品牌营销

1885 年，一种名叫法国酒可乐的饮料被发明出来，随着时代的推移，这种饮料逐渐成为我们现在所熟知的可口可乐。如今，进入中国市场的外资企业很多，但既是行业领军者，又能在消费者中形成良好的品牌力与影响力，并且能将自己的足迹遍布整个中国的企业，只有可口可乐。这些成果的背后，都离不开可口可乐根据中国市场的特殊性，制定的相应策略与战略。这不仅体现出其管理层制定战略的高水平，更证明了可口可乐公司有非常强大的战略执行力，这是我国同行业所缺的。本文将着重分析可口可乐公司在中国制定的营销策略，讲述其如何在中国市场大施拳脚并取得非凡成就的战略。

一、产品策略

（一）产品整体概念

"可口可乐"这一名称对于品牌在中国的建立以及随后的营销发挥了事半功倍的作用，该名称传递着两种信息：第一，该产品是可以让消费者品尝到可口的饮料，可乐的主要原料是糖、水以及二氧化碳，可口可乐神奇的配方使消费者在饮用可乐时能享受极佳口感。第二，可口可乐中的"可乐"，顾名思义，可以让消费者在饮用产品的同时获得精神上的愉悦感受，可口可乐中的碳酸，可以刺激消费者舌头上的味蕾，产生一种刺激感，紧接着其中的糖分再次作用在味蕾上，刺激大脑分泌多巴胺，让消费者产生快乐的体验。命名既说明了产品的功效又为人们所喜好，并且有品质感、档次感，确为杰作。

（二）产品知识产权

可口可乐公司非常注重保护公司的知识产权。例如，为了保护其配方，公司将配方分成三份，交于 3 个公司董事分别保存。

（三）产品包装

可口可乐包装主色调是红色与白色，表现出了产品的青春活力以及无限热情，并与中国人象征着吉祥与朝气的红色相契合。包装瓶为流线弧型，该瓶型保持了 50 年不变，设计灵感来自一位少女的裙子，体现着可口可乐的年轻心态，更符合产品消费群体的精神状态。瓶子上手让人感觉自然舒服，不会产生陌生感和排斥感。

二、市场策略

（一）市场定位

可口可乐采用了差别定价法，在不同的地区、不同的场合对不同的消费者采取不同的定价策略，如在电影院比商场卖得贵。由于不同地区的人喜欢不同的口味，这也加快了新产品的研发。例如，500 mL 的雪碧与可乐售价 3 元，果粒优售价 3.6 元。可口可乐公司定价有低有高，意在包揽所有阶层的消费者，这对于扩大经营规模有着至关重要的作用，能让更多的人享受到"可乐"。

（二）目标市场

在经济蓬勃发展的今天，人们的工作压力加大，可口可乐抓住了现代人渴求释放压力、寻求刺激、追求年轻的深层次需求，提出了"激情在此刻燃烧"的口号，其内容就像文字所阐述的，将自己的激情迸发出来，释放出自己的压力。再加上饮料带给人的丰富口感，消费者怎能不爱可口可乐呢？可口可乐的另一个目标市场，是所有的赛事观众饮料以及所有餐饮，这一类人群不关心产品的价格，只注重产品是否能够满足当时的需求，只关心产品的大众认可度。可口可乐集中火力打出品牌，也就赢得了这个市场，获得了较高的回报率。

可口可乐的定位策略，不仅为自己赢得了市场第一的位置，而且开创了快餐业与赛事的饮料市场。提到快餐业与赛事，人们就会联想到可口可乐。可口可乐概念的占位策略，实属营销领域的一个成功典范。

三、营销组合策略

（一）价格策略

可口可乐采用的定价策略是低价战略。在低价战略下，企业对产品的要价相对于价值来说较低。同时，可口可乐还采用心理定价策略，其中用得最多的是尾数定价法，这是消费者很容易接受的一种定价方法。

（二）分销渠道策略

可口可乐采用间接渠道方式，在中国设立瓶装厂，然后通过经销商或者代理商将饮料销售给消费者。同时，在渠道选择方面，为了能够更多地推销饮料，可口可乐公司采用长渠道，在中国不同地点的不同超市销售饮料，采用密集分销增加了中间商的数量，规模相当大。

（三）终端销售渠道

销售环节的最终一环便是终端，其成功与否直接与企业营销的成败挂钩，所以终端市场，如大型超市、商场是各个品牌必争之地。可口可乐尤其注重终端，饮料市场的战争不仅仅拘泥于线上广告营销，在任一时刻，线下商场中，也会发现这里硝烟弥漫，剑拔弩张。没有经验的企业过分注重线上广告，而忘记了饮料是一个实体产品，从而忽略了终端的重要性，被一些成熟的品牌抢占了先机，最终失去了竞争机会。从现实的终端情况来看，可口可乐无论在货架摆放的位置、形象、占地面积还是POP（售点广告），都显得很突出。

资料来源：张静宇. 可口可乐的营销策略分析 [J]. 商讯，2020 (21)：13-15.

第五节　国际营销产品的延伸

一、国际新产品开发策略

（一）国内市场延伸策略

国内市场延伸策略是将在国内市场销售的产品不加任何改进即拿到海外市场销售。万宝路、健牌、希尔顿等烟草产品在国际市场的扩张就采取了这种策略。如果企业通过调查，了解到国际市场的购买者对某产品的要求和使用情况与本国相同，或产品的用途和使用方式在国内外市场上基本一致，就可以不对产品做明显改进，也不改变宣传推广方式，直接投放国际市场。这种策略的好处是延长产品生命周期，获取规模经济等。但这种策略的适用范围较窄，毕竟世界各国有不同的营销环境，需求差异是客观存在的。

（二）产品改进策略

产品改进策略是根据国际目标市场需求特征，对在国内市场或其他市场销售的产品进行一定程度的适应性改进，然后投放目标市场。例如，海尔投放到中东市场的电冰箱，虽然在核心技术方面与国内产品没有多大区别，但它重点考虑了该地区家庭人口多、气温高、开冰箱次数多（相当于中国的50倍）的需求特点，对电冰箱容量、温控技术等进行适应性改进，收到了很好的市场效果。除了电冰箱外，海尔还针对中东市场需求特点，陆续开发出大容量洗衣机、热带空调、阿拉伯文电视等产品，深受当地消费者的喜爱。在采用产品改进策略时，文化差异越大，需要改进的程度也就越大，但产品的基本功能、品质和宣传方式一般不会发生改变。

（三）开发全新产品策略

全新产品是指采用新原理、新材料及新技术等生产出来的产品，与现有产品几乎没有相同之处。一个全新产品的问世，从理论到应用，从实验室到大批量生产，不仅需要较长时间和大量的人力物力投入，而且对企业研发能力有极高的要求。在国际市场营销中，有些国际市场具有完全不同于其他市场的需求，需要国际营销者开发全新产品以更好地满足该市场的需求。

（四）产品收购策略

当企业具有雄厚的资金实力，并且发现对自己所掌握的现有产品进行改进或开发全新产品都有相当大的难度或需要太长的时间，那么实施产品收购策略也是一种很好的选择。产品收购策略是指国际营销者收购国际目标市场上已有的产品，并对所收购产品进行必要的改进后再推向市场的一种做法。企业在决定采取产品收购策略时，必须对欲收购的产品进行全面考察和评估，考察内容主要包括：目前产品的市场竞争力及销售情况，未来可能的销售情况，产品技术先进性，需要改进的程度及投入，可能的收购障碍等。产品收购策略有助于企业及时抓住市场进入机会。

二、国际产品的扩散

当企业根据海外目标市场特征设计并生产出适销对路的产品后，都希望这些产品尽快得到当地市场的认可、接受，并尽快占领当地市场。但产品能否在当地扩散开来，往往需要一定的过程，而且这个过程的长短与多方面因素有关，其中包括产品的原产地效应和产品的创新特征与产品扩散。

（一）原产地效应

原产地效应是指消费者对外来产品或外来品牌的态度，往往会受其原产地的影响，进而影响品牌形象和产品在海外市场的销售、扩张。消费者态度可能是积极的也可能是消极的。例如，中国产的丝绸、法国产的香水、意大利产的皮革制品在世界多数国家都非常受欢迎，而美国产的丝绸、中国产的香水就不一定在每个国家都能够打开销路。原产地效应可能会加快产品在海外市场的扩散，也可能成为制约产品扩散的障碍。

原产地效应与母国的传统优势有密切关系。例如，丝绸的生产制造是我国几千年的传统优势，中国丝绸做工考究、品质优良的形象也已经在全球范围内根深蒂固；而皮革制品长期以来是意大利人的优势，因此，来自意大利的皮革制品得到世界各国消费者的青睐。原产地效应还与母国工业化进程有密切关系，美国、德国、日本工业化程度高，技术领先，所以来自这些国家的产品，尤其是工业技术含量高的产品，人们会认为其技术先进、质量过硬，并选择购买。而对于发展中国家或工业化初期的国家，产品技术含量越高，其产品的海外营销和市场扩张就越困难。原因在于：人家不相信这些国家能开发和提供满足需要的高质量产品。因此，原产地效应就成为企业国际化的重要障碍。海尔在美国、西欧等发达国家市场上所走过的艰难道路，就说明了这一点。此外，消费者由于民族情结、自身经历或道听途说，也会对来自某些国家的产品持有偏见。

对于来自发展中国家的企业来说，原产地效应往往是消极的，是企业国际化的重要障碍。因此，企业必须想方设法克服它。一方面，企业要投入相当多的资金进行市场宣传、推广和渠道建设，要加强与当地企业的合作，以尽快获得更多人或组织的认同和支持。另一方面，企业必须不断增强其研发能力，以开发出能够满足发达国家市场需要的产品。一旦市场熟悉了某种外来产品，成见也就渐渐消失了。例如，经过海尔、TCL等中国企业多年的努力，中国生产的家用电器在美国市场的形象大有改观。

（二）产品创新特征与产品扩散

一般来说，人们对外来产品的感觉越新颖，市场接受该产品的过程就越长，市场扩散也就越难。那么，人们是如何形成对一个新产品的感知的呢？如果国际营销者了解了消费者的感知体系，就有可能通过采取一定的营销措施来改变消费者对产品的新颖程度的看法，进而加快产品的市场扩散。

分析产品的创新特征有助于营销者把握市场对产品的接受程度。在这里，产品的创新特征是相对于当地已有产品而言的，虽然这些特征与产品所采用的技术有关系，但并非是对技术所进行的比较，可能影响产品扩散的特征包括以下方面。

1. 相对优势

相对优势，即相对于当地原有产品，新产品是否传递了更多的顾客价值，如性能更为卓越、经济性更强或更安全环保等。谁带给顾客的价值多，谁就拥有相对优势。另外，价格便宜也可以成为相对优势。

2. 兼容性

兼容性，即产品所代表的消费模式或生活方式与当地消费者可接受的行为规范、准则、价值观等的吻合程度。兼容性越强，消费者越容易接受新产品。

3. 复杂性

复杂性，即与产品使用有关的复杂性。产品越复杂，消费者越不容易认识和接受，目前市场上经常可以看到一些"速成类"产品，如管理学十日通等，就是为了降低产品的复杂性，以提高其采用率。

4. 可试验性

可试验性，即因购买和使用新产品可能产生的经济风险或社会风险。购买新产品是一件有风险的事情，如购买的产品不能满足功能需要，就可能给购买者带来经济损失；或者新产品代表的消费模式与传统习俗有冲突，就可能给购买者带来社会风险。可能产生的风险越小，即可试验性越强，消费者就越愿意尝试购买新产品。

5. 可传播性

可传播性，即产品可以被传播的容易程度。产品好处越多，而且这些好处很容易向周围的人进行介绍，那么产品扩散就越快。口碑效应是比任何广告或营业推广活动都有效的促销手段。

通过分析，我们可以看出，产品被接受的程度与产品的相对优势、兼容性、可试验性、可传播性成正相关关系，而与产品的复杂性成反相关关系。我们还可以看到，这几个特征之间有一定关系。例如，产品的兼容性会影响其可试验性，如果产品所代表的消费模式与当地消费者固有的价值观相冲突，那么购买者就可能承担被周围人指责的社会风险。产品优势的可传播性与其复杂性有直接关系，即使产品有许多相对优势，如果它们很复杂，难以向周围的人进行清楚的解释，也会影响到产品的扩散。

营销者或市场研究者要切记，是消费者而不是营销者对产品创新特征的评价至关重要。营销者根据自己的认识，对产品创新特征做出主观判断，进而预测产品被市场接受的程度，等于是陷入了自我参照准则的陷阱，忽视了文化差异的影响。

国际营销者一旦认识了消费者的感知体系，就可以采取一定的措施来影响消费者对产品的感知，进而影响市场对产品的接受程度。当然，这些措施一定要围绕新产品的上述五个创新特征来设计。

 案 例

奢侈品 LV 的原产地效应

国际顶级奢侈品品牌 Louis Vuitton（LV）自 1854 年创始以来，一直是法国乃至全球时尚奢侈品的常青树与风向标。历经一百多年的发展，从欧洲走红全球，经久不衰。1998 年，LV 的全球首家旗舰店在巴黎香榭丽舍大道 101 号隆重开业，凭借强大的品牌吸引力与优越的地理位置，迅速成为巴黎的一大"看点"，也是初到巴黎"血拼"的中国消费者必会光临的商行。一些自由行的顾客为了买 LV 专程从国内飞到巴黎，很多旅行团在参观完凯旋门后会组织顾客在香榭丽舍大道 LV 旗舰店参观选购。

1. 价格因素

对于好面子但预算较为紧张的中低端消费者而言，价格通常是他们购买奢侈品时考虑的首要因素。为了保持其高贵的姿态，奢侈品拒绝推销，限制产量，始终维持一种"拉"的姿态，因此价格普遍偏高，且波动性很小。自 2006 年 4 月 1 日起，中国内地开始就游艇、高尔夫球及球具、高档手表等高档消费品征收消费税，并进一步扩大对奢侈品消费征税的趋势。高税率使得赴法购买奢侈品的中国顾客纷至沓来，"便宜"也成为中国中低端消费者对在原产国购买奢侈品最直观的印象。相比之下，国内高昂的奢侈品价格只会让中低端消费者望而却步。

2. 产品与购物环境的多样性

如果低价是吸引中低端消费者的首要因素，那么多样的产品选择和购物环境则是高端消费者光临巴黎旗舰店的重要原因。作为 LV 新品展示的重要窗口，香榭丽舍大道 LV 旗舰店定期推出最新款的 LV 产品，而这些新款产品在中国国内上市的时滞通常会在半

年以上，一些限量版产品甚至不会在中国市场发售。旗舰店还会根据推出新款产品的设计理念不定期改变店面外观和店内陈设布局，营造"主题购物"的氛围，同时还会推出LV限量版产品以及LV发展历程回顾的展示。走进香榭丽舍旗舰店，仿若走进一座LV博物馆。相较于上海恒隆广场LV旗舰店颇具现代风格的装饰风格，奥斯曼的风格的香榭丽舍大道LV旗舰店庄重而富有变化，雄健而不失雅致，蕴含了厚重法国韵味与奢侈气质，与有着三百年历史的香榭丽舍大道交相辉映，更具有稀缺性，也能吸引世界各国顾客的眼球。

3. 服务体验

如果说产品与店面装饰是旗舰店营销的物质承载，那么店内的服务则是其企业精神的承载。在旗舰店销售人员的管理上，LV奉行了一套全球标准化管理机制，香榭丽舍大道LV旗舰店，则是其他地区销售网点在产品与服务的重要参照系。据调查，LV旗舰店从销售人员到业务经理再到高级主管，存在较为明显的层级关系。店员从着装到语言，甚至是站姿和微笑都必须遵守一套严格的服务规范，对于产品的设计理念与美学特征，以及不同年龄与收入顾客的心理都要有清晰的认识。LV希望其服务与其产品一样，体现出卓尔不群的尊贵。

4. 象征意义

如果奢侈品品牌通过对自身销售策略调整与标准化，在价格、购物环境、产品多样性以及服务体验上实现了一致，那么原产地的象征意义，则是其他任何地方无法具备的稀缺资源。原产地旗舰店，有着奢侈品最为深刻的象征内涵，是原产地旗舰店的精髓所在。这种内涵往往是追求更高层次享受的奢侈品消费者看重的附加价值。LV品牌产品的精致、时尚、高贵、典雅的特点与巴黎"时尚之都"的美誉，还有法兰西民族浪漫高雅、追求自由与个性、自信乃至自负的民族特征一脉相承，香榭丽舍大道LV旗舰店无论从内部装潢，还是服务都将这种民族个性发展到了极致。

资料来源：孙嘉禾，于江华. 为何要去法国购买LV——浅析奢侈品旗舰店的原产地效应 [J]. 经济研究导刊，2013 (22)：273-274.

讨论与思考

1. 国际产品生命周期包括哪几个阶段？形成了哪几种模式？
2. 简述与直接出口相联系的国际营销策略。
3. 间接出口主要是通过哪些公司、以何种形式进行的？
4. 为什么在国外投资设厂已成为国际商品市场间接营销策略的重要内容？

案例导读

IKEA（宜家）的经营理念是"提供种类繁多、美观实用、老百姓买得起的家居用品"，这就决定了宜家在追求产品美观实用的基础上要保持低价格，事实上宜家也确实是这么做的。那么，宜家是如何在保持"美观实用、种类繁多"的基础上实现低价格策略的呢？在实际运营中，低价格策略一直贯穿在宜家产品设计（造型、选材等）、OEM厂商的选择/管理、物流设计和卖场管理流程当中。IKEA的研发体制非常独特，能够把低成本与高效率结合为一体。

首先，宜家创造了一套低成本设计理念及模块式设计方法。IKEA的设计理念是"同样价格的产品，比谁的设计成本更低"，因而设计师在设计中的争论焦点常常集中在是否少用一个螺钉或能否更经济地利用一根铁棍上，这样不仅有降低成本的好处，而且往往会产生杰出的创意。IKEA发明了"模块"式家具设计方法（宜家的家具都是拆分的组装货，产品分成不同模块，分块进行设计。不同的模块可根据成本在不同的地区生产；同时，有些模块在不同家具间也可通用），这样不仅使设计的成本得以降低，产品的总成本也会降低。模块化家居售卖组合模式，可以使顾客按需求分期分件购入。

其次，先确定成本再设计产品在宜家有一种说法："我们最先设计的是价签"。设计师在设计产品之前，宜家就已经为该产品设定了比较低的销售价格及成本，然后在这个成本之内，尽可能做到精美、实用。例如，邦格杯子的设计者，产品开发员 Pia Eldin Lindsten 在接到设计一种新型杯子的任务时，就被告知这种杯子在商场应卖多少钱。也就是说，在设计之前，IKEA就确定这种杯子的价格能够击倒竞争对手。

再次，产品设计过程中重视团队合作。单纯靠设计师很难在设定的很低价格内完成高难度的精美设计、选材，并估计出厂家生产成本。设计师背后是一个研发团队，它包括设计师、产品开发人员、采购人员等，只有这些人密切合作，才能够在确定的成本范围内做出各种性能变量的最优解。他们在一起讨论产品设计、所用的材料，并选择合适的供应商。每个人都利用自己的专门知识在这一过程中发挥作用。例如，采购人员的作用是与世界范围内供应商保持良好的联系，了解哪家供应商能够在适当的时间，以适当的价格，并在此基础上以最优的质量来生产这种产品。

最后，能够为了节省成本而考虑得面面俱到是产品设计中的关键，它直接影响产品的选材、工艺、储运等环节，对价格的影响很大，宜家的设计团队在产品从生产到销售的各个环节都必须进行充分的考虑。还以邦格杯子设计为例：为了以低价格生产出符合要求的杯子，设计师及其同事必须充分考虑材料、颜色和设计等因素，例如，杯子的颜色选为绿色、蓝色、黄色或者白色，因为这些色料与其他颜色（如红色）的色料相比，成本更低；为了在储运、生产等方面降低成本，设计师最后把邦格杯子设计成了一种特殊的锥形，因为这种形状使邦格杯子能够在尽可能短的时间内通过机器，从而达到节省成本的效果；不仅如此，邦格杯子的尺寸还能使生产厂家一次性在烘箱中放入杯子的数量最多，这样既节省了生产时间，又节约了成本。

宜家对成本的追求是无止境的，其后又对邦格杯子进行了重新设计，与原来的杯子相比，新型杯子的高度矮了，杯把儿的形状也进行了改进，可以更有效地进行叠放，从而节省了杯子在运输、仓储、商场展示以及顾客家中碗橱内占用的空间，进一步降低了成本。

定价策略，是市场营销组合中一个十分关键的组成部分。价格通常是影响交易成败的重要因素，同时又是市场营销组合中最难以确定的因素。企业定价的目标是促进销售，获取利润。这要求企业既要考虑成本的补偿，又要考虑消费者对价格的接受能力，从而使定价策略具有买卖双方双向决策的特征。此外，价格还是市场营销组合中最灵活的因素，它可以对市场做出灵敏的反应。

产品的价格关系产品的销量，关系企业的利润，是企业走向成功的重要因素。因此，定价策略是企业开拓国际市场普遍关注的一个问题，更是国际营销组合中一个十分敏感的部分。

资料来源；https://wenku.baidu.com/view/e118b351b91aa8114431b90d6c85ec3a86c28b7a.html?_wkts_=1713268004684.

第一节　国际营销定价的影响因素

在国际营销中，产品价格构成比国内价格复杂得多，包括生产成本、运输费用、装卸费用、仓储费、保险费、关税、佣金和折扣，以及由于承担有关责任和风险而产生的费用，还包括利润等。

为了对国际营销产品进行合理定价，需要了解影响价格形成的因素。一般来说，影响价格形成的因素有企业定价目标、产品成本、供求状况、国际市场竞争状况及公共政策等因素。

一、企业定价目标

定价目标是企业确定价格策略的基础，它直接关系到企业的盈利能力和市场地位。常见的定价目标包括利润目标、市场目标和竞争目标。

（一）利润目标

利润目标通常指利润最大化定价目标，是企业将实现利润最大化作为自己本期的经营目标。如果企业希望以最快的速度收回初期开拓市场的投入并获取最大的利润，往往会在已知产品成本的基础上，为产品确定一个最高价格，以求在最短时间内获取最大利润。

企业在较准确地掌握某种产品的需求与成本函数的情况下，可以通过建立数学模型得到利润最大化的商品价格。此时，需求函数为：

$$Q = a - b \cdot P$$

式中，Q 为产品的需求量；a，b 为大于 0 的常数；P 为产品的价格。该函数体现了需求随价格变化而变化的一般关系。

成本函数为：

$$TC = FC + VC \cdot Q$$

式中，TC 为生产某产品的总成本；FC 为固定成本；VC 为变动成本。

总收入函数为：

$$R = P \cdot Q$$

式中，R 为总销售收入。

由此可得，总利润：

$$Z = R - TC$$
$$= P \cdot Q - (FC + VC \cdot Q)$$
$$= P \cdot (a - b \cdot P) - [FC + VC \cdot (a - b \cdot P)]$$

对利润函数求导得：

$$dZ/dP = a + b \cdot VC - 2b \cdot P$$

当 $dZ/dP = 0$ 时，Z 有极大值，所以 $P = (a + b \cdot VC)/2b$ 为企业获得最大利润时的产品价格。

采用这种定价策略，会使企业面临两种风险：第一，当前利润最大化，有可能会丧失扩大市场份额的良好时机，从而损害企业的长远利益；第二，对产品需求弹性的测定和对产品生产、销售总成本的预计往往会有偏差，由此定出的价格可能不太准确，企业可能会因定价过高而达不到预期销售量，或者因定价低于可达到的最高售价而蒙受损失。

（二）市场目标

企业的市场目标是考察企业的市场占有率。企业的市场占有率是决定企业盈利情况的最重要因素，市场占有率变化方向基本上与企业的盈利水平一致。

（三）竞争目标

1. 维持现状

当企业产品不为消费者所了解，产品在市场上销售不畅时，企业的产品定价目标是只要出售产品的收入能弥补变动成本的支出，其价格就是可以接受的。

2. 避免竞争

避免竞争的策略主要有两种情况：第一种是弱势产品通常会将价格设定在接近主要竞争者的水平，以减少直接的价格竞争；第二种情况是弱势产品通过其他非价格竞争的方式，如提升产品质量、服务或品牌影响力，来避免与强势竞争者正面交锋。

二、产品成本

在商品的价格构成中，成本是制定价格的主要依据和最低经济界限。国际市场商品的成本，除产品的制造成本外，还有许多国际营销所特有的成本项目。

产品的制造成本是产品价值货币表现的主要部分，制造成本一般对产品定价的影响最大，当制造成本发生变化时，价格一般会随之变动。制造成本的范围主要有原材料和辅助材料费、燃料和动力费、工资和福利费、产品装潢和包装费、固定资产折旧和待摊费、企业管理费等。这些制造成本项目，外销产品与内销产品差别不大。但在国际营销中，则有较多的费用发生，主要包括以下部分。

（一）生产成本

考察一个企业，主要考察它的使用资本、劳动和原料等投入，从而得到产出。表 7-1 说明了不同产出水平的总成本。观察第一列和第四列，可以看到总成本随着产量的增加而增加，这是很自然的，因为要得到某一物品的更多产量，就必须使用更多的劳动和其他投入；增加生产要素会引起货币资本的增加。例如，生产 2 单位的物品总成本为 110 元，生产 3 单位的产品的总成本是 130 元，等等。企业总试图以最低的成本创造最高的产出。

表 7-1　不同产出水平的总成本

产量（Q）	固定成本（FC）/元	可变成本（VC）/元	总成本（TC）/元
0	55	0	55
1	55	30	85
2	55	55	110
3	55	75	130
4	55	105	160
5	55	155	210
6	55	225	280

固定成本也称"固定开销"或"沉淀成本"，它由许多部分组成，如厂房和办公室的租金、合同规定设备的费用、债务的利息支付、长期工作人员的薪水等。即使企业的生产量是零，也必须支付这些开支。而且，即使产量发生变化，这些开支也不会发生改变。

表 7-1 中的第三列显示的是可变成本，可变成本是随着产出水平的变化而变化的那些成本，包括产出所需的物料、为生产线配置的生产工人、工厂进行生产所需要的能源等。

总成本是固定成本和可变成本的和。

（二）分销成本

产品从生产地流通到最终消费者，要经历相应的环节，其间必然发生相应的费用，即为分销成本。分销成本主要包括运输费用和支付给中间商的费用。

（三）运输成本

确定产品国际市场价格时必须把运费考虑进去，并注意国际市场运价状况。按照国际贸易惯例，我国企业进出口产品使用较多的是 FOB（装运港船上交货）、CFR（成本加运费）和 CIF（成本加运费和保险费）这 3 种贸易术语。对于出口国来说，使用较多的是后两种，通常由卖方负责支付运输费用。

（四）关税

关税是当货物跨越国境时所缴纳的费用，是一种特殊形式的税收。关税是国际贸易最普遍的成本之一，它对进出口货物的价格有直接的影响。征收关税可以增加政府的财政收入，而且可以保护本国市场。关税额的高低取决于关税率，可以按从量、从价或混合方式征收。

（五）通货膨胀

在通货膨胀国家，成本可能比价格上涨得快，而且政府往往为了抑制通货膨胀还对价格、外汇交易等进行严格的管制。企业必须做好对成本价格和通货膨胀率的预测，在长期合同中规定价格调整的条款，并且尽量缩短向买方提供信用的期限。

（六）汇率成本

汇率波动是国际贸易中经常面对的问题之一，其风险成本也必须考虑。由于发达国家的货币基本上采用浮动汇率制度，因此，这些主要货币之间的比价变动使得人们很难准确地预测某种货币未来时期的确切价值。

（七）融资成本

国际营销的一项交易从买卖双方开始磋商到最后付款，所花时间通常较长，容易造成企业资金的短缺，增加企业的资本成本。资本成本在不同的国家是不一样的，通常发达国家的利率要低于发展中国家。因此，如果企业使用利率较高国家当地的信贷来支持生产和营销，可能会用较高的价格把高利率成本转移到买方。

三、供求状况

产品的最低价格取决于该产品的成本费用，而最高价格取决于产品的市场需求状况。各国的文化背景、自然环境、经济条件等因素不同，决定了各国消费者对相同产品的消费偏好不尽相同。要使制定的价格政策能实现企业定价目标，企业需要深入研究目标市场消费者的消费习惯及收入分布情况。

四、国际市场竞争状况

产品的最低价格取决于该产品的成本费用，最高价格取决于产品的市场需求状况。对许多种类的产品来讲，竞争因素是影响产品价格最为重要的因素。市场竞争按其程度可分为完全竞争、完全垄断、不完全竞争和寡头垄断四种类型。

在完全竞争条件下，由于买卖双方对商品的价格均无影响力，价格只能视供求关系而定。因此，企业只能接受现实的价格。

在完全垄断条件下，由于某产品完全被一个垄断组织所控制，因而该组织拥有较大的定价自由。但是，垄断组织在制定价格时，也必须考虑比较高的价格可能会引起消费者的反感和政府的干预。

在不完全竞争条件下，对价格的影响力是由企业对市场的控制能力决定的。

在寡头垄断条件下，由于同时包含垄断因素和竞争因素，因而是更接近于完全垄断的市场结构，价格通常由各寡头相互协调所决定。

五、公共政策

东道国政府可以从很多方面影响企业的定价政策，如关税、汇率、利息、竞争政策以及行业发展规划等。作为出口企业，不可避免地会遇到各国政府有关价格规定的限制，遵守政府对进口商品实行的最低限价和最高限价，这就约束了企业的定价自由。对定价有直接影响的政策与法令，主要包括两方面。

（一）价格控制

相当多的国家，包括西方国家，在经济状况不佳或通货膨胀严重时，都对价格实行严厉控制。例如，比利时政府曾规定厂商每年只能申请两次提价，还曾宣布对所有商品价格全面冻结，以减缓通货膨胀。政府控制价格，包括直接参与定价（如制定最低、最高价格）、规定商业毛利等。

（二）反限制性贸易活动和贸易垄断

大多数西方国家有反限制性贸易活动和反贸易垄断的立法。限制性贸易活动是指那些倾向于阻碍、限制和曲解竞争或一致性活动，主要包括竞争双方的价格协议，竞争双方的市场分配，差别对待的定价或销售，拒绝供应、抵制对手等。贸易垄断，不仅是指实实在在的独占，而且指市场控制或吞并以及获得能控制市场的领导地位。

六、其他因素

（一）市场条件

市场条件主要指运输距离、消费习惯与偏好等因素。商品运输距离不同，会直接影响运费和保险费，从而影响市场价格。例如，我国松香主要出口欧洲市场，由于距离远，运费支出多，受到葡萄牙日益激烈的竞争。为了保住这一市场，我国只能压低松香的价格。

消费习惯和偏好不同，导致各个市场对同种商品需求不同，从而影响价格。例如，我国东北大豆的蛋白质含量比美国大豆高，适宜做豆腐，符合日本人爱吃豆腐和豆制品的消费习惯，因此，我国大豆在日本市场的价格比美国大豆高。美国大豆含油量比我国高，而芬兰进口大豆主要是为了榨油，因此，在芬兰市场上美国的大豆价格比我国的高。

（二）商品质量与包装装潢

商品的质量、包装装潢对价格影响也很大。国际市场是按质论价，好货好价，次货低价，名牌优价。商品包装的好坏在一定程度上制约价格的高低。美观大方、小巧方便的包装能卖好价，而粗糙笨重的包装就很难卖出好价。例如，我国的小包装茶叶就比箱装茶叶市场价格高出 20%。

此外，付款条件、结算币种的选择等都会直接影响市场价格。

 案　例

哈根达斯的撇脂定价

哈根达斯由鲁本·马特斯（Reuben Mattus）于 1961 年创立，主要生产冰激凌等产品。Reuben Mattus 是一个波兰人，从小和母亲售卖冰激凌，正因如此，Reuben Mattus 产生了制作高级冰激凌的想法。哈根达斯于 1996 年进入中国市场，并把其产品定位于高端产品，实行撇脂定价策略。因为其产品的制作一直选用上好的原料，所以赢得了顾客的良好口碑，促进了其快速发展。哈根达斯产品的原料来自世界各地，百分之百全天然原料，不含色素和添加剂等化学成分。哈根达斯店里用于当天售卖的冰激凌会储存在-18 ℃的环境中，而需要较长时间储存的冰激凌则保存在-26 ℃的环境中，充分显示了其对品质的精益求精。哈根达斯的产品非常贵，其中，套餐系列一般在 140 元左右，一般的冰激凌球在 30 元左右，选择在餐厅里消费的人一般人均消费 70 元，而选择打包带走的人，人均消费 50 元。高价也保证了其高质量的产品标准，创造出了与其他品牌的不同之处。哈根达斯在中国市场的定位是高端消费者，这与中国市场其他品牌的冰激凌有很大的区别，也是其能够在中国市场成功的一个重要因素。

资料来源；李雪菊，徐雨佳，崔晨明. 撇脂定价的应用 [J]. 中外企业家，2020（17）：95.

第二节　国际营销定价目标、原则和程序

一、定价目标

企业在确定商品价格前，首先要确定定价的目标。只有定价目标确立后，才能确定相应的定价策略。不同的产品在不同的市场情况下，会有不同的定价目标。

（一）利润导向目标

利润导向目标是指企业在定价时，直接将利润高低作为企业的定价目标，利润导向目标分三种。

1. 短期利润最大化目标

短期利润最大化目标是指企业通过最大可能抬高价格的形式，在短期内获得最大利润，也叫撇脂定价。

这种定价策略适用于企业具有领先的生产能力、技术水平和产品质量，同时企业在行业竞争中占有绝对优势，产品在市场上供不应求且替代品稀缺或不存在的情况。

2. 获取预期收益目标

获取预期收益目标是指企业以预期收益为定价目标。预期收益是指预计的总销售额减去总成本额的差额，通常用投资收益率和销售收益率进行衡量。

这种定价策略适合垄断企业，同行业中资金雄厚、竞争实力强的企业，以及为了避免追求最大利润可能带来的风险而追求稳定收益的企业。

3. 获得适当的利润目标

获得适当的利润目标是指企业追求中等程度的平均利润，或者说与企业的投资额及风险程度相适应的利润水平。

这种定价策略适合没有特殊条件或优势，追求稳妥的企业。同时，由于资本有限或需求的限制，无法达到最大利润的生产规模的企业也可能选择这种策略。

（二）销售导向目标

销售导向目标是指企业将商品销售额作为定价目标，通过销售额的增长来提高企业市场占有率，提高利润，销售导向目标分三种。

1. 以促进销售额为定价目标

以促进销售额为定价目标是指通过确定适当的价格来扩大销售量。这种定价目标是通过价格的调整来增加产品的需求和销售量。

销售额与利润之间存在一定的关系：在价格适当的情况下，销售额的增加可以带来利润的增加。然而，当价格低于成本时，虽然销售额可能会增加，但利润反而会减少。

此外，销售额与市场份额之间也有一定的关联：在价格不变的情况下，增加销售额可以带来市场份额的增加。然而，当价格降低时，虽然销售额可能会增加，但市场份额不一定会增加，甚至可能会减少。

2. 以提高市场占有率（份额）为目标

绝对市场占有率是指企业的产品销售量占市场上同一种产品全部销售量的百分比。相对市场占有率是指本企业的市场占有率与在同行业占有统治地位的企业的市场占有率的比率。

市场占有率与价格利润的关系可概括为：市场占有率高，在价格不变的情况下，销售额就高，利润也高；而且，市场占有率高的企业，在市场的定价发言权的主动性也高。

企业要有充足的产品资源和较大规模的生产能力，在以低价提高市场占有率时，要合理掌握低价的限度。

3. 以达到预定销售额为定价目标

事先确定一个要达到的销售额目标，然后确定价格。价格形式可以是高价，也可以是低价。

（三）竞争导向目标

竞争导向目标是指在市场竞争激烈的情况下，企业以保持或巩固企业的竞争地位为定价目标。

1. 稳定价格目标

为了保护自己，打算长期经营，巩固市场占有率，用稳定价格的形式避免竞争，稳定利润。该目标适用于实力雄厚、规模较大、在同行业处于领先地位的大公司，产品供求比较正常、竞争不太激烈的公司。

2. 应付或避免竞争目标

以同行业的大企业价格为标准，与之保持一定的水平差距，以免在竞争中失败。该目标适用于难以和大企业竞争的中小企业。

3. 战胜竞争者目标

通过制定价格，使本企业销售额迅速扩大，以占领市场，战胜竞争对手。该目标适用于产品质量好、产量高、有实力与竞争者抗衡的企业。

二、定价原则

（一）法制性原则

在商业活动中，遵守国家有关的价格法规和价格政策是至关重要的，这不仅是为了确保企业的合法经营，也是为了维护市场秩序和公平竞争。企业应该了解并遵守这些法规和政策，避免任何可能触犯法律的行为，以确保企业的长期稳定发展。

（二）经济性原则

经济性原则是指企业在制定营销策略时，应以实现企业经济效益的最大化为目标。这意味着企业应该通过合理的定价策略、有效的促销手段以及精细的库存管理，来提高产品的销售量和利润。企业应该综合考虑市场需求、成本、竞争等因素，以实现经济效益的最大化。

（三）竞争性原则

竞争性原则是指企业应该积极参与市场竞争，不断提高自身的竞争能力。这包括提升产品质量、加强品牌建设、优化销售渠道、降低成本等。企业应该密切关注市场动态，及时调整策略，以应对竞争对手的挑战，保持竞争优势。

（四）整体性原则

整体性原则是指企业的营销活动应该与企业整个营销组合保持一致。营销组合包括产品、价格、促销和渠道等要素，这些要素之间应该相互协调，形成一个有机的整体。企业应该综合考虑各种因素，包括产品特点、消费者需求、竞争状况、法律法规等，以确定符合整体性原则的营销策略。同时，企业还应该关注营销策略与其他企业战略之间的协调性，以确保企业的整体发展。

三、定价程序

（一）选择定价目标

企业的定价目标首先要从企业的营销目标出发，对市场商品供求状况、市场竞争状况，以及定价策略和市场营销的其他因素综合考虑加以确定。企业营销目标不同，定价目标也就不同。不同的企业可以有不同的定价目标，同一企业在不同时期、不同条件下也有不同的定价目标。因此，企业在选择定价目标时，应权衡各种定价目标的因素和利弊，慎重加以选择和确定。

（二）估算成本

根据企业营销能力，计算成本费用和销量界限。企业生产经营商品的成本费用，是确定商品价格的基础。商品价格高于成本，企业才能盈利，因此，企业定价必须估算成本。依照企业的商品成本与销售量的关系，可分为变动成本和固定成本两种。

1）变动成本

变动成本是指在一定范围内随商品销量变化而成正比例变化的成本，如商品进价、进货费用、储存费用、销售费用等。变动成本包括变动成本总额和单位变动成本。变动成本总额是指单位变动成本与销量的乘积；单位变动成本是指单位商品所包含的变动成本平均分摊额，即总变动成本与销量之比。

2）固定成本

固定成本也包括固定成本总额和单位固定成本。前者指在一定范围内不随商品销量变化而变化的成本，如固定资产折旧费、管理费等；后者指单位商品所包含的固定成本的平均分摊额，即固定成本总额与总销量之比，它随销量的增加而减少。

总成本即全部变动成本和固定成本之和。当销量为零时，总成本等于未营业时发生的固定成本。平均成本，指总成本与总销量之比，即单位产品的平均成本费用。企业获利的前提条件是价格不能低于平均成本费用。

（三）测定需求价格弹性

营销价格与商品供求关系密切。在一般情况下，价格与需求成反方向变化，价格上升，需求减少；价格下降，需求增加。这是供求规律的客观反映。在实际工作中，不同商品价格对需求量的影响是不同的，对企业的总收入影响程度也不相同，为此，企业要测定需求价格弹性。

（四）了解国家有关物价的政策法规

工商企业了解和执行国家有关物价的政策法规，不仅可以明确定价的指导思想，利用其为企业服务，还可以避免不必要的损失。

（五）分析竞争者的价格

现实的或潜在的竞争，对企业的商品定价有着重大的影响。一般情况下，企业某种商品的最高价格取决于这种商品的市场需求量，最低价格取决于这种商品的单位成本费用。在最高和最低价格幅度内，企业能把这种商品的价格水平定多高，又取决于竞争者的同种商品价格的水平。企业的市场营销人员应对市场竞争状况进行广泛细致的调查分析，尽可能清楚地掌握影响竞争者定价的全部情况，并估计其对本企业营销商品定价的影响，预测竞争者对企业营销商品定价的反应，从而为本企业营销的商品确定一个适当的市场地位。

（六）选择定价方法和定价策略

在分析测定以上各种因素之后，企业应选择适当的定价方法和策略以实现企业的定价目标。企业营销的商品价格受商品成本费用、市场需求和竞争状况的影响，企业制定商品价格时，要考虑这三方面的因素，结合本企业营销商品的实际情况，选择适当的定价方法和策略。

（七）确定营销价格

营销价格是面向顾客的价格。在确定了商品的基本价格后，有时需要使用一些定价策略和技巧来使商品的价格更有吸引力。

以上七个步骤，比较明确地界定了企业定价的有关因素。此外，还应考虑其他方面的要求、意见和情况。

企业确定最后价格时，还须考虑消费者的心理，并考虑企业内部有关人员、经销商、供应商等对所定价格的意见，以及竞争对手对所定价格的反应等，以使企业商品定价既能为顾客接受，又能为企业带来利益，有利于企业营销战略的实现。

案 例

惠普公司曾经成功研发了一项能够提升彩色激光打印机性能及清晰度的新技术，这项新的技术，大大改变了彩色打印效果。当这种经过技术改良的打印机产品试制成功后，惠普公司面临着市场定位和定价的难题：究竟是凭借新技术优势制定高价格入市，还是在原价的基础上原封不动呢？

惠普公司的营销高层经过市场调研分析，发现当时打印机市场上竞争对手的同类型打印机的售价在150美元左右，如果惠普新型打印机凭借这项新技术，制定高价格，例如，把价格定到250美元，那么，惠普公司可以赚到100美元，产品的毛利率会翻番。

但是，这种价格体系所产生的暴利诱惑，必然会吸引大批追随者进入，这些公司面对巨大的利润空间，必然会不惜研发成本以提升性能，造成打印机市场的一片混乱，各个品牌之间进行相互杀价，这种结果势必会损害到惠普既有的市场优势。

惠普公司通过对市场实际情况的种种分析，以及对自身利益的长远考虑，最终决定将价格定在185美元。这个定价可以有效阻止追随者的盲目加入。如果有追随者愿意花费巨额成本加入竞争，惠普还准备将价格调到160~175美元，使新对手无法收回成本，甚至可能出现亏损的状况。

对一件新产品的市场定价，是一个极其复杂的系统工程，如果有一个方面考虑不周，都将在无意间极大地损害自身利益。惠普所采用的这种价格战略，尽管从某种程度上损失了一定的利润，但是，从另一个角度来看，却成功实现了主要目标，那就是最大限度地扩大市场份额，把自己的竞争者阻挡在新型打印机市场门外。

资料来源：http://www.iqinshuo.com/1398.html.

第三节　国际营销定价方法

在国际营销中，企业必须采取适当的定价方法。下面从四种导向来说明企业的定价方法。

一、成本导向定价法

成本导向定价法是以产品的总成本为中心确定价格的定价方法，其主要优点在于简单易用、比较公平。其主要方法有成本加成定价法、目标利润定价法和损益平衡定价法。

（一）成本加成定价法

1. 概念及公式

成本加成定价法是一种传统的产品定价方法。这种方法是按产品单位成本加上一定比例的毛利定出销售价，多用于零售业。

成本包括生产成本（包括固定成本与变动成本）和经营成本（包括销售费用、管理费用、运费、关税等）。

成本加成定价法是企业最基本、最普遍采用的定价方法，但由于缺乏竞争性，没有考虑消费者的需要，因此很难定出最适宜的价格。

若以 C 表示产品单位成本，以 S 表示百分比，P 表示价格，则有：

$$P = C(1 + S) \tag{7-1}$$

式（7-1）中，C 除了指产品的生产成本外，还应考虑许多国际营销特有的成本项目，根据这些费用是由生产厂家负担，还是由出口商或进口商负担，决定是否将这些成本计算在内。

也可以从商品价格出发，倒扣一个百分比，求得进价：

$$C = P(1 - S) \tag{7-2}$$

式（7-1）称为顺加法，式（7-2）称为倒扣法，两者均有所应用。在美国，多采用倒扣法。我们对两种方法的运用进行分析。

例如，公司生产出口某型号的电视机 1 万台，每台固定成本 200 元，变动成本 1 000 元，预期利润率 10%。

用顺加法计算售价：

$$P = 1\ 200 \times (1 + 10\%) = 1\ 320(元)$$

用倒扣法计算进价：

$$C = 1\ 320 \times (1 - 10\%) = 1\ 188(元)$$

同一比例的加成，倒扣法算出的价格与成本和顺加法不同，从中我们可以认识倒扣法的作用。与顺加法相比，在成本相同的情况下，倒扣法有较高的价格，或者说市场价格相同，而倒扣率较低，其迷惑性较强；企业欲统一市场价格或维护既定的定价策略，可根据经营条件的不同给零售商以不同的扣率，从而形成统一的市场价格，以避免价格战。

2. 优点

成本加成定价法之所以受企业欢迎，主要是因为以下几方面的优点。

（1）相对于需求的不确定性而言，成本的不确定性一般比较低，根据成本决定价格可以大大简化企业定价的过程。即使企业对国外市场上的需求、竞争等因素了解不多，产品只要能卖出去，根据成本加成定出的价格就能保证企业的正常经营。

（2）如果同行业中所有企业都采取这种定价方法，则价格在成本与加成相似的情况下也大致相似，价格竞争也会因此减至最低程度。

（3）许多人感到成本加成法对买方和卖方都比较公平，当买方需求强烈时，卖方也不利用这一有利条件谋取额外利益，同时又能获得公平的投资报酬。

3. 缺点

成本加成定价法的主要缺点就是忽视了市场供求关系的变化及影响产品销售的其他因素。当市场出现供大于求时，因企业定高价而未及时改变，使产品难以销售出去；当市场出现供不应求时，产品定低价，一方面未能及时提高利润率以加快收回投资，另一方面使购买者认为企业产品质量低，影响企业和产品形象。

企业在使用成本加成法时要考虑通货膨胀的影响。如果通货膨胀率高于企业的加成率，那么即便企业的成本没有变化，产品的价格也或许已经上升，这会影响产品的最终价格。

（二）目标利润定价法

目标利润定价法亦称投资收益率定价法，它是根据企业的总成本和计划的总销售量

（或总产量），加上按投资收益率确定的目标利润作为销售价的定价方法。

这种方法的实质是将利润看作产品成本的一部分来定价，将产品价格和企业的投资活动联系起来，这样做一方面强化了企业经理的计划性，另一方面能较好地实现投资回收计划。国外的一些大型工业企业因为投资大，业务具有垄断性，又与公众利益息息相关，政府对它的定价有一定的限制，常采用这种方法。

企业使用目标收益率定价法，首先要估算不同产量的总成本，未来阶段总销售量（或总产量），然后决定期望达到的收益率，才能确定价格。其过程是：产品收益＝产品总成本＋目标利润，且产品收益＝产品单价×产销量，产品总成本＝固定成本＋变动成本×产销量。因此，产销量＝（固定成本＋目标利润）／（单价－变动成本）。用公式表示：

$$Q = (FC + R)/(P - VC)$$

仍以上例为例，设目标利润为 100 万元，单价为 1 320 元，则（2 000 000＋1 000 000）／（1 320－1 000）＝9 375（元）

在目标利润定价法中，价格与销量的关系是由需求弹性决定的。因此，在采用此法时，要明确：首先，要实现的目标利润是多少；其次，大致的需求弹性是多少。最后才考虑价格，从而把价格定在能使企业实现目标利润的水平上。

目标利润定价法的不足之处在于价格是根据估计的销售量计算的，而在实际操作中，价格的高低反过来对销售量有很大影响。销售量的预计是否准确，对最终市场状况有很大影响。企业必须在价格与销售量之间寻求平衡，从而确保所定价格能够实现预期销售目标。

（三）损益平衡定价法

这种方法按照生产某种产品的总成本和销售收入维持平衡的原则，来制定产品的保本价格。在具体计算时，先求出单位产品的固定成本和变动成本，再测出不同产量水平上的保本价格，其基本公式是：

单位产品保本价格＝企业固定成本/总产量＋单位产品变动成本

使用损益平衡定价法只能做到不赔不赚，无利润可言。但有时在短时期内，保本经营比停产的损失小得多。

二、需求导向定价法

需求导向定价法依据买方对商品价值的认识和需求程度定价，而不是依据卖方的成本定价。这种定价法往往使商品价格与价值背离幅度偏大，但仍以供求双方可以接受为限度。需求导向定价法，主要有以下几种方式。

（一）价值定价法

价值定价法是指尽量让产品的价格反映产品的实际价值，以合理的定价提供合适的质量和良好的服务组合。这种方法兴起于 20 世纪 90 年代，被麦卡锡称为市场导向的战略计划中最好的定价方法。

价值定价法与认知定价是有区别的，消费者对企业产品的认知价值是主观的感知，这并不等于企业产品的客观价值，有时两者甚至会出现较大的偏离。因此，企业价值定价的目标就是尽量缩小这一差距，而不是通过营销手段使这一差距往不利于企业的方向扩大。企业要让顾客在物有所值的感觉中购买商品，以长期保持顾客对企业产品的忠诚。

在零售业中，沃尔玛被认为是实施价值定价法的成功典范，它的"天天低价"策略比传统零售商的"高—低"定价策略（即平时的定价较高，但频繁地进行促销，使选定商品的价格有时会低于沃尔玛的价格）更加受顾客青睐。值得强调的是，所谓的低价是相对于商品的质量及服务而言的，任何以牺牲质量为代价的低价都是价值定价法所反对的。此外，价值定价不仅仅只涉及定价决策，如果企业无法让消费者在现有的价格下感觉到物有所值，那么企业就必须对产品重新设计、重新包装、重新定位以及在保证有满意利润的前提下重新定价。

（二）倒推定价法

这种定价方法不以实际成本为主要依据，而是以市场需求为定价的出发点。可以通过以下公式计算价格：

批发价＝零售价格/（1+零售商毛利率）

出厂价＝批发价格+（1+批发商毛利率）

显然，这一方法仍然是建立在最终消费者对商品认知价值的基础上的。它的特点是：价格能反映市场需求情况；有利于加强与中间商的良好关系，保证中间商的正常利润，使产品迅速向市场渗透；根据市场供求情况及时调整，定价比较简单、灵活。这种定价方法特别适用于需求价格弹性大、花色品种多、产品更新快、市场竞争激烈的商品。

（三）差别定价法

从根本上说，随行就市定价法是一种防御性的定价方法，它在避免价格竞争的同时，也抛弃了价格这一竞争武器。差别定价法则与之形成了鲜明的对比，一些企业依据企业自身及产品的差异性，特意定出高于或低于市场竞争者的价格，甚至直接利用低价格作为企业产品的差异特征。因此，主动降价的企业一般处于进攻地位，这就要求它们必须具备真正的实力，不能以牺牲顾客价值和顾客满意为降价的代价。而实施高价战略的企业只有保证本企业的产品具备真正有价值的差异性，才能在长期竞争中立于不败之地。

（四）区分需求定价法

这种定价方法是企业根据国际市场消费者的收入水平、消费习惯、需求状况等方面的差异，对同种商品确定不同的价格。这种方法在消费品的销售中比较适用。

企业在使用这种定价方法时，要充分考虑影响国际市场上销售水平的各种因素，灵活运用价格差异，主要包括：第一，对不同顾客群确定不同的价格，甚至可以讨价还价；第二，对外观不同的同种商品，规定不同的差价；第三，对不同季节、不同时间的同种商品或劳务，规定不同的季节差价。

三、竞争导向定价法

竞争导向定价法主要依据竞争者的价格定价。其特点是，只要竞争者价格不变，即使企业的生产和市场需求发生变化，价格也不动。

（一）随行就市定价法

大多数以竞争为导向定价的企业采用随行就市定价法，企业往往按同行业的市场平均价格或市场流行的价格来定价。这种方法可以比较准确地反映供求状况，获得合理收益。初级产品一般都有统一的世界市场价格，即交易所价格。如果企业产品价格高于世界市场

通行价格，很可能会面临无人问津的局面。

（二）密封投标定价法

当多家供应商竞争企业的同一个采购项目时，企业经常采用招标的方式来选择供应商。供应商对标的物的报价是竞标成功的关键，价格报得过高自然会得到更多的利润，但是减少了中标的可能性；反之，则可能由于急于中标而失去可能得到的利润。因此，很多企业在投标前往往会拟订几套方案，计算各方案的利润并根据对竞争者的了解预测计算出各方案可能中标的概率，然后计算各方案的期望利润，选择期望值最大的投标方案。

与密封投标定价法类似，还有一种拍卖定价法。它一般由卖方预先展出拍卖物品，买方预先看货，在规定时间公开拍卖，由买方公开报价，卖方从中选择最高价格成交。

四、市场导向定价法

市场导向定价法的主要意图在于巩固和改善企业已有的市场地位，防止新的竞争对手进入。这种定价方法，主要有以下三种。

（一）市场撇脂定价法

这种方法是指新产品上市之初，将新产品价格定得较高，在短期内获取厚利，尽快收回投资。这一定价策略就像从牛奶中撇取奶油一样，取其精华，所以称为撇脂定价策略。一般而言，对于全新产品、受专利保护的产品、需求的价格弹性小的产品、流行产品、未来市场形势难以测定的产品等，可以采用市场撇脂定价法。采取此法有利于企业获取丰厚利润，树立企业的良好形象。缺点是不利于进行市场拓展，容易使竞争加剧。因此，它适合新产品在最初投入市场时采用，但不可长期采用。

（二）市场渗透定价法

市场渗透定价法，又称低价法，与市场撇脂定价法相反，它是以一个较低的产品价格打入市场，目的是在短期内加速市场成长，牺牲高毛利以期获得较高的销售量及市场占有率，进而产生显著的成本经济效益，使成本和价格不断降低。市场渗透价格并不意味着绝对的便宜，而是相对于价值来讲比较低。其特点是薄利多销，以量取胜。但是，如果一味追求以低价取胜，就很可能导致企业亏损。

（三）温和定价法

这种定价法的出发点是适应市场竞争的需要，具体做法是通过市场调查，了解顾客对某种新产品的期望零售价格，即顾客愿意为某种产品所付的平均价格，然后据此测算出新产品的生产成本和其他费用应控制的范围，最后再在控制范围内组织生产。这种方法不同于常规的以产品定价格的做法，而是以价格定产品，旨在建立稳固的产品信誉，符合顾客的消费水平与消费心理，并且能够在较大水平上满足顾客的心理需要。它适用于日用消费品和技术、工艺要求不高的商品。

 案　例

美国休布雷公司：为产品制定合适的价格

当企业开发出一种新产品，准备推向市场时，定价这个决策就要执行了。定价策略是一门系统的艺术，定价的高低会使顾客心理产生微妙的变化，即便是一分钱的差距，也会使顾客的心理发生变化，导致消费行为发生转变。因此，价格定得好，不仅有助于销售，还能在一定程度上提高产品竞争能力。

休布雷是美国生产和经营伏特加酒的专业企业，其生产的史密诺夫酒在伏特加酒市场享有较高的声誉，市场占有率达 23%。20 世纪 60 年代，另一家企业推出一种新型伏特加酒，其质量不比休布雷企业的史密诺夫酒差，每瓶价格却比它低 1 美元。

面临对手的价格竞争，按照惯常的做法，休布雷企业有三种对策可以选择：降价 1 美元，以保住市场占有率；维持原价，通过增加广告费用和推销支出与竞争对手相对抗；维持原价，听任自己的市场占有率降低。

由此看出，无论休布雷企业采取其中哪种策略，它似乎都有损失。然而，该企业的市场营销人员经过深思熟虑之后，策划了对方意想不到的第四种策略，即将史密诺夫酒的价格再提高 1 美元，同时推出一种与竞争对手新伏特加酒一样的瑞色加酒和另一种价格低一些的波波酒。其实，这三种酒的品质和成分几乎相同，但实施这一定价策略却扭转了不利局面：一方面提高了史密诺夫酒的地位，使竞争对手的新产品沦为一种普通的品牌；另一方面不影响该企业的销售收入，而且由于销量大增，也使利润大增。

史密诺夫酒通过巧妙的定价策略，战胜了竞争对手，在市场中站稳了脚跟。由此可见，一个好的定价，有时候会给企业带来意想不到的良好销售业绩。但是，如果定价出问题，也会给企业的销售业绩带来负面影响。

定价是一个动态的过程，并非新产品推出之后价格就永远不变，定价也要随着产品的销售情况、竞争者的情况以及市场环境的变化而变化。价格是一个杠杆，而不是升 1 美元就高了，降 1 美元就低了的定点研究。有些企业会认为，价格杠杆的一端是成本，另一端是定价，他们用这个杠杆撬动销量。但优秀的营销者认为，杠杆的一端是企业，另一端是市场，他们用这个杠杆撬动利润。

价格杠杆是整个企业赢利模式的风帆，企业怎样运用价格杠杆，决定了企业的营销方式和赢利模式；企业营销必须学会撬动威力无穷的价格杠杆。

其实撬动价格这个杠杆的方法很简单，所有成功的运作都是提价时分阶段、分品种、分区域进行，降价的时候却必须一步到位。

对于营销者还要抓住一点，就是：不是通过价格去销售，而是把价格销售出去。

资料来源：http://www.iqinshuo.com/101.html.

第四节　国际营销调价策略

一、产品的提价策略

由于国际市场供求关系及竞争状况的变化，产品价格在不断变动，或是提高，或是下降。企业如果提高产品价格，就有可能引起消费者和国外中间商的不满，甚至本公司的销售人员也会表示异议。但是，一个成功的提价策略可以使企业的利润大大增加。产品价格提高，除了追求更高利润外，通货膨胀也是导致企业不断提高产品价格的因素之一。

世界范围内持续的通货膨胀，使企业的成本费用不断提高。与生产率增长不相称的成本增长速度，压低了出口企业的创汇幅度，使得许多企业不得不定期提高产品价格。为了应付国际上普遍存在的通货膨胀趋势，企业可以采取很多方法来调整价格。

（1）采取推迟报价的策略，即企业决定暂时不规定最后价格，等到产品制成时或交货时才规定最后价格。在工业建筑和重型设备制造等行业中，一般采取这种定价策略。

（2）签订短期合同，或者在长期合同中附加调价条款，即企业在合同上规定在一定时期内（一般到交货时为止）可按某种价格指数来调整价格。

（3）把产品供应和定价作为两个文件分别处理。在通货膨胀、物价上涨的条件下，企业不改变原有产品的报价，但将原来免费提供的某些劳务另外计价，不包括在原有定价范围内，这实际上提高了产品的价格。

（4）提高最小批量，减少价格折扣。企业削减正常的现金和数量折扣，限制销售人员以低于价目表的价格来签订合同。

（5）取消那些以前为增加产品种类，而实际上为企业带来利润低的产品。对成套出口的系列产品，可以在中间增加一些利润高的品种。

（6）降低产品质量或减少产品功能和服务。企业采取这种策略短期内能够获得一定的利润，但有可能影响企业声誉和形象，失去顾客的忠诚。

需要注意的是，企业提高产品价格后，应该使用各种渠道向客户说明提价原因并观察客户反应。企业的外销人员应该帮助客户解决因提价带来的各种问题。

第一，供不应求。企业的产品供不应求，不能满足所有顾客的需要。在这种情况下，企业也必须提价，或者对客户限额供应，或者两种措施共同采用。

第二，市场竞争。在国际市场营销实践中，企业会出于对竞争者价格或产品的考虑而提价。当同行业主导企业提价时，为了避免与其抵触所造成的损失，也会考虑随之提价。当企业产品在与竞争产品的抗衡过程中，已在顾客心理上确立了某种差别优势时，企业可以考虑利用自己的独特优势提价，但提价幅度必须是顾客能够承受的范围，且能够维系顾客忠诚的。如果提价幅度过大，差别优势就可能丧失，顾客将依据价格另选品牌，转向竞争产品。

二、产品的降价策略

在经济全球化的推动下，市场竞争从国内竞争扩展到国际竞争，企业由于诸多因素的交织作用，有时不仅不会提高产品价格，反而会降低产品价格。以下情况可能会导致企业降低价格。

（1）供过于求。当国际市场产品供过于求时，企业为了追加出口额，可能会千方百计地改进产品，增加促销手段或者采用其他措施。当这些均不能奏效时，就要考虑降低售价。

（2）竞争加剧。当国际市场上出现了强有力的竞争者时，往往会导致企业市场占有率的下降。例如，美国的汽车、消费电子产品、照相机、钟表等行业，由于日本竞争者的产品质量高、价格较低的竞争优势，丧失了一些市场份额。在这种情况下，美国的一些公司不得不降低价格竞销。

（3）成本优势。当企业进入国际市场的成本费用比竞争者低时，一般会考虑通过降低价格来扩大市场或提高市场占有率，从而扩大生产和销售量与竞争者竞争。

总之，企业在采取降价策略之前一定要考虑降价对整个产品线的影响以及对企业利润的影响。由于价格常常被视为产品质量的象征，当产品降价时，顾客可能以为产品质量出了问题，且怀疑原先受骗了，从而影响到产品线其他产品的销售。而且，降价势必会减少企业的收益，因此，必须权衡利弊，慎重选择此策略。

三、购买者对变价的反应

在国际市场无论是提高价格还是降低价格，都必然会影响到国外消费者对产品的购买，进而影响企业产品的销量。一般来说，当产品降价时，用户的购买量就会增加，但也可能由于其他因素影响顾客的购买量。例如，①认为降价的这种产品的式样老了，将被新型产品所代替；②认为这种产品有某些缺点，销售不畅才降价；③认为企业财务困难，难以继续经营下去才会降价销售；④认为价格还要进一步下跌；⑤认为现售的这种产品的质量下降了。

企业提高产品价格通常会使销售量减少，但是购买者也可能因提价而购买，例如，消费者认为提价的这种产品很畅销，不赶快买就买不到了，或者认为提价表明这种产品很有价值。

一般来说，购买者对不同价值的产品价格变动有不同反应。购买者对于价值高又是必需品的产品的价格变动是比较敏感的，对价值低、不经常购买的小商品的价格变动不大敏感。购买者对产品的价格变动，虽产生直接的反应，但他们通常更关心取得、使用和维护产品的总费用。因此，如果企业能使顾客相信某种产品购买、使用和维护的总费用较低就会积极购买，企业就可能把这种产品的价格定得比竞争者高，以取得较多的利润。

四、企业对竞争者变价的反应

企业改变价格策略时，不仅要考虑购买者的反应，还必须考虑竞争对手的反应。当某一竞争中企业数目很少，产品差别不大，购买者颇具辨别力与知识时，竞争者的反应就显得更为重要。

企业可以通过竞争者的内部资料或借助其他方法来进行估计。内部资料源于竞争者以前的雇员、顾客、金融机构、供应商、代理商或其他渠道。企业要调查研究竞争对手的财务状况、销售和生产能力、顾客忠诚度及企业目标等；如果竞争者的目标是提高市场占有率，他就可能随着本企业产品价格的变动而调整价格。如果竞争者的目标是取得最大利润，他可能会采取其他对策，如增加广告预算、加强促销或者提高产品质量等。总之，企业在变动价格时，必须善于利用企业内部和外部的信息来源，判断竞争对手的反应，以便采取适当的对策。针对竞争者做出的价格反应，企业可以采取以下的应变措施。

（1）维持原价。如果企业对产品一再降价，会造成较大的利润损失，便可采用这一措施。

（2）提高感受价值。企业可以通过改进质量、加强和用户之间的联系等手段来提高用户对产品的感受价值。

（3）降价。当企业发现市场需求弹性很大，夺回失去市场的代价远远高于降价所造成的损失时，企业可以采取降低价格的策略，以求扩大销售量。

（4）提高产品质量和价格。企业为了在竞争中采取主动进攻的策略，推出高质高价产品到国际市场销售，同时加强广告宣传与对手竞争。

案 例

奢侈品牌背后的涨价逻辑

受环境影响，2020 年，包括 Louis Vuitton（LV）、Chanel（香奈儿）、Prada（普拉达）等在内的国际一线奢侈品牌都有调价行为，幅度超过往年正常水平。以 LV 为例，2020 年 5 月 5 日，其中国专柜价格再次上调，其中一款 CANNES 水桶包的中国专柜价格从 17 900 元涨价到 19 400 元，上涨 1 500 元，涨幅约为 8%。涨价并非只针对中国地区，该款皮包在美国官网的售价也从 1 890 美元上涨至 1 980 美元，涨幅约 5%。而此前在 2019 年 9 月和 2020 年 3 月 4 日，LV 已对其全线产品进行了两次调整。也就是说，LV 品牌半年调价三次，超过了以往一年调价一至两次的传统。

事实上，奢侈品牌的涨价策略一直存在，经济下行期逆袭涨价自有其逻辑。

价格上涨的客观原因是原材料及生产成本上涨、国际物流成本增加。而这些奢侈品涨价，除了生产成本，还有劳动成本的严峻问题摆在各位奢侈品牌面前。头部奢侈品牌被迫关闭工厂，这势必导致产量的下滑，从而进一步推高产品单价。

价格上涨的主观原因是为了巩固品牌价值。奢侈品的消费群体本身就是一群对价格不敏感的消费者。在经济学中有一个名词叫"凡勃仑效应"，指一款商品定价越高，越能受到消费者的青睐。随着人们收入的增加，消费逐步由追求数量和质量过渡到追求品位格调，此时，"凡勃仑效应"就会出现。

奢侈品牌的核心价值就是社交货币，人们以 LV、Chanel 会友，奢侈品牌对他们来说就是一张个性鲜明的社交名片。当核心消费者发现奢侈品牌在提升价格时，更能感受到独特性和尊贵感。因此，稳健的涨价策略对于奢侈品牌来说是提升品牌价值的有效手段之一。

资料来源：https：//mp. weixin. qq. com/s/5y23vpCVYR_Ixzk-lYRUng.

讨论与思考

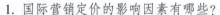

1. 国际营销定价的影响因素有哪些？
2. 国际营销定价的目标是什么？遵循什么原则？
3. 进行国际营销定价的程序是什么？
4. 企业定价的导向有哪些？
5. 常用的国际营销定价方法有哪些？
6. 国际营销调价策略有哪些？影响调价的因素是什么？

第八章 国际市场推销策略

案例导读

先吸引员工，再吸引顾客

服务性行业如何开展行销工作？有关学者在讨论这一问题时，特别强调服务性企业要对员工从事内部行销，对顾客则从事外部行销，而员工之间则交互行销，共同为顾客提供服务。由此观之，服务性企业的行销不仅要施之于顾客，还要及于内部员工身上，这与有形产品的行销稍有不同。

内部行销的两个层次

所谓"内部行销"，是指企业通过各种方式，激励员工以创造性的热情投身工作，以集体合作精神为顾客提供优质服务。内部行销的主要目的在于通过恰当的行销，使内部人员了解、支持外部行销活动。例如，赢得决策人员的支持，获得其他部门的充分配合，争取使行销计划顺利运作的相关人员的承诺；将行为观念由"我们一向这么办理"逐渐变为"为了成功，我们必须以最佳方式办理"。

依照克·格鲁诺斯的观点，内部行销计划可划分为两个层次：策略性内部行销与战术性内部行销。就前者而言，内部行销方案的目的在于通过制定科学的管理方法、升降有序的人事政策、企业文化的方针指向、明确的规划程序，来激发员工主动为顾客提供服务的意识。至于战术性内部行销活动，更侧重于技能与细节，主要包括：定期或不定期地举办培训班、内部相互沟通，召开情况介绍会、座谈会、茶话会等；进行情况调查，确认员工需求等。

彼此互为顾客

传统上，服务性企业中那些负责进送货、技术服务、处理顾客来信来访及其他二线人员，常常不被视为行销人员。事实上，这些人的技术、工作质量和服务观念，对顾客是否认可企业、招徕回头客具有绝对影响力。

因此，内部行销，究其实质，就是要把这些员工培训成"真正的行销人员"，使他们具有强烈的"顾客至上"意识。企业内部人员必须把自己视为其他同事的顾客。换言之，

视同事为自己的顾客，唯有竭尽全力使顾客满意——不论是内部顾客还是外部顾客。

特别要指出的是，在服务性行业中，人的素质的重要性至为明显，远远超过了生产制造业。正因为人们认识到了服务性行业是人的产业，所以，针对内部员工所从事的内部行销，自然应受到企业的高度重视。

内部行销：把员工拧成一股绳

由于服务性工作大多带有经验性质和情感成分，因此，服务人员的着眼点就不能仅仅局限于技术性的细节。对于许多服务性企业而言，只靠传统的营销手段，似乎已很难与他人拉开差距。代之而起的应该是有效地处理好员工与顾客的互动关系，使顾客有一种独特的、与众不同的感受，这可能是企业在激烈的市场竞争中获胜的关键。基于此，许多企业主动致力于内部行销工作，促使全体员工树立积极进取的服务态度，将企业凝聚合力，形成竞争优势。说到底，外在的服务措施即便是领先同行一步，终究难免被人模仿运用。但若是内在的价值行为与企业文化内涵的差异，则是较难被模仿的，由此更可看出内部行销对服务性企业的重要性。

企业文化：内部行销的核心

有两句流传甚广的格言经常为人引用，其一："你希望员工怎样对待顾客，你就怎样对待员工。"其二："如果你不直接为顾客服务，那么，你最好为那些直接给顾客提供服务的人提供优质服务。"

这两句格言揭示了两个原则：对人的尊重和树立集体主义观念。围绕着这两点，内部行销常常是向企业员工推销服务理念与正确的价值观。因此，一流的企业往往借助内部行销，使"顾客至上"观念深入员工心坎，视之为自己的职责。例如，美国运通公司信用卡事业部，从不把为顾客服务的工作具体指派给任何部门，因为"整个美国运通公司就是一个顾客服务部"。

一旦树立起全员服务观念，并将"服务第一"内化为员工的第二本能，员工就会乐意为服务工作付出心血及精力，从而提高服务质量，而非一味地被动工作，至于超出本职工作范围的，一概以"这不归我管""我要给领导汇报""领导没有安排"为借口搪塞。如果每一位员工都主动工作，付出更多的精力，则企业的整体服务水准将大为提升。正如一百货公司董事长所说："服务是一种态度，一种每个员工都关心的态度，这需要锲而不舍地言传身教。"这一切，无非是借助内部行销手段，确立"以公司为荣，以服务为乐"的态度，通过全体员工的身体力行与顾客的正面反馈，形成良性循环。

国际市场推销是世界经济发展的必然产物，它作为进军国际市场的企业行为，是跨越国界的市场推销活动。一家企业进入国际市场，由于推销目标、实力以及推销经验不同，国际推销开展的程度也不同。本章主要通过针对国际市场推销的含义及分类分析，对企业开展国际市场推销策略的基本原则进行详细论述。

第一节　国际市场推销概述

一、国际市场推销的含义及分类

国际市场推销主要是指由卖家发起，通过某种媒介向一个可识别的目标客户传递信息；与客户进行沟通，以便提供买家所需要的信息，其主要目的是说服消费者在现在或将来购买产品的国际市场营销策略。根据国际市场推销开展程度的不同，可将国际市场推销分为四种类型。

（一）被动的国际市场推销

进行被动国际市场推销的企业的目标市场在国内，内部未设专业的出口机构，也不主动面向国际市场，只是在国外企业或本国外贸企业求购订货时，才考虑进入国际市场。其产品虽进入国际市场，但显然是被动而非主动出击，因此属于最低层次的国际市场推销。

（二）偶然的国际市场推销

进行偶然国际市场推销的企业的目标市场仍然在国内，一般也不设立对外出口的机构，但在某一特殊情况下，却主动面向国际市场。企业偶然面向国际市场，主要是因为某一时期国内市场供过于求、竞争激烈或因其他原因一次性外销产品，视国外市场为短期销售地。当国内供求及竞争趋于缓和时，又转向国内，生产本国市场所需要的产品。

（三）固定的国际市场推销

进行固定国际市场推销企业的目标市场既有国内市场，也有国际市场。该类企业在公司内部已经成立专门的出口机构，甚至在国外成立分销机构。在不放弃国内市场的前提下，制定国际市场推销战略，专门开发国外消费者所需的产品。针对国际市场推销环境，制定国际市场推销组合策略，参与国际竞争，企图在市场上建立持久的市场地位。

（四）完全的国际市场推销

企业已经完全把国际市场作为目标市场，甚至把本国市场视为国际市场的一个组成部分。它们一般在本国设立公司总部，在世界各国发展参股比例不等的子公司，并在这些国家从事生产经营活动，其产品、资源在国际市场流通，依靠国际市场获得利润。

上述四种类型的国际市场推销反映了国际市场推销的历史进程，其中，前两种类型属于国际市场推销的初级形式，后两种类型属于国际市场推销的高级形式。由于各个企业处于国际市场推销发展的不同阶段，因而必须根据国际市场推销分类来确定自己的推销策略，以便达到预期的目标。

二、确定国际市场推销策略的基本原则

（一）诚实守信

诚实守信是道德要求最基础的部分，它是企业经商最重要的品德标准，也是其他标准的基础。在我国传统经商实践中，它被奉为至上的律条。诚实守信是企业市场推销活动中

把握道德界限的重要基础规则，具体应当包括：产品质量上的真实，不假冒；广告中要以实相告；价格上明码实价，童叟无欺；交易中履行合同责任，信守承诺；市场调查数据真实；等等。

（二）义利兼顾的原则

义利兼顾是指企业获利的同时要考虑是否符合消费者的利益，是否符合社会整体和长远的利益。利是目标，义是要遵守达到这一目标的合理规则。二者应该同时加以重视，达到兼顾的目标。义利兼顾的思想既是西方伦理学在道德评价中道义与功利相结合的思想体现，也是我国传统的义利并重思想的另一种表述。义利兼顾原则是处理好利己和利他关系的基本原则。

（三）互惠互利的原则

互惠互利是在交易中针对企业推销活动性质提出的基本信条。互惠互利原则要求在市场推销行为中正确地分析、评价自身利益，评价利益相关者的利益。对自己有利而对利益相关者不利的活动，由于不能得到对方的响应，而无法进行下去。对他人有利而对自己无利的交易，又使经济活动成为无源之水，无本之木。企业本身是独立的经济实体，获利是理所应当的行为。只要不损害他人的利益，有效的经济活动本身就具有伦理性，就符合互惠互利原则。只有繁荣的企业，才能生产出有意义的产品，创造新的就业机会。

（四）理性和谐的原则

理性和谐的原则是企业道德活动达到的理想目标模式。在市场推销中，理性就是运用知识手段，科学分析市场环境，准确预测未来市场发展的变化状况。好大喜功，单纯追求市场占有率而损失利润，不问自身生产条件，只为"标王"而付出高昂的代价，最终只能自食恶果。和谐就是提倡企业的市场推销活动应保持在适度竞争的水平上，过度竞争将导致资源浪费，最终两败俱伤。在市场推销中的和谐就是正确处理企业与市场各相关利益者的关系，以和睦相处为基本原则，创造出天时、地利、人和的氛围。

三、开展国际市场推销的重要意义

（一）加速经济建设

在世界各国经济、技术发展不平衡，特别是科学技术高度发展的今天，任何一个国家都不可能拥有本国经济所需要的一切资源，更不可能拥有发展需要的所有先进技术。要加速发展本国经济，就需要积极开展国际市场推销，将国内产品打入国际市场，顺利实现产品的价值并获得更多利润。通过出口创汇，引进先进、科学的技术和设备，加速本国的经济发展。

（二）扩大产品销售

积极开展国际市场推销可以为企业拓展推销领域，寻求更广泛的市场，扩大企业的产品销售范围。通过扩大销售获得更大的利润回报，扩大企业的生产规模，降低产品单位成本，获得规模效益，实现长期发展。

（三）规避经营风险

在本国经济不景气时，积极开展国际市场推销可以通过开拓国际市场，寻求有利的市场机会，在一定程度上避开国内市场饱和与竞争过度给企业带来的损失。同时，对于跨国公司来说，开展多国市场推销可以在全球范围内选择有利的市场机会，实现企业的健康发展。

（四）加速企业成长

开展国际市场推销可以使企业投身到激烈的国际市场竞争中，磨炼企业的生产发展能力，加快技术进步，提高经营管理水平，加速企业成长壮大。对于发展相对滞后的企业而言，鼓励企业积极开展国际市场推销，参与国际竞争，可以在激烈竞争的国际市场中锻炼企业，加快企业融入世界市场的步伐，有利于转变企业发展思路，造就适应国际竞争环境的新型现代企业。

 案 例

埃德帕模式推销案例——宜家家居

宜家家居是全球著名的家居品牌，以其简约、时尚的设计风格和优质的产品质量倍受消费者的青睐。在市场竞争激烈的今天，宜家家居如何在市场上占据一席之地？下面以埃德帕模式为基础，从不同角度分析宜家家居的推销策略。

1. 认识产品（Attention）

在竞争激烈的市场中，宜家家居如何吸引消费者的注意力？宜家家居的设计风格独特，以简约、时尚、实用为主导，迎合了现代人的审美需求，吸引了大量消费者的关注。此外，宜家家居在产品设计中，注重人性化和环保理念，考虑到消费者的实际需求，满足消费者的购物体验，进一步提高了品牌形象和知名度。

2. 生成兴趣（Interest）

为了让消费者对产品产生兴趣，宜家家居采取了一系列的推销策略。

首先，在产品设计方面，宜家家居采用了"情境化"的设计手法，将产品与生活场景相结合，让消费者在购买产品时能够更好地体验产品的使用效果。其次，在产品展示方面，宜家家居注重展示产品的功能特点和优势，让消费者能够更好地了解产品的性能和使用价值。最后，宜家家居还采用了"试用式"营销策略，让消费者能够在店内试用产品，提高了消费者对产品的信心和满意度。

3. 激发欲望（Desire）

在消费者产生兴趣之后，宜家家居需要进一步激发消费者的购买欲望。为了实现这一目的，宜家家居采用了多种推销策略。首先在产品定价方面，宜家家居采用"平价"的定价策略，让消费者能够享受到高性价比的产品质量和服务，提高了消费者的购买欲望。其次，在促销方面，宜家家居采用了多种方式，如折扣、赠品等，吸引了消费者的关注，进一步提高了消费者的购买欲望。

4. 促成行动（Action）

宜家家居为实现消费者购买行为这一目的，采用了多种营销策略。首先，在店内布局方面，宜家家居采用了分区、标识等方式，让消费者能够更好地了解产品的种类和功能，方便消费者选购。其次，在购物流程方面，宜家家居注重购物体验和服务质量，提供一站式购物服务，让消费者能够轻松愉悦地完成购物行为。

宜家家居在市场推销方面采用了多种策略，以埃德帕模式为基础，从不同角度切入，实现了品牌知名度和销售额的提升。

资料来源：https://wenku.baidu.com/view/92567ee6d3d233d4b14e852458fb770bf68a3b60.html?_wkts_=1691852173521&bdQuery=宜家的市场推销.

第二节　国际市场人员推销

人员推销是人类最古老的促销方式，是指通过推销人员深入中间商或消费者进行直接的宣传介绍活动，促使中间商或消费者采取购买行为的促销方式。在商品经济高度发达的现代社会，人员推销这种古老的国际营销形式焕发了青春，成为现代营销中最重要的一种促销形式。国际市场人员推销是指企业派出或委托推销人员、销售服务人员或售货员，亲自向国际市场顾客（中间商和消费者）介绍、宣传、推销产品。

一、国际市场人员推销的形式和特点

推销人员必须具有一定的开拓能力，能够发现市场机会，发掘市场潜在需求，培养国际市场新客户；善于接近顾客，推荐商品，说服顾客，接受订货，洽谈交易；搞好销售服务，如免费送货上门安装，提供咨询服务，开展技术协助，及时办理交货事宜，必要时帮助消费者和中间商解决财务问题，搞好产品维修等；传递产品信息，让现有顾客和潜在顾客了解企业的产品和服务，树立形象，提高信誉；进行市场研究，搜集情报信息，反馈市场信息，制定推销策略。

（一）人员推销的基本形式

人员推销的基本形式有上门推销、柜台推销和会议推销。其中，上门推销是最常见的人员推销形式，它是由推销人员携带产品样品、说明书和订单等走访顾客，推销产品。这种推销形式可以针对顾客的需要提供有效的服务，方便顾客，故为顾客广泛认可和接受。柜台推销又称门市或线下实体店推销，是指企业在适当地点设置固定门市，由营业员向进入门市的顾客推销产品。门市营业员是广义的推销员。柜台推销与上门推销正好相反，它是等客上门式的推销方式。由于门市里的产品种类齐全，购买便利，能满足顾客多方面的购买要求，并且可以感知商品实体，保证产品完好无损，喜欢线下购物的顾客较为乐于接受这种方式。会议推销是指利用各种会议向参会人员宣传和介绍产品而开展的推销活动。例如，在订货会、交易会、展览会、物资交流会等会议上推销产品。这种推销形式接触面广、推销集中，可以同时向多个推销对象推销产品，成交额较大，推销效果较好。

（二）销售人员的作用

销售人员是企业派往目标市场的形象代表，他们的工作热情和态度乃至一言一行均代表公司形象。销售人员是目标顾客的服务人员，是热心的服务者，需要帮助顾客排忧解难，解答咨询，提供产品使用指导，依靠服务质量和热情赢得顾客的信任。销售人员是信息情报员，是企业信息情报获取的重要反馈渠道。销售人员广泛接触社会各行各业人员，可以收集目标顾客的需求信息、竞争者信息、宏观经济信息和科技发展状况信息，使推销

决策者迅速把握外部环境动态，及时做出反应。销售人员在企业推销战略和政策指导下，行使一定的决策权，如交易条款的磋商、交货时间的确认等。

（三）人员推销的特点

人员推销的特点有销售的针对性、销售的有效性、密切买卖双方关系和信息传递的双向性。

销售的针对性表明，人员推销的主要特征是与顾客直接沟通。由于销售人员与消费者双方直接接触，可以及时捕捉和把握相互间的态度、气氛、情感等，有利于销售人员有针对性地做好沟通工作，解除各种疑虑，引导消费者产生购买欲望。

销售的有效性表明，人员推销的另一特点是提供产品实证。销售人员通过展示产品，答疑解惑，指导产品使用方法，使目标顾客能当面接触产品，从而确信产品的性能和特点，易于引发消费者的购买行为。

密切买卖双方关系是指销售人员与顾客直接打交道，在交往中逐渐建立双方间的信任和理解，加深双方感情，建立良好关系，有利于提高顾客对产品的信赖感和忠诚度，培育企业的忠诚顾客，稳定企业销售业务。

信息传递的双向性是指在推销过程中，销售人员一方面将企业信息及时、准确地传递给目标顾客，另一方面将市场信息、顾客（客户）要求或意见、建议反馈给企业，为企业调整推销方针和政策提供依据。

二、国际市场人员推销的优缺点

（一）人员推销的优点

在国际市场上采用人员推销方式的优点显而易见，如直接灵活，有利于与顾客建立情感联系，可以及时掌握消费者、市场信息等。人员推销形式最直接，也最灵活。推销人员可当场对产品进行示范性使用，消除顾客由于对商品规格、性能、用途、语言文字等的不了解，或者由于社会文化、价值观念、审美观、风俗习惯的差异而产生的各种怀疑。人员推销可以促进买卖双方建立良好的关系，进而建立深厚的友谊，通过友谊又可以争取更多的买主。由于推销人员亲临市场，及时了解顾客的反应和竞争者的情况，可以迅速反馈信息，提出有价值的意见，为企业研究市场、开发新产品创造良好的条件。

（二）人员推销的缺点

当然，在国际市场开展人员推销，也有不足之处。第一，推销人员不可能遍布国际市场，推销范围也不可能太大，往往只能进行选择性和试点性的推销，有的效果不如非人员推销方式好。第二，人员推销的费用一般比较高，费用支出较大。由于人员推销直接接触的顾客有限，销售面窄，人员推销的开支较多，增加了产品销售成本，导致价格上升，显然不利于企业在国际市场上开展竞争。第三，国际市场推销人员的素质要求很高，人员推销的成效取决于推销人员的素质水平。随着科技的发展，新产品层出不穷，对推销人员的要求越来越高，而高素质的推销人员又很难得到，不易培养。

三、国际市场人员推销的类型

人员推销主要包括生产厂家、批发商、零售店和直接针对消费者的人员推销。生产厂家的人员推销即生产厂家雇用推销员向中间商或其他厂家推销产品。日用消费品生产厂家的推销员往往将中间商作为其推销对象；而工业品生产厂家的推销员则将以其产品为生产资料的其他生产厂家作为推销对象。批发商往往雇用成百上千名推销员在指定区域向零售商推销产品。零售商也常常依靠这些推销员来对商店的货物需求、货源、进货量和库存量等进行评估。零售店人员推销往往是顾客上门，而不是推销员拜访顾客。直接针对消费者的人员推销在零售推销中所占比重不大，是推销力量中重要的部分，有其特殊优点和作用。

在国际市场上，根据派出推销人员的类型可将国际市场人员推销概括为四种类型，即企业经常性派出的外销人员或跨国公司的销售人员、企业临时派出的有特殊任务的推销人员和销售服务人员、企业在国外的分支机构（或附属机构）的推销人员和利用国际市场的代理商和经销商进行推销。

（一）企业经常性派出的外销人员或跨国公司的销售人员

他们在国外专门从事推销和贸易谈判业务，或定期到国际市场调研、考察和访问时代为推销。这是国际市场人员推销的一般形式。

（二）企业临时派出的有特殊任务的推销人员和销售服务人员

这种形式一般有三种情况：当国际目标市场出现特殊困难和问题时，其他办法不能解决，必须由企业组织专业推销人员或其他人员前往解决；企业突然发现了一个庞大的值得进入的市场，有必要派出一个专业推销小组，集中推销；企业建立一个后备推销小组和维修服务组织，待命而行。任务一到，出国推销兼做维修工作，或在国际市场维修时，开展推销工作。西方国家的许多公司还特别组织一个专家小组，在国际市场巡回考察、调研、推销，解决与本企业有关的经济、贸易和技术问题。

（三）企业在国外的分支机构（或附属机构）的推销人员

国外许多大公司特别是贸易公司，都在国外有分支机构（或附属机构），这些机构一般有专门负责本公司产品在有关地区的推销工作的推销人员。这些推销人员不仅有本国人，还有很多当地人员或熟悉当地市场的第三国人员，如第三国某公司在本地分公司的推销人员。

（四）利用国际市场的代理商和经销商进行推销

在许多情况下，企业不是自己派员推销，而是请国外中间商代为推销。但是，请国外代理推销人员，必须有适当的监督和控制，而不能单听代理推销人的意见和策略，或者完全交给代理推销人去做。在必要的时候，企业应该直接了解目标市场顾客的有关情况，或派出专业人员陪同代理推销人员去推销，或企业派自己的推销人员。此外，企业还可以在主要市场派出常驻贸易代表，协助代理推销人员在该市场上开展推销工作。

四、国际市场人员推销结构

国际市场人员推销结构是指推销人员在国际市场的分布和内部构成，一般包括四种类型：地区结构型、产品结构型、顾客结构型、综合结构型。

（一）地区结构型

每个推销员在一两个地区内负责本企业各种产品的推销业务。这种结构常见，也比较简单，因为划定国际市场销售地区，目标明确，容易考核推销人员的工作成绩，发挥推销人员的综合能力，也有利于企业节约推销费用。但是，当产品或市场差异性较大时，推销人员不易了解众多的产品和顾客，会直接影响推销效果。

（二）产品结构型

每个推销人员专门推销一种或几种产品，而不受国家和地区的限制。如果企业的出口产品种类多，分布范围广，差异性大，技术性能和技术结构复杂，采用这种形式效果较好，因为对产品的技术特征具有深刻了解的推销人员，有利于集中推销某种产品，专门服务于有关产品的顾客。但这种结构的最大缺点是，不同产品的推销员可能同时到一个地区（甚至一个单位）推销，这既不利于节约推销费用，也不利于确定国际市场促销策略。

（三）顾客结构型

按不同的顾客类型来组织推销人员结构。由于国际市场顾客类型众多，因而国际市场顾客结构形式也有多种。例如，按服务的产业区分，可以对机电系统、纺织系统、手工业系统等派出不同的推销员；按服务的企业区分，可以让甲推销员负责对 A、B、C 企业推销的任务，而让乙推销员负责对 D、E、F 企业销售产品；按销售渠道区分，批发商、零售商、代理商等由不同的推销人员包干；按客户的经营规模及其与企业关系区分，可以对大客户和小客户、主要客户和次要客户、现有客户和潜在客户等，分配不同比例的推销员。采用这种形式的突出优点是，企业与顾客之间的关系密切而又牢固，因而有良好的公共关系；但若顾客分布地区较分散或销售路线过长，会导致推销费用过大。

（四）综合结构型

综合采用上述三种结构形式来组织国际市场人员推销。在企业规模大、产品多、市场范围广和顾客分散的条件下，上述三种单一的形式都无法有效地提高推销效率，则可以采取综合结构型。

五、人员推销的策略与技巧

（一）推销策略

试探性策略，亦称刺激—反应策略，就是在不了解客户需要的情况下，事先准备好要说的话，对客户进行试探，同时密切注意对方的反应，然后根据对方的反应进行说明或宣传。

针对性策略，亦称配合—成交策略。这种策略的特点，是事先基本了解客户的某些方面的需要，然后有针对性地进行"说服"，当讲到"点子"上引起客户共鸣时，就有可能促成交易。

诱导性策略，也称诱发—满足策略。这是一种创造性推销，即先设法引起客户需要，再说明所推销的这种服务产品能较好地满足这种需要。这种策略要求推销人员有较高超的推销技术，在"不知不觉"中成交。

（二）推销技巧

1. 上门推销技巧

首先，找好上门对象。可以通过商业性资料手册或公共广告媒体寻找重要线索，也可以到商场、门市部等商业网点寻找客户名称、地址、电话、产品和商标。同时，做好上门推销前的准备工作，尤其要对发展状况和产品、服务的内容材料充分了解并牢记，以便推销时有问必答；同时对客户的基本情况和要求应有一定的了解。其次，掌握"开门"的方法，即要选好上门时间，以免吃"闭门羹"，可以采用电话、传真、电子邮件等手段事先交谈或传送文字资料给对方，并预约面谈的时间、地点。也可以采用请熟人引见、名片开道、与对方有关人员交朋友等策略，赢得客户的欢迎。最后，把握适当的成交时机。应善于体察顾客的情绪，在给客户留下好感和信任时，抓住时机发起"进攻"，争取签约成交。除此之外，还可以学会推销的谈话艺术。

2. 洽谈艺术

推销人员首先要注意自己的仪表和服饰打扮，给客户一个良好的印象；其次，言行举止要讲文明、懂礼貌、有修养，做到稳重而不呆板、活泼而不轻浮、谦逊而不自卑、直率而不鲁莽、敏捷而不冒失。在开始洽谈时，推销人员应巧妙地把谈话转入正题，做到自然、轻松、适时。可采取以关心、赞誉、请教、探讨等方式入题，顺利地提出洽谈的内容，以引起客户的注意和兴趣。在洽谈过程中，推销人员应谦虚谨言，注意让客户多说话，认真倾听，表示关注与兴趣，并做出积极的反应。遇到障碍时，要细心分析，耐心说服，排除疑虑，争取推销成功。在交谈中，语言要客观、全面，既要说明产品优点，也要如实反映缺点，切忌高谈阔论、"王婆卖瓜"，让客户反感或不信任。洽谈成功后，推销人员切忌匆忙离去，这样做会让对方误以为上当受骗，从而反悔违约。应该用友好的态度和巧妙的方法祝贺客户做了笔好生意，并指导对方注意合约中的重要细节和其他一些注意事项。

3. 排除推销障碍的技巧

（1）排除客户异议障碍。若发现客户欲言又止，自己应主动少说话，直截了当地请对方充分发表意见，以自由问答的方式真诚地与客户交换意见。对于一时难以纠正的偏见，可将话题转移；对于恶意的反对意见，可以"装聋扮哑"。

（2）排除价格障碍。当客户认为价格偏高时，应充分介绍和展示产品、服务的特色和价值，使客户感到"一分钱一分货"；对低价的看法，应介绍定价低的原因，让客户感到物美价廉。

（3）排除习惯势力障碍。实事求是地介绍客户不熟悉的产品或服务，并将其与他们已熟悉的产品或服务相比较，让客户乐于接受新的产品。

六、国际市场推销人员的管理

国际市场推销人员的管理主要包括招聘、培训、激励、业绩的评估各环节。

（一）国际市场推销人员的招聘

国际市场推销人员的招聘多数是在目标市场所在国进行的。因为当地人对本国的风俗习惯、消费行为和商业惯例更加了解，并与当地政府及工商界人士，或者与消费者或潜在客户有各种各样的联系。但是，在海外市场招聘当地推销员会受到当地市场人才结构和推销人员社会地位的限制，在某些国家或地区要寻找合格的推销人员并非易事。

企业也可以从国内选派人员出国做推销工作。企业选派的外销人员，要能适应海外目标市场的社会文化环境。

（二）推销人员的培训

第一，培训地点与培训内容。推销人员的培训既可在目标市场国进行，也可安排在企业所在地或者企业地区培训中心进行。跨国公司的推销人员培训多数安排在目标市场所在国，培训内容主要包括产品知识、企业情况、市场知识和推销技巧等方面。若在当地招聘推销人员，培训的重点应是产品知识、企业概况与推销技巧。若从企业现有职员中选派推销人员，培训重点应为派驻国市场推销环境和当地商业习惯等。

第二，对推销高科技产品推销人员的培训。对于高科技产品，可以把推销人员集中起来，在企业培训中心或者地区培训中心进行培训。因为高科技产品市场在各国具有更高的相似性，培训的任务与技术要求也更加复杂，需要聘请有关专家或富有经验的业务人员进行讲授。

第三，对推销人员的短期培训。对于这类性质的培训，企业既可采取组织巡回培训组到各地现场培训的方法，也可将推销人员集中到地区培训中心进行短期集训。

第四，对海外经销商推销员的培训。为海外经销商培训推销人员，也是工业用品生产厂家常常要承担的任务。对海外经销商推销人员的培训通常是免费的，因为经销商推销人员素质与技能的提高必然会带来海外市场销量的增加，生产厂家与经销商均可从中受益。

（三）推销人员的激励

对海外推销人员的激励，可分为物质奖励与精神鼓励两个方面。物质奖励通常指薪金、佣金或者奖金等直接报酬形式，精神鼓励可有进修培训、晋级提升或特权授予等多种方式。企业对推销人员的激励，应综合运用物质奖励和精神鼓励等手段，调动海外推销人员的积极性，提高他们的推销业绩。

对海外推销人员的激励，更要考虑到不同社会文化因素的影响。海外推销人员可能来自不同的国家或地区，有着不同的社会文化背景、行为准则与价值观念，因此对同样的激励措施可能会做出不同的反应。

（四）推销人员业绩的评估

对海外推销人员的激励，建立在对他们推销业绩进行考核与评估的基础上。但是，企业对海外推销人员的考核与评估，不仅是为了表彰先进，还要发现推销效果不佳的市场与人员，分析原因，找出问题，加以改进。人员推销效果的考核评估指标可分为两个方面：一种是直接的推销效果，如所推销的产品数量与价值，推销的成本费用，新客户销量比率，等等；另一种是间接的推销效果，如访问的顾客人数与频率，产品与企业知名度的增加量，顾客服务与市场调研任务的完成情况，等等。

企业在对人员推销效果进行考核与评估时，还应考虑当地市场的特点以及不同社会文化因素。例如，产品在某些地区可能难以销售，则要相应地降低推销限额或者提高酬金。若企业同时在多个海外市场上进行推销，可按市场特征进行分组，规定小组考核指标，从而更好地分析比较不同市场条件下推销人员的推销成绩。

特斯拉的人员营销

1. 创始人光环

企业创始人所传达出的气质，往往决定了用户心中这个企业的气质。当与马斯克的名字紧紧绑定在一起，特斯拉的品牌形象塑造也走上了捷径。马斯克被誉为下一个乔布斯、福特、爱迪生，既是商业天才，又是疯狂的创想家。

马斯克在个人 IP 上的打造，可谓炉火纯青，不仅从 Pay pal、Tesla 到 Space X、Hyperloop，创造了永不停步、改变科技和商业世界的完美人设，还通过《生活大爆炸》《钢铁侠》等客串不同的角色，加深了大众对其个人的价值认同。

马斯克也许是特斯拉最具有价值的资产，其人格魅力和领导力，使得特斯拉塑造品牌价值之路，由内而外贯穿，层层打通。他的梦想，他的观点，他的行动，每次都会带来超高流量和曝光度，并赋能特斯拉品牌，"硅谷钢铁侠"马斯克也成为独具魅力的精神偶像。

2. 员工营销

特斯拉门店的每一位员工，都是品牌的"推广大使"，而非促销员或销售员。走进特斯拉门店，非常像苹果专卖店，任何消费者可以毫无压力地看车，上车试试感受，玩玩车上自带的"触屏大 PAD"。

店内工作人员其实扮演的是"售前顾问"的角色，问的问题并不是 4S 店的标准问题：您的预算多少？有看好的车型想进一步了解吗？据悉，特斯拉的售前顾问，绝不会问客户开什么车，也绝不会挑客人，他们的工作就是要不厌其烦地花费 45 分钟左右的时间，给客户讲明白电动车是什么、特斯拉的充电网络布局、驾乘安全等问题，塑造特斯拉在消费者心目中的品牌形象，全程根本不跟客户谈生意。随后，用户的电子邮箱里会收到一份调查问卷，用户对其打分。

资料来源：https://mp.weixin.qq.com/s/cHQwWkRqBM3DunJz8yKUFQ.

第三节　国际营销公关

一、公共关系的一般性质

"公共关系"，简称"公关"。"公关关系"是一种企业与公众间的"我中有你，你中有我"的状态。"公众"的范围很广，有企业内部公众（如职工），也有企业外部公众（如政府、供应商、中间商、顾客等），不同的企业，还有不同的目标公众。有些专家、学者据此把"公共关系"定义为"内求团结，外求发展"的管理艺术。中国公共关系研究所研究员李兴国称"公共关系"的这一特征为"塑造组织形象的艺术""着眼于人心的管理科学"。

公共关系是企业与公众间的信息双向的关系。企业与公众的关系是多方面的，如经济、行政和法律等方面，而公共关系只是一种双向的信息交流关系，是在了解公众利益要求的基础上，向公众传播企业利益与公众利益的一致性信息，以博取公众的认同、信任，从而确立企业和产品在公众中的良好形象。

公众关系是企业旨在确立其在广大公众心目中的良好形象而展开的一系列有计划的活动的总称。活动的目的是想通过其真实的内容，借助一定的传播媒体，向公众传播那些建立在共同利益基础上的企业和产品的形象信息。

公共关系是一项管理职能。它评估公众的态度，检验个人或组织的政策、活动是否与公众利益一致，并负责设计与执行旨在争取公众理解与认可的行动计划。

二、国际营销公关的特殊性质

（一）企业公关与国际营销公关

企业公关作为树立企业和产品的信誉、形象而发生的企业与其公众间的双向信息交流，是企业各个层面的公共活动的统称。企业公关种类繁多，为了研究讨论方便，可把企业公关按几种不同标准分类：按公关执行主体，分为企业公关部门的公关和非公关部门的公关。按公关对象，分为对企业内部员工的内部公关和对企业外部大众的外部公关。按公关的目标，分为企业形象公关和产品形象公关。按公关发生的层面及其所服务的对象，分为生产公关、财务公关和营销公关。

国际营销公关是产生并服务于国际营销活动的公关，公关的执行主体可能是企业的国际营销部门，也可能是企业的专职公关部门。公关的目标公众主要是市场国政府部门、中间商及相关的其他社会大众（消费者、竞争者等），也包括国内的与国际营销活动有关的单位和个人（如海关、商检、财税、银行、工商、运输、保险等）。国际营销公关的主要目的是在国际市场上树立企业和产品的形象，使企业在国际市场上有更好的发展前景。

国际营销公关是企业公关的重要组成部分。它与企业的其他公关活动一样，是为了树立企业和产品的形象。只是国际营销公关所处的是国际营销领域，其环境、条件与其他方面的情况大相径庭，因而决定了其内容和形式与其他公关活动有较大差别。但是，企业各个层面活动的内在联系性，决定了各层面的公关活动相互影响和相互制约。一般来说，国际营销公关活动效果好，不但会树立企业和产品在国际市场上的良好形象，还会促进其他领域公关工作的开展和公关目标的实现；否则，它会掣肘其他公关活动的开展。其他领域的公关对国际营销公关的影响亦是如此。

（二）国际营销公关的功能和作用

国际营销公关对国际营销活动的作用日益明显，有时甚至是企业能否打入国际市场的决定力量。具体来说，其功能和作用主要表现在如下几方面。

（1）国际市场导入功能。国际营销公关能够帮助企业和产品打入国际市场。

（2）赋予产品更具竞争力的功能。国际营销公关这方面的功能和作用主要体现在如下三方面：①帮助开发新产品。国际营销公关能帮助营销人员引发新产品创意，更好地满足国外市场需要。②提高产品的市场生命力。国际营销公关在产品的市场生命周期的不同阶段，发挥着重要作用。它通过向消费者传播有关产品和服务的信息，保持消费者对产品的兴趣以及在可能的情况下重新引发消费者的兴趣，延长产品市场寿命。③改善产品身份、品牌、包装。企业公关能帮助企业改善企业和产品的名称、品牌、包装，使其更符合国外市场需求。

（3）激励中间商的功能。邀请中间商参观访问企业、开座谈会和展览会等公关举措，客观上能激励中间商更好地为产品销售服务。

（4）促销功能。国际营销公关是促销组合的重要因素。尽管其促销形式并不像广告那么直接，但其简洁的"买什么吆喝什么"的做法，更令人感到可信和亲切，更具促销魅力。

（5）产品增值功能。国际营销公关的目的是确立企业及产品在公众中的形象，其结果会使产品价格维持在较高的水平上。

总而言之，国际营销公关对产品进入国际市场、实现国际营销目标，具有举足轻重的作用。重视和坚持国际营销公关工作，是国际营销活动顺利进行的前提和保证。

（三）国际营销公关的内容和手段

企业内部的国际营销公关、企业本土的国际营销公关、市场国的国际营销公关是国际公关的主要内容。

（1）企业内部的国际营销公关。企业内部的国际营销公关的宗旨是团结企业内部的员工，并激励员工为企业国际营销活动的开展及目标的实现而努力工作。

（2）企业本土的国际营销公关。企业开展国际营销活动，直接或间接地会受本土国有关政府机构、商业和民间组织、其他公众的影响和制约。国际营销公关的重要任务是要了解这些公众，并通过公关活动，努力取得国内有关部门和人员的理解和支持。

（3）市场国的国际营销公关。这是对国外市场的目标公众开展的公关，是国际营销公关最为重要的部分。公关的宗旨是树立企业集群产品在国外市场中的良好信誉和形象，促进企业在市场国营销工作的顺利开展。

国际营销公关中较为常见的公关手法主要包括新闻、公益服务活动、事件、视听材料、企业的身份媒体、电话咨询服务等。事件主要指那些可与目标公众取得联络的事件，如记者招待会、讨论会、郊游、展览会、竞赛和周年庆祝活动等。

（四）国际营销公关行为过程和策略

1. 国际营销公关的行为过程

企业国际营销公关的行为过程一般由调查研究、公关策划、传播实施、反馈评估等四个环节组成。

（1）调查研究。公关调查是公关行为过程的起点，也是其他环节顺利开展的前提和条件。公关调查与研究，实际上就是采集、加工和传播公关信息的过程。企业国际营销公关所要收集的信息内容多种多样，归纳起来主要有以下几个方面信息：①企业的内部信息。企业的现状决定了企业今后的发展规模和发展速度，既是企业国际营销公关的前提和基础，也是国际营销公关的任务和要求。收集企业基本情况信息的目的是了解企业的现状和要求，为国际营销公关策划提供依据。②企业的环境信息。企业环境信息的内容包括国内外的政治、法律、社会文化、经济、自然等方面的信息。③企业的公众信息。国际营销公关人员要了解公关对象的信息，这些信息包括目标公众的构成、公众的需求、公众态度和意见领袖的意见。

（2）公关策划。公关策划是指公关人员根据企业形象的现状和目标要求，分析现有条件，设计公关战略、专题活动和具体公关活动最佳行动方案的工程。公关策划的根本问题在于创意。

（3）传播实施。传播是公关的主要职能和公关工作的主要内容，传播的过程实际上是公关策划的具体执行和实施的过程。传播有自身传播、人际传播和大众传播三种。传播的主要载体是媒介。

（4）反馈评估。对公关策划的实施过程、结果进行检验、监督和控制，以便对公关行为过程进行概括性总结，积累经验和吸取教训，为今后公关工作的开展打下基础，这就是反馈与评估环节的内容。

2. 国际营销公关策略

在国际营销活动中，为建立和维持企业与公众的关系，企业公关人员可根据不同的目的要求，采取不同的公关策略。一般来说，可供公关人员采用的策略主要有五种。

1）宣传公关策略

所谓宣传公关，指的是公关人员运用大众传播媒介和内部沟通方法，开展广泛的宣传活动，让各类公众充分了解企业及其国际营销工作并进而关心、支持企业国际营销活动的公关活动方式。宣传公关策略因宣传对象不同而包括内部宣传和外部宣传两方面的内容。

（1）内部宣传。这是企业国际营销公关人员最常进行的工作之一。内部宣传的主要对象是企业的内部公众，如股东、工作人员。手段有企业报纸、职工手册、企业内部网站等。内部宣传的内容有两大块：一是企业的总体内容；二是企业的国际营销活动的目标要求、措施方法、挑战与业绩等。内部宣传的最终目的是鼓舞士气，取得内部理解和支持。

（2）外部宣传。这是对企业外部公众的宣传，目的是让公众迅速获得对本企业有利的信息，形成良好舆论。外部宣传的形式有两种：①不借助大众传播媒介的宣传，包括举办展览会、经验或技术交流会等。②借助大众传播媒介的宣传，具体有两种做法：一是花钱利用广告进行宣传；二是不必支出广告费，而是采取易于为公众所接受的，通过新闻节目播出的形式。

宣传公关策略的优点是主导性强、时效性强、传播面广、推广企业和产品形象效果好。因此，这种策略较适用于企业和产品刚进入国外市场之时。它可帮助企业在国际市场上迅速树立其良好形象。

2）交际公关策略

交际公关策略是指国际营销公关人员通过人际交往方式去传播企业和产品形象的做法。目的是通过人与人的直接接触，进行感情上的联络，为企业广结良缘，建立广泛的社会关系网络，形成有利于国际营销的人际环境，并以此为桥梁，广泛传播企业和产品的形象，使公众在人际交往中，不知不觉地接受企业和产品。交际公关可采用两种方式：一种是团体交际，一种是个人交际。

公关人员采用交际公关策略应注意两个问题：由于各国社会文化、政治、法律等方面的差异，人际交往会有各自的文化特色和要求，企业公关人员应深入了解和适应这些文化要求，不然不但难以建立正常人际交往，甚至会带来严重后果。随着人际交往的开展，公关人员"迎来送往"，容易淡化其公关目的而变成纯粹人际关系。因此，公关人员在采用交际公关策略时，应明确自身的公关责任。

3）服务公关策略

服务公关策略是指公关人员通过提供优质服务的手段，用自身的实际行动去传播企业和产品形象的做法。目的是以实际行动来获取公众的了解、信任和支持。

服务公关策略的实施，不能单单依靠公关部门和国际营销部门的工作，而要依靠企业上上下下的共同努力。另外，为了增强服务公关策略的效果，公关人员在应用其特殊媒体服务时，借助媒体会使服务公关策略产生更广泛的影响。

4）社会公关策略

社会公关策略是指国际营销公关人员利用举办各种社会性、公益性、赞助性的活动来传播企业和产品形象的做法，目的是通过积极的社会活动，扩大组织的社会影响，提高社会声誉，赢得公众信任和支持，以树立企业和产品良好的社会形象。社会公关策略的特点是公益性、文化性强，影响力大，影响范围广。不足之处是有关社会公关的活动一般费用较多，而且效益很难在短期内体现出来。社会公关策略在具体运用时，可采用三种形式：一是企业自办社会公关活动；二是赞助社会福利事业；三是资助大众媒介举办各种活动。

5）征询公关策略

征询公关策略是指通过提供信息服务这一手段，建立企业与公众的联系，并通过这一媒体，使公众了解、信任和支持企业的国际营销活动。目的有两个：一是通过征询服务，使公众了解企业，进而支持企业；二是通过征询服务，了解公众要求，进一步完善企业和产品的形象，使其更具传播效果。征询公关策略在具体运用中有多种形式，如进行征询调查、民意测验，访问重要客户，设置监督电话，处理举报和投诉，进行企业发展环境预测等。征询公关策略的特点是长期的、复杂的、艰巨的。

以上五种公关策略，企业可根据国际营销活动的需要而加以利用。例如，在产品进入某一国外市场之时，企业公关人员应大力采用宣传公关策略。当产品在该市场进入成熟期时，为了吸引更多的公众，应采用服务公关策略。征询公关策略对企业人员来说，应是一项经常性的工作策略，一般与其他策略组合使用。

案 例

体育赛事赞助是近年来品牌热衷的营销活动之一。为了收获更多的关注度和收益，越来越多的品牌赞助大型体育赛事，提升企业和品牌的国际影响力。

卡塔尔世界杯于 2022 年 11 月 21 日 0 时正式拉开帷幕。各大品牌以此为契机，进行了体育赛事公关营销活动，以提升产品销量，提高企业在全球范围的品牌影响力和知名度。

可口可乐在本届世界杯推出创意短片 Believing is Magic，用一场"万人狂欢"表达了对这项赛事的期待和关注，延续可口可乐 2021 年公布的全新品牌理念"Real Magic"，呼吁大家向周围的人传递畅爽、振奋的积极精神，尽情享受和拥抱人性闪光的每一刻，同时推出世界杯的定制铝瓶。

麦当劳 Slogan "We deliver"，以世界杯为灵感打造了"穿越时空的汉堡"这个概念，讲述了一个清新的爱情故事，并与三届世界杯相关联，建立了产品与世界杯之间的联系，展现麦当劳汉堡同世界杯一样，陪伴着每个人的青春。

百威啤酒邀请梅西、内马尔和斯特林一起出镜，以执行神秘任务的情节邀请球迷关注世界杯，推出定制款。

大众汽车分别赞助了法国、荷兰、德国、乌拉圭、瑞士、美国、澳大利亚队，成为赞助入围本届世界杯球队数量最多的车企。

阿迪达斯作为官方赞助商，成为七支世界杯正赛球队的球衣赞助商，并将产品和世界杯文化结合，推出三款世界杯款球鞋，发布了全新广告大片 Family Reunion，品牌大使梅西领衔主演，各国"当家"球星出镜，融合了足球文化、世界杯的经典怀旧和不同球员独特的个性，展现人们对足球的热爱。

大型体育赛事是国际文化交流、沟通合作的重要平台，也在推动国家和地区经济社会发展中扮演重要角色。赞助世界杯是借势用力，可以直接提升产品销量，提高企业在全球范围的品牌影响力和知名度。企业通过多元化的方式参与体育赛事，特别是国际性体育赛事，与国际高端平台进行战略合作，可以促进品牌叙事的全球化表达，是进行国际营销公关的良好方式。

资料来源：https://mp.weixin.qq.com/s?__biz = MjM5OTgzNjM5NA = = &mid = 2660017737&idx = 1&sn = 34a0909fb8fded4c5b530a7d15b1770c&chksm = bc4d69cc8b3ae0dab0e48b52986ec7b54d47e973d4c90c1518aa09427abec03807eba73735ba&scene = 178&cur_album_id = 3086098882146910209#rd.

第四节　国际市场营业推广

国际市场营业推广，是指在一个比较大的国际目标市场上，为刺激消费者购买或经销商的推销效率与合作态度，而采取的非常规优惠的外贸推广活动。国际市场营业推广是能够扩大销售，迅速产生激励作用的促销措施。美国市场营销协会把除去人员推销、广告和公共宣传以外，凡能刺激消费者购买和经销商推销效率，如展销会、示范表演以及不属于常规的短期推销举措的营销活动，皆视为营业推广。

20世纪70年代以来，无论是企业还是非营利组织，在许多国家都广泛运用营业推广手段。近年来，营业推广这一促销方式在国际市场上得到更多的运用。据有关方面的统计，营业推广费用支出的增长速度远快于广告费用支出的增加速度，主要原因是营业推广对刺激需求有立竿见影的效果。国际市场竞争加剧，营业推广方式作为在短期内行之有效的促销手段，更多地被生产厂家或经销商利用。再者，世界性的通货膨胀和经济衰退，使消费者更加精打细算，讲究实惠，从而希望在购买商品时能够得到更多的实惠。同时，由于长期的"广告轰炸"，人们已对广告产生了"免疫力"，广告效果相对减弱。加之广告促销成本大幅度增加，政府对商业广告的限制趋紧，营业推广被广泛使用。

从国际市场营销的角度来看，如果广告和营业推广并用，效果会更佳。广告对消费者购买行为的影响往往是间接的，营业推广的目的通常有两个：诱发消费者尝试一种新产品或新品牌，尤其是刚进入国际市场的产品；刺激现有产品销量增加或库存减少。在国际市场上开展营业推广，除了考虑市场供求和产品性质以外，还应考虑消费者的购买动机和购买习惯、产品在国际市场上的生命周期、竞争状况，以及目标市场的政治、经济、法律、文化、人口和科技发展等环境因素，进行适当的选择。

一、国际市场营业推广的分类

营业推广的表现形式丰富多彩，变化无穷。根据不同的分类标准，营业推广可分为不同的种类。

（一）根据国际营业推广的对象（主体）的分类

结合国际营业推广形式，根据其推广的对象（主体）的不同，可以将国际市场营业推广分为三类：直接对消费者或用户的营业推广；直接对出口商、进口商和国外中间商的营业推广；鼓励国际市场推销人员的营销推广方式。

1. 直接对消费者或者用户的营业推广

直接对消费者或用户营业推广的主要目的是提高产品的知名度，鼓励消费者购买，刺激销售量增加，它是开展国际市场营销常用的促销方法。常用到的营业推广方式主要包括赠送样品，发放奖券和代价券，实行有奖销售，开展商品咨询和特别服务，举办展销会，开办分期付款业务，现场表演，在销售点进行醒目的陈列，等等。代价券是一种重要的营业推广方式，国外持券人可以在购买某商品时免付一定数额的钱。代价券实质上是一种削价的方式，但它比削价更灵活，更有利。产品价格降低后，再提价不易。发放代价券则相对灵活，可以视销售情况，减少或取消代价券。

2. 直接对出口商、进口商和国外中间商的营业推广

直接对出口商、进口商和国外中间商的营业推广常用到的方式包括购货折扣、给以推销奖金、开展推销竞赛、经办合作广告和联营专柜、赠送样品和纪念品、帮助设计橱窗、举办展览（销）会和工商联谊会或各种双（多）边贸易座谈会等。这类营业推广方式旨在促成企业和中间商达成协议，提高中间商经营本企业产品的效率，鼓励中间商增加进货，积极推销，尽力宣传。对于进入国际商城不久或在国际市场名气不大的产品，通过中间商促销是一种重要的途径。

20 世纪 70 年代初，日本企业刚进入美国市场时，多采用独立的代理商代理销售，使产品在美国只通过一个环节直达消费者。为了保证代理商和其他的中间商忠诚地为日本企业服务，日本企业给他们支付高额的代理费、推销津贴和推销奖金，每次见面或逢重要的节假日、喜庆之日，都要送贺礼、送纪念品，并在资金上给予融通。

3. 鼓励国际市场推销人员的营业推广

国际市场推销人员主要包括企业的外销人员，企业在国外分支机构的推销人员，出口商的推销人员，进口国的进口商、代理商和经销商的推销人员，以及在国际市场当地雇请的其他推销人员。为鼓励、促使他们多推销，多为顾客服务，更多地开拓国际市场，企业通常可以根据具体情况，在红利、利润分成、高额补助等方面给推销人员一定的优惠条件，并在晋升和荣誉上给予鼓励，还可以搞一些推销竞赛、接力推销、推销奖金等形式的推销促进措施。

（二）根据国际营业推广形式的分类

据统计，在美国，企业一年发放的折价优惠券超过 900 亿张，人均每年 400 张；美国一般的大型超市每年所设置的展示商品超过 2 500 种；美国企业每年花费的"付费赠送"

支出超过 6.4 亿美元；美国家庭每户平均每年收到 500 份以上的直接信函。仅对消费者的营业推广，就有 530 多种方式。根据营业推广方式涉及的不同主题，将针对消费者的国际营业推广中卓有成效的形式概括为以价格、赠送、奖励和展示为核心的营业推广形式。

1. 以价格为核心的营业推广

这种形式的营业推广以商品或服务的价格变化（通常是价格减让）作为刺激消费者消费的主要手段。其常见应用形式有折价销售、优惠卡（券）、特价包装、退款促销和以旧换新。

第一，折价销售。折价销售是在消费者营业推广中运用最普遍的手法之一，它指的是商家在一定时间里进行价格减让（如商品七折、八折销售），特定时间一过，又恢复原价。著名管理学家塔克尔指出，"折价竞争"是 21 世纪十大经营趋势之一，企业为了"缔造佳绩，都必须了解折扣这项趋势。折扣就像一种病毒，正蔓延到所碰触的每种行业"。有家名叫"皇冠"的书店，其广告口号就是"请记住，如果你买书没有打折，那你一定不曾光临皇冠书店"。在皇冠书店，人们最高可以享受到六折的价格优惠。折价销售使皇冠书店业务急速扩张，十几年便成长为拥有 260 家分店的集团公司。

第二，优惠卡（券）。这是一种证明减价的凭证，持有者凭卡（券）可以在购物时享受一定数量的减价优惠。优惠券的发放既可以通过邮局寄送，也可印在杂志、报纸上由读者剪下使用，或者夹放于产品包装内附送给消费者，还可以在销售现场根据消费者的购买情况配额发放。优惠券对那些购买频率高的商品促销效果较好。优惠卡一般由商家或厂商直接发送，发送的目的是吸引那些有一定消费兴趣和消费能力的老顾客，使其不断进行重复消费。优惠卡的具体形式一般有贵宾卡和会员卡两种。消费者一次性购买量达到一定额度或者交足一定数额入会费，便可拥有该卡，以后凭卡可以享受一定的价格折扣。

第三，特价包装。厂家对其商品的正常零售价格给予一定幅度的优惠，并将优惠金额标示在商品包装或价格标签上。特价包装的形式灵活多样，可以直接在包装上印出原价或供应特价，如碧浪 400 克装洗衣粉的包装袋上明示着"原价 9.80 元，优惠价 8.70 元"的字样；也可以将同种商品组合后减价出售，如某纯牛奶 5 瓶封装，标价只相当于原来 4 瓶的价格；还可以将两件或多件组包后减价再出售，如牙膏配牙刷、洗发水配梳子等。有的厂家甚至在包装上印上"建议零售价×××"等林林总总的包装显价形式，为商品的促销起到了不可低估的作用。特价包装适用于购买频率高、价格水平低的商品的促销。使用这一推广工具时要注意使用频次，不能频繁出招，否则容易模糊商品的市场价位，甚至损害商品的品牌形象。

第四，退款促销。退款促销是指消费者购买一定的商品之后，退还其购买商品的全部或部分款额或代购券，以吸引顾客，促进销售。货真价实的"退还现金"，对顾客尤其有集客消费的魅力。退款促销运用起来非常简单，通常是零售商店为了吸引顾客，在其购买商品时，给予某种定额的退费，退费数额小到商品售价的百分之几，大到几乎商品价格的全额，各不相同。商场可以自行决定退款优惠的范围，可用在同家厂商的同一类型商品上，也可与别家厂商的商品联合举办。

第五，以旧换新。顾客在购买商品时交出同类产品的废旧品，便可享受一定价格的优惠。以旧换新的"新"与"旧"，在品牌关联上通常有两种做法：一种是"新"与"旧"商品的品牌必须相同，如美国博士伦公司每年在中国组织一次以旧换新活动，但要求"旧货"必须是博士伦隐形眼镜片，这种促销方法对巩固既得市场和更新产品有较好的效果；另一种是"新"与"旧"商品只要类属相同，品牌可以不同，如爱仕达压力锅推出的以旧换新活动期间，消费者带上任何一款旧压力锅，就可抵扣40元购买新压力锅价格。这种没有门户歧视的以旧换新，对吸引新顾客、提高产品知名度有明显作用。

围绕价格核心运行的营业推广是卓有成效的促销方式，但在具体的运用中要注意把握火候，因为价格是柄双刃剑，适用得法，可以促进销售增长；适用失当，则不仅祸及同行，也有害于自己。为提高运作效率，企业很有必要遵循如下原则。

第一，要凸显折价事实。运用各种宣传媒介广泛告知折价事实，让消费者知晓并留下深刻印象，如在报纸、地方电视台、街道、横幅、商场公告宣告活动的内容，以激发消费者购买欲。

第二，优惠幅度要有力。幅度太小触动不了顾客，难以起到促销作用，反而沾上沽名钓誉之嫌。一般来说，优惠幅度在15%~20%，比较容易吸引顾客。但优惠浮动超过50%时，必须说出令人信服的理由，否则顾客会怀疑这是假冒伪劣产品。如果厂商不能同时对大量商品进行优惠销售，可对少数几种商品做幅度明显的价格减让。如有的公司每周推出两款大件商品折价销售，每次都能吸引大量顾客。对商场来说，虽然折价商品的销售不能带来收益，但它可以促旺人气，带动其他商品的销售。

控制活动的频次，活动间隔和次数不要太密，不能让顾客形成"优惠依赖"，总盼"优惠如期而至"，有优惠则买，没优惠持币待购，长此以往，厂商将难以维持正常经营。

2. 以赠送为核心的营业推广

赠送是厂家或商家为影响消费者行为，通过馈赠或派送便宜商品或免费品，来介绍商品的性能、特点和功效，建立与消费者之间友好联系的有效促销形式，以赠送为核心的营业推广形式主要包括以下几种。

（1）赠品。赠品是指在消费者购买某种商品后，免费或以较低的价格向顾客提供的商品。赠品的形式多种多样，有的赠品就是商品本身；有的是与商品无直接关系的纪念品；有的赠品为相关商品；有的赠品为时尚新品等。赠品的发放方式主要有两种：随货赠送，顾客每购买一款商品则免费获得相应赠品；量额赠送，顾客购买企业某家产品达到一定批量或金额时，可以免费得到赠品。

（2）赠券。当消费者购买某一商品时，企业给予一定数量的交易赠券，消费者将赠券积累到一定数额时，可到指定地点换取赠品。赠券的实施对刺激消费者大量消费本企业产品，扩大企业的市场占有率有较大的影响力。

（3）样品。在新产品介绍期，通过向消费者免费提供样品供其试用，使之亲身体验产品所带来的利益，而后促使消费者购买。

赠品、赠券和样品作为以赠送为核心的营业推广，其促销效果的关键在于赠送品的吸引力及赠送时机的选择。

3. 以奖励为核心的营业推广

奖励是企业为激励消费者的购买行为而提供的现金、实物、荣誉称号或旅游奖券等奖励方式。与其他营业推广形式不同的是，"奖励"有极强的参与性，即使并非人人都能获得奖品，但只要参与，便会在参与中得到一份满足。所以以奖励为核心的营业推广成功的关键在于营造浓厚的参与氛围，使顾客乐于参与。一般来说，以奖励为核心的营业推广形式主要有竞赛、抽（摇）奖、猜奖及现场兑奖等方式。

1）竞赛

由企业制定竞赛规程，让消费者按竞赛要求参与活动并获得既定的现金、实物、荣誉称号或旅游奖券等奖项。竞赛的内容一般要求与主办单位的自身特征或产品相关，如宝洁公司的一个系列文化大赛活动，既有中国传统书法比赛，又有黑白摄影比赛，还有关于东方女性美的标准讨论，其赛事内容与产品特征处处照应。

2）抽（摇）奖

顾客进行消费时，为其提供一个获奖的机会。获奖者既可以由抽取票号来确定，也可以由摇转数码来确定。如可口可乐公司在其出售的饮料罐拉环里印有号码，最后在公证部门的公证下经摇转数码确定中奖号码，中奖者可获丰厚的奖金或免费旅游的机会。由于抽（摇）奖的奖励分量通常比较重，使消费者能在正常的消费中获得意外的惊喜，因而参与积极性容易高涨。

3）猜奖

让消费者猜测某一结果，对猜中者给予奖励。猜奖与抽奖不同，抽奖的奖项是事先定好的，因而是固定的；猜奖却很难事先确定有多少人能中奖，有可能自始至终无人中奖，也有可能中奖者若干，因此在设定奖项时要做充分准备，以防消费者中奖后却得不到企业承诺的奖品。

4）现场兑奖

消费者根据消费额的多少领取奖票，现场刮号或揭底中奖者可现场得奖。现场兑奖通常是将具有较强吸引力的奖品展示在销售场点，形成强烈的现场刺激，营造旺盛的人气，授奖时往往鼓乐齐鸣，人声激昂，场面热烈，极富鼓动性，甚至会引得周边居民或路上行人到场观看。

以奖励为核心的促销活动要取得良好效果，关键是活动的主题设计和奖品的选择。活动主题即活动内容的高度概括。奖品的选择应根据活动对象的特点及活动主题来确定，如活动对象是中低收入的消费者，则宜选奖金或实物奖品形式；如果是面向高收入的消费群，奖品应更多考虑其对精神、心理的满足程度功能。即使是同一活动主题，也应在奖品选择上不断出新。

4. 以展示为核心的营业推广

展示是让商品直接面对消费者，使商品与消费者进行"对话"的直观促销方式。以展示为核心的营业推广形式主要有展销会、售点陈列及现场示范等。

1）展销会

企业将商品分主题展示出来并进行现场售卖，以便于消费者了解商品信息，增加销售机会。常见的展销形式有为适应消费者季节购买特点而举办的"季节性商品展销"，为新产品打开销路的"新产品展销"等。

2）售点陈列

有效的售点陈列是增加商品销售的重要手段。售点陈列首先应选择好陈列点，一般来说，柜台后面与视线等高的视觉吸引力强，如将同种商品堆放在一起以显示气势，弱势品牌应尽量陈列在第一品牌旁边，运用指示牌、插卡等手段有效传达商品信息等，并注意陈列品拿取的方便性，保证货架上至少有80%的商品可以让消费者自行拿取。

3）现场示范

销售人员在现场对产品的用途与操作进行实际的演示和解说，以吸引消费者注意，消除消费者对产品的疑虑。现场示范适用于新产品上市或产品功能改进宣传。由于展示是把商品直接呈现在消费者面前，因此，采用此法进行营业推广的企业，其产品的质量必须过硬，要经得起消费者用挑剔的眼光进行检阅，并力求外形美观、包装精致、质感精良。

对消费者的营业推广形式经过变形改造，还可以作为对中间商和对销售人员的营业推广形式。对中间商常用的营业推广形式包括产品展览、展销、订货会议、销售竞赛、价格折扣和赠品等；对销售人员常用的营业推广形式，如销售提成、销售竞赛、销售培训及赠品等，都可以在对消费者的营业推广中找到影子。无论是对消费者的推广还是对中间商或销售人员的推广，企业在具体的营销过程中一定要根据市场特点和营销需要谨慎选择、巧妙安排，以确保企业营销目标的实现。

二、营业推广的特点

作为一种促销策略和促销方式，营业推广见效快，可以在短期内刺激目标市场需求，特别是对一些品牌和具有民族风格的产品效果更佳。这种促销方式向国际市场消费者提供了一个特殊的购买机会，能够唤起消费者的广泛注意，具体、实在，针对性强，灵活多样，对想购买便宜东西和低收入顾客等颇具吸引力。但是，在国际市场上开展营业推广必须在适宜的条件下以适宜的方式进行，否则，会降低产品的身价，影响产品在国际市场上的声誉，使消费者感到卖主急于出售，甚至会担心产品的质量不好，或者价格定得过高。营业推广有以下三个明显特征。

第一，沟通信息。它能够引起顾客注意，吸引消费者关注产品的信息。

第二，产生刺激，见效快。它采取折让、赠送等办法，使买主得到一些好处。

第三，针对性强。促销措施针对特殊的产品、特定的消费群。

总之，营业推广活动具有促销针对性强、方式灵活多样和短期促销效果显著等特点。但是，它不像广告、人员推销和公共关系促销那样具有常规性，通常是为了解决具体促销问题，或者达到临时促销目的，如介绍新产品，推销积压商品，加强广告或人员推销的效果等，并常与广告宣传或人员推销等其他促销方式结合使用。

三、国际市场营业推广策略的确定

企业要确定一套良好的国际市场营业推广策略，不只是选择一种或几种推广方式，还要结合产品、市场等方面的情况，慎重确定营业推广的地区范围、鼓励的规模、鼓励对象的条件、推广的途径、推广的时机和期限、推广的目标等。在营业推广实施过程中和实施结束以后，企业还要不断地进行营业推广效果评价，以调整企业的营业推广策略。

（一）营业推广鼓励的规模

营业推广面并非越大越好，鼓励的规模必须适当。通常情况下，选择单位推广费用效率最高时的规模。低于这个规模，营业推广不能充分发挥作用；高于这个规模，或许会促使营业额上升，但其效率递减。

（二）营业推广鼓励对象的条件

在国际市场上，营业推广鼓励的对象可以是任何人，也可以是部分人，通常是鼓励商品的购买者或消费者。但企业有时可以有意识地限制那些不可能成为长期顾客的人或购买量太少的人参加。

（三）营业推广的途径

企业在确定了上面两个问题以后，还要研究通过什么途径向国际市场的顾客开展营业推广。营业推广的途径和方式不同，推广费用和效益也不一样，企业必须结合自身内部条件、市场状况、竞争动态、消费者需求动机和购买动机等进行综合分析，选择最有利的营业推广途径和方式。

（四）营业推广的时机和期限

不同的商品，在不同的市场、不同的条件下，营业推广的时机是不同的。市场竞争激烈的产品、质量差异不大的同类产品、老产品、刚进入国际市场的产品、滞销产品等，多在销售淡季或其他特殊条件下运用营业推广策略。至于推广期限，企业应依据消费的季节性、产品的供求状况及其在国际市场的生命周期、商业习惯等适当确定。

（五）营业推广的目标

推广目标主要是指企业开展营业推广所要达到的目的和期望，推广目标必须依据企业的国际市场营销战略和促销策略来制定。营业推广的目标不同，其推广方式、推广期限等都不一样。

营业推广介于广告和人员推销之间，用来补充广告和人员推销。与经常性有计划地进行国际市场广告和人员推销不同，营业推广主要是针对国际目标市场上一定时期、一项任务，为了某种目标而采取的短期的、特殊的推销方法和措施。例如，为了打开产品出口的销路，刺激国际市场消费者购买，促销新产品，处理滞销产品，提高销售量，击败竞争者等，往往使用这种促销方法来配合广告和人员推销，使三者相互呼应，相互补充，相得益彰。但是，营业推广在国际市场上不宜经常使用，否则，会引起顾客的观望和怀疑，反而影响产品销售。

四、影响国际市场营业推广的因素

企业在国际市场采用营业推广这一促销手段时，应特别注意不同国家或地区对营业推广活动的限制、经销商等的合作态度以及当地市场的竞争程度等因素的影响。

（一）不同国家或地区对营业推广活动的限制

许多国家对营业推广方式在当地市场上的应用会加以限制。例如，有的国家规定，企业在当地市场上进行营业推广活动要事先征得政府有关部门的同意。有的国家则限制企业营业推广活动的规模，还有的国家对营业推广的形式进行限制，规定赠送的物品必须与推销的商品有关。

（二）经销商等的合作态度

企业国际市场营业推广活动的成功，需要得到当地经销商或者中间商的支持与协助。例如，由经销商代为分发赠品或优惠券，由零售商来负责交易、印发、处理，进行现场示范或者商店陈列，等等。对于那些零售商数量多、规模小的国家或地区，企业在当地市场的营业推广活动要想得到零售商的有效支持与合作就困难得多，因为零售商数量多，分布散，不容易联系，商场规模小，无法提供必要的营业面积或者示范表演场地，加上营业推广经验缺乏，难以收到满意的促销效果。

（三）当地市场的竞争程度

目标市场的竞争程度，以及竞争对手在促销方面的动向或措施，将会直接影响企业的营业推广活动。例如，竞争对手推出新的促销举措来吸引顾客争夺市场，企业若不采取相应的对策，就有失去顾客而丧失市场的危险。同样，企业在海外目标市场的营业推广活动，也可能遭到当地竞争者的反对或阻挠，甚至通过当地商会或政府部门利用法律或法规的形式加以禁止。

 案　例

奔驰的促销活动

奔驰，作为全球知名的汽车品牌，一直以其卓越的品质、精湛的工艺和舒适的体验而受到消费者的青睐。在中国市场，奔驰也一直致力于提供优质的客户服务，并不断推出各种促销活动，以吸引更多的消费者。促销策略是指企业为了使顾客购买自己的商品而确定的一系列策略，主要包括广告、车展和试驾等。

1. 广告

广告是公司用来对目标顾客和公众进行直接说服性传播的主要工具之一。广告在促销中的作用是至关重要的，它是营销组合中一个非常重要的因素。随着汽车销售竞争日益激烈，广告对汽车企业尤其是对奔驰这样的知名企业来说越来越重要。奔驰的广告都是针对目标客户制定的，投放广告之前，奔驰要做严格的市场细分，并尽最大努力从消费者的利益角度出发，在广告中加入消费者最希望看到的内容，力求使消费者看过奔驰的广告之后能更快做出购买选择。奔驰对潜在的可能成为奔驰用户的人群同样煞费苦心，多角度分析消费者的消费习惯和消费心理特点，逐步引导消费者了解奔驰汽车，并力求达到全面细致的了解效果，如哪个阶层的人对 C 级车更感兴趣，什么样的人更青睐E 级车，什么年龄段的客户对哪一款车型更感兴趣等。这些工作的目的只有一个，及时找出潜在客户，并尽最大可能让他们成为奔驰的真正消费者。

2. 车展

奔驰已经在中国多个重点区域举办车展以吸引目标客户。2012 年，奔驰先后在成都、大连、杭州和深圳等地举办车展，并在展览会上推出了多款奔驰新车型，时尚的外观设计让参展的观众大饱眼福。未来，奔驰车展的规模将继续扩大，争取做到有奔驰经销商的地方都有奔驰的车展。

3. 试驾

如今，奔驰在市场上的表现越来越高调，不断为自己的大手笔营销方案造势宣传，这是以往很少见的。2012 年，奔驰 SUV 的试驾活动就是一个典型的例子。奔驰花费巨资在山路地段展开试驾，在保证安全的前提之下还要做好活动的宣传工作。从最后的结果来看，这些前期投入都是值得的，奔驰新推出的众多车型在试驾当中都表现不俗，让众多的试驾者和在场的观众眼前一亮。2012 年，在奔驰交出的成绩单中，SUV 的产量高居榜首，这一方面有赖于车系丰富的产品种类迎合了市场上绝大多数消费者的购买需求，另一方面也是公司积极营销推广的重要结果。

总的来说，奔驰在中国的促销活动成功地提升了奔驰品牌在中国的知名度和美誉度，同时为经销商带来了更多的销售机会。通过不断优化促销策略和提升客户服务质量，奔驰将继续在中国市场保持领先地位，并为消费者带来更加卓越的购车体验。

资料来源：http://www.iqinshuo.com/1004.html.

讨论与思考

1. 什么是国际市场推销？
2. 国际市场推销有哪些分类？特点有哪些？
3. 国际市场推销的战术有哪些？
4. 国际市场人员推销的形式有哪些？
5. 国际营销公关的作用是什么？
6. 国际市场营业推广有什么特点？

第九章 国际营销渠道策略

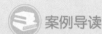 案例导读

联合利华的渠道策略

联合利华分销渠道的制定遵循四个主要目标：①企业集中化。将独资企业合成控股公司，从而降低企业的成本。②产品集中化。退出非主营业务，专攻家庭及个人护理用品、食品饮料和冰激凌等三大优势系列。③品牌集中化。减少品牌的数量。④地址集中化。通过调整、合并和减少生产地址，节约运行费用。

面对现在市场上日化品逐渐趋向饱和的趋势，联合利华不仅应该确保产品质量，降低产品价格，提高产品品牌的知名度，提升产品市场占有率；而且应该发展并优化多渠道战略，扩大渠道的长度，发展多层渠道，拓宽渠道的广度，将独家的大型超市配送与疏散地区分销商结合。

（一）渠道长度

由于食品、日化品的使用面广，需求量大，消费者的购买频度高并且一次购买量少。联合利华作为世界最大的日化消费品生产商之一，为了更广地覆盖市场，提高产品市场占有率，选用较长的分销渠道。在各个省份设置区域代理商，并且往下延伸出多级批发商和零售商，将自己的日化消费品和食品更好地送到消费者手中，方便消费者的购买。让自己的产品遍布任何市场，甚至在很偏远的地方都可以买到。

为了更好地为城市的一些大型卖场及时提供货物，联合利华打破了原有的渠道格局，将大卖场、超市、量贩店等现代渠道独立出来，作为直供客户和主要客户点，由联合利华公司直接负责供货。针对这些销售方式就要建立短渠道，或者说是一层渠道，直接将产品提供给零售商，再供消费者去购买。

（二）渠道宽度

在渠道的宽度方面，联合利华以密集分销方式为主。作为日化品生产商的联合利华，在选择长渠道的同时，考虑到消费者对产品购买的大量性、高频性及对购买便捷性的要求，在每个地区尽可能地通过大量负责人、适当的批发商、零售商推销其产品。

（三）渠道广度

在渠道设计当中，渠道的广度，即具体需要选择几条渠道来分销产品极为重要。联合

利华公司采用多渠道分销组合方式，综合运用集中型和选择型的组合方式。在零散的农村市场里，联合利华采用单一的分销渠道，通过零散的零售商去开拓市场。对于一些爱网购的忠实粉丝，联合利华在淘宝网设有天猫官方旗舰店，方便偏爱网络购物的消费者。联合利华的多渠道组合不仅满足了不同消费者的需求，而且化解了渠道冲突，促进了企业的发展。

联合利华公司在进入中国，开拓中国市场的时候，采用的是传统的分销渠道模式，即松散型渠道关系。在这种渠道关系中，分销商和零售商的独立性较强。分销商可以根据市场的需求选择自己推广的产品，这样不利于联合利华公司的品牌推广，也不利于渠道成员之间的紧密联系。

当在中国市场占领一定市场之后，联合利华建立垂直的分销渠道模式，建立生产者、批发商和零售商组成的统一联合体。在建立垂直的分销渠道模式时，首先建立公司型渠道关系。联合利华建立自己的销售分公司，通过公司内部的管理组织和管理制度而建立起来。这样有利于保持公司行动的一致性，有利于品牌的统一化，减少流通环节，节省费用。

为了企业的长久发展，联合利华公司积极地寻找合作伙伴，以取长补短，形成共生型渠道关系。联合利华与中国知名引擎百度签约合作关系，建立百度网络营销平台。伴随着联合利华与百度的战略签约，百度搜索营销针对快速消费品行业的营销布局也进一步加速。联合利华与百度建立的共生型渠道关系，实现优势互补、分享市场、规避风险、互惠互利，最终双方实现共赢。

资料来源：https://mp.weixin.qq.com/s/kIhqtZAg4yYOEzIpTo7_8Q.

分销渠道又称营销渠道，是指产品从生产者到达消费者所经历的各个环节和途径。企业的分销渠道策略所要解决的问题，是如何将企业的产品在适当的时间，以适当的方式转移到适当的地点，扩大销售。与国内市场产品分销不同，在国际市场营销中，生产者和消费者不在同一个国家，双方不能面对面地交易，商品的流通大部分由中间商来完成。商品从生产者向国际市场消费者转移所经过的流通渠道、流通环节和流通方式，就称为国际市场分销渠道。国际市场上分销渠道是通过市场沟通，及时有效地把商品转移到消费者的购买地点，实现所有权在国际市场上的转移。本章重点介绍国际市场分销渠道的长度，国际市场分销渠道的宽度以及管理国际分销渠道的策略。

第一节　国际市场分销渠道的长度

一、概述

国际分销渠道的长度是指产品从生产者到最终用户所经历的中间层次的数目。在产品分销过程中，经过的中间环节或层次越多，渠道就越长；反之，渠道越短。在国际营销中，产品从本国生产者转到国外最终消费者手中，不仅要经过本国的分销渠道，还要经过目标国的分销渠道。它一般包括三个环节：一是出口国的分销渠道；二是国与国之间的分销渠道；三是目标国的分销渠道。因此，国际市场的分销渠道一般要长于国内市场的分销渠道。根据层次的多少，国际分销渠道可分为长渠道和短渠道。根据中间环节的有无，国际分销渠道又可分为直接分销渠道和间接分销渠道。分销渠道的长度还因产品的性质不同而有很大差异。

二、国际市场直接分销渠道

国际市场直接分销渠道是指产品在从生产者到国外最终消费者或用户的过程中，不经过任何中间商，而从生产者将其产品直接销售给国内出口商、国外消费者或用户。直接分销渠道是两个层次的分销渠道，也是最短的分销渠道。

在国际市场上，直接分销有以下几种方式和途径：①生产企业直接接受国外用户订货，按购货合同或协议书销售；②生产企业派推销员到目标国家专门对用户做个别访问，上门推销，这种方式既可以推销产品，又可以解答用户的疑问，提供咨询服务，展开市场调研；③生产企业在本国开设出口部，或在国外设立分支机构，现货销售，或接受国外客户的订货；④生产企业参加国内商品博览会、展销会、交易会、订货会等，在会议期间直接与国外客户签订合同；⑤采取邮购方式，直接将产品销售给国外最终用户或消费者；⑥生产企业通过电视、电话、计算机网络、传真等，将产品直接销售给最终用户或消费者；⑦生产企业直接将产品销售给国内出口商，再由国内出口商将产品销售到国外。企业初次从事国际营销可采用这种方式。

能够享受到廉价的服务，也能够订购完全按照自己希望配置的电脑产品，这正是戴尔的顾客们最欣赏的。戴尔公司凭借这个战略在美国得到了很快的发展，并且成功地扩展到中国市场，这是国际直接分销有力的体现。

直接分销是工业品分销的主要方式，因为工业品技术性较强，有的是按用户的特殊要求生产的，所以售后服务非常重要。另外，这类产品的用户较少，购买批量较大，购买频率低，直接分销方便，有利于节省费用，保证企业信誉，更可以获得较高的利润。但消费品不同，消费品的技术性不强，在国际市场使用面广，每次购买量少，消费者也比较分散，许多生产企业不能或很难将产品直接销售给广大的国际市场消费者。因此，作为消费品，其分销渠道一般较宜通过国外进口商采取间接分销，而不是直接分销（当然也有特殊情况，如随着现代网络技术的发展，许多消费品生产企业也可以通过网络直销自己的产品）。

三、国际市场间接分销渠道

国际市场间接分销渠道，是指产品经由国外中间商销售给国际市场最终用户或消费者。在这种方式下，企业的主要任务是负责生产的组织，而不是自身直接从事国际市场的营销活动。例如，以出口方式进入国际市场时，较典型的间接分销渠道是制造商→出口中间商→进口中间商→经销商→最终消费者。间接分销渠道有三个或三个以上的商品流转层次。国际间接渠道模式可分几种形式：一种是企业生产产品，由外贸公司收购，并将产品销售到国际市场；另一种是代理制，即生产企业委托外贸公司（国内或国外的中间商）办理各种出口业务，但在接受订货、产品报价等方面要取得本企业的同意，产品保留使用本企业的厂牌和商标；还有一种是合作方式，它指既有工贸结合，又有若干个同类生产企业联合组建的专门从事产品外销业务的组织。国际市场间接销售渠道模式的优点如下。

第一，产品进入国际市场快。企业利用出口贸易机构、国外中间商提供的市场信息资料及现有的业务机构、销售渠道、国际营销经验、商标信誉等，可快捷、方便地使产品进入国际市场。

第二，所需营销费用较少。以此方式出口产品，企业本身可不亲自进行市场调研和建立销售网点，也不需设立办理出口业务的专门机构，不用增加从事国际市场营销的专业人员，从而节省了许多生产之外的投资和费用。

第三，经营风险较小。在国际市场进行营销的不是企业自身，而是出口贸易机构或外国中间商，所以国际市场的各种风险基本由其他企业承担了。

国际市场间接销售渠道模式也有以下缺点。

第一，国际市场的信息反馈较慢。生产企业难以直接、及时掌握国际市场环境、行情、竞争及发展趋势等信息，也难以直接听取国外用户的意见。

第二，对国际市场营销的控制程度低。企业几乎不能对自身产品的市场营销进行有效控制，当市场发生变化，其他企业参与竞争时，中间商有可能抛弃本企业。

第三，企业对中间商依赖性强。中间商容易利用优势对生产企业进行反控制，压低产品购买价格。

四、决定国际市场分销渠道长度的因素

企业在决定国际市场产品分销渠道的长度时，受到多方面的制约，企业的国际营销人员需要全面考虑和衡量得失，方能做出正确决策。一般来说，国际营销人员在决定产品分销渠道的长度时应考虑四方面的因素。

（一）产品因素

产品分销渠道是长是短，与产品本身有很大关系。鲜活易腐产品和一些保质期较短的产品，要求尽快送到顾客手中，因此，渠道适宜尽可能短。那些技术性强，要求有售前、售后服务，而且价值较大的产品，为了避免层层转手而疏于服务，应避免长渠道。至于那些单价低、标准化的产品，如居民日常消费品，这些产品需要进千家万户，为方便消费者购买，适于较长的渠道。

（二）市场因素

一方面要考虑顾客的数量及其分布。若市场上顾客数量多，分布又很集中，企业又能找到大型的零售商，可把产品直接卖给零售商，由其卖给消费者，避免经过批发环节。另一方面，考虑市场的竞争状况。若市场竞争较大，而市场潜量又很大，企业可通过在市场区域内设厂生产，以避免出口带来关税、进口商报酬、运费等方面支出，以降低产品的成本，以利竞争。

（三）渠道因素

渠道本身的因素也直接影响国际营销人员开展营销长度决策工作。影响渠道长度决策的渠道因素主要有以下几方面。

（1）出口国有关渠道的管理规定。产品出口国对出口渠道往往有一定的要求，这会制约企业选择渠道的长度。若生产企业没有出口权，想绕过出口商、进口商等各个环节就很难做到，因此会使产品分销渠道长度加大。

（2）进口国的渠道结构。进口国的渠道结构有其特别之处，其长短有一定的要求。如美国，它的分销渠道相对其他国家来说就比较短；日本却正好相反，其渠道的基本模式是生产者→总批发商→行业批发商→专业批发商→区域性批发商→地方批发商→零售商→消费者或

用户。难怪美国宝洁公司向日本销售肥皂，在日本的零售价要比进口价高两三倍之多。

（3）中间商的情况。中间商的情况主要包括中间商的能力（如规模、市场覆盖面、资金情况、经验情况等）以及中间商的可获性、中间商成本。假如企业有能力找到大型零售商，就没必要再找其他环节的中间商了。因为大型零售商可直接从生产企业进货，从而缩短渠道长度，降低费用支出，提高企业产品的竞争力。

（四）企业因素

企业产品渠道的长度，最终取决于企业本身的因素，主要包括企业的目标、企业的生产规模、企业实力等。若企业的目标是想在短期内提高企业在市场上的占有率，就考虑使用较长的产品分销渠道。企业要想更好地控制产品分销渠道，更好地了解市场信息，以便为今后更深入开拓市场时，就考虑较短的产品分销渠道。企业有足够的资金、人员和经验支持产品的分销，而且在法律上有条件开展出口工作，这时企业可考虑自设分销机构或到国外生产等来缩短分销渠道。

总而言之，企业应全面考虑各种因素的影响，权衡各方面的得失，恰当地确定分销渠道的长度。

案例

华为渠道战略：从直销、分销到生态营销

2019年6月10日，外交部发言人耿爽在例行记者会上披露，华为公司已经在全球30个国家获得了46份5G商用合同，越来越多的国家和公司，根据自身利益和长期与华为合作的经验，做出独立自主的决断。这是华为30多年持续技术创新的自信，更是从直销模式的纵向深耕，到分销模式的横向扩展，最终到生态营销战略的苦难辉煌。

直销模式：纵向深耕，建立根据地

起兵农村，围攻城市

华为创立之初，国内通信市场被"七国八制"所垄断：美国的朗讯、加拿大的北电、德国的西门子、瑞典的爱立信、比利时的BTM、法国的阿尔卡特、日本的NEC和富士通，跨国巨头占据了90%以上的市场。任正非看到，在跨国巨头把持的国内通信市场，县级和乡镇级市场是其空白，这里线路条件差，利润微薄，被跨国巨头忽视或没有精力开拓，这恰恰是华为生存的空间和机会。生存才是一切的开始，到农村去建立根据地，培育和深耕低端渠道，华为采取"农村包围城市"的渠道模式。

华为通过直销方式，采取了人海战术，划分区域，密集拜访与培育客户，将关系营销策略、服务营销策略发挥到极致，帮助乡镇与县域客户解决通信运营与技术上的各类难题，持续积累了宝贵的渠道与产品经验，为之后的"进城"建立了自信，积累了资金，也打下了综合性的基础。

小国练兵，大国征战

早在1995年，任正非就意识到要实现持续的增长必须"走出去"，去拓展国际市场。但一眼望去，国际中高端市场已被通信巨头抢占殆尽，留给华为的只有处于市场中低端的非洲、亚太地区、拉美地区等地的发展中国家。任正非的直觉是：先走出去，做"亚非拉"。

"没有背景，只有背影"，国外渠道的拓展必须进行整体规划，并在借鉴国内经验的基础上进行策略创新，这就是借助国家的品牌做"背景"，走出去，引进来。"走出去"就是华为高管随国家领导人出访，考察国外渠道，深入调研，搜集资料，掌握目标国家的技术标准、入网测试程序、市场准入的资格条件、运营商背景、采购方式等信息，回国后组织专家研究，确定进入整体布局与策略。"引进来"就是把外国运营商请到中国，参观上海、北京与华为总部，直观感受中国的变化与崛起，增强客户的信心。

2005 年，华为海外合同额占比 58%，首次超过了国内合同额。英国电信宣布华为入选其 21 世纪网络供应商名单，是入选的独家中国厂商，这标志着华为在拓展海外高端渠道的进程是稳健的，也是卓有成效的。

分销模式：横向扩展，培育同盟军

战略升级，偏中纠错

1998 年 10 月，华为渠道拓展部成立，标志着华为渠道战略开始升级，从直销模式转向"直销+分销"模式，这一转型有着客观的必要性。

华为理性认识到，通过部分利益的让渡可以建立庞大的分销渠道，培育和发展合作伙伴，建立同盟军，共同发展，形成利益共同体。分销被定为华为新战略，计划用 2—3 年时间建成规模化的分销体系，拉起华为渠道的第二条生命线。

华为的分销之路坎坷而曲折。从开始鼓励内部员工创业、转成代理商到后来收购港湾，华为快速进行渠道调整，利用自身优势稳住了市场与客户，克服了一次巨大的渠道危机。痛苦的教训让华为认识到，对分销体系必须保持自身的引导力、支配力与影响力。

构建联盟，和谐共赢

华为迅猛发展的国际化步伐，使全球最大的网络设备制造商思科公司感到了威胁。2003 年 1 月，思科公司向美国一家地方法院起诉华为侵犯其知识产权，思科称这是该公司成立 17 年来首次主动起诉另一家公司，华为则称这是公司成立 15 年来首次被起诉，被业内称为"IT 第一案"。2004 年 7 月，华为、思科和 3Com 向美国地方法院共同提出终止诉讼的申请，这场知识产权纠纷案以和解告终。这场诉讼使华为认识到，孤军作战，必然四面受敌，而自身快速的发展也必然会冲击原有的利益结构。为战略性地化解矛盾、减少冲突，必须以更博大的胸怀、真诚的心态，培育同盟军，构建产业链联盟，与产业伙伴共赢，形成持久的利益共同体。

高端引领，整体演进

分销模式是华为战略的关键抉择，这一"挺进"充满了困苦与磨难，可谓九死一生，最终浴火重生。"高端引领，整体演进"是这一战略的精髓，高端渠道是整体渠道的驱动器，高端技术又是高端渠道的发动机。华为只有不断挺进高端、奋斗高端，才能将非高端的大量利益让渡给渠道伙伴、产业链伙伴；华为只有敢于冲击部分技术尖端，才能将另外的尖端让渡给"友商"，与合作者长期共同分享整体渠道的利益、整条产业链的利益。

生态营销：共荣共长，营造大世界

全新时代，全新模式

华为开辟了一个全新的营销时代，这就是生态营销模式。这一全新的营销战略是基于移动互联网的时代呼唤，也是基于华为全球战略觉悟的高屋建瓴的抉择。回顾产业发展史，从福特的直销到通用与丰田的分销，都属于工业时代的传承。互联网时代来临，华为开启了一个全新的生态营销时代。

任正非强调，构建一个开放和谐的生态圈，让广大合作伙伴实现资源共享、能力互通，打造越来越多创新的、更具竞争力的行业解决方案，为客户创造价值。面对全连接的"台风"，华为明确自身的战略定位是全球领先的ICT（信息与通信）基础设施和智能终端提供商，致力于把数字数据带入每个人、家庭与组织，构建万物互联的智能世界，与供应商、合作伙伴、产业组织、开源社区、标准组织、大学、研究机构等构建共赢的生态圈。

台态融合，命运与共

全连接、大数据与高流量已成必然趋势，华为聚焦于主管道、高端技术开发，在引领合作伙伴共同成长的方式上将"情有独钟"与"洒向人间都是爱"有机结合。几十年来，华为和运营商一起建设了1 500多张网络，帮助世界超过30亿人口实现互联网连接。在2019年华为中国生态伙伴大会上，华为宣布将"平台+生态"战略演进为"平台+AI+生态"，为合作伙伴提供"+AI"的支持。华为将与生态合作伙伴一起，推动智能时代的到来。

在企业业务领域，华为搭建和不断完善一个强有力的支撑平台，成立华为生态大学，致力于支持合作伙伴的运营和销售，帮助他们降低成本、提高效率、培训人才，有效结合华为和合作伙伴的各自优势，创新渠道服务模式。并依托华为商业分销授权服务中心，更好地服务分销客户。

在消费者服务领域，华为与国际著名品牌在手机、智能家居、智能车载、运动健康等领域开展跨界合作。

在产学研领域，华为与产业界、学术界、产业标准组织等开展密切合作交流，推动了一个公平竞争的产业健康发展生态圈的建立。

资料来源：https://www.cmmo.cn/article-216142-1.html.

第二节　国际市场分销渠道的宽度

分销渠道的宽度是指渠道的各个层次中使用的中间商的数量。根据分销渠道的宽度，国际分销策略可以分为宽渠道策略和窄渠道策略。制造商在同一层次选择较多的同类型中间商（如批发商或零售商）分销其产品的策略，称为宽渠道策略；反之，则称为窄渠道策略。

一、分销渠道宽度选择策略

企业在国际市场分销渠道的宽度上有以下三种选择策略。

（一）广泛分销策略

广泛分销策略指在同一渠道层次使用尽可能多的中间商分销其产品。这种策略的主要目的是使国际市场消费者和用户有更多的机会、更方便地购买其产品或服务。在国际市场上，对价格低廉、购买频率高、一次性购买数量较少的产品（如日用品、食品等），以及高度标准化的产品（如小五金、润滑油等），多采用这种策略。选择广泛分销策略一般要进行大量的广告宣传，以引起更多消费者的反响。此外，采用广泛分销策略也会增加费用，且对销售活动较难控制。

（二）选择性分销策略

选择性分销策略指企业在一定时期、在特定的市场区域内选择少数中间商来经销自己的产品。选择性分销策略适用于消费品中的选购品、特殊品及工业品中专业性强、用户较固定的设备和零配件等。有些产品为了能迅速进入国际市场，在开始时往往采用广泛分销策略，但经过一段时间之后，为了减少费用，保持产品声誉，便转而采用选择性分销策略，逐步淘汰那些作用小、效率低的中间商。与广泛分销策略相比，这种方式的渗透力有所减弱，但由于选择了高水平的中间商，这种方式仍提高了效率，降低了费用，增强了企业的知名度。缺乏国际营销经验的企业，在进入国际市场初期也可以选用此策略进行试探性分销，待条件成熟后，再对分销策略进行调整。

（三）独家分销渠道

独家分销渠道指企业在特定的市场区域内，只选择一家中间商来分销其产品。通常双方签订独家经营合同，规定这家中间商不能经营其他竞争性产品，而制造商也不在该地区内直销自己的产品或使用其他中间商分销其产品。消费品中的特殊品，尤其是名优产品，多采用这种分销策略。独家分销有助于加强制造商与中间商的亲密联系，加强对产品价格和销售状况的控制，增强信誉。但是，在一个地区只有一家经销商，可能会因此失去一部分潜在的消费者，而且如果独家经销商选择不当，可能会在该地区失去市场。此外，生产商广告的作用也会受到限制。

二、影响企业选择国际分销渠道的因素

企业在选择国际分销渠道时一般要考虑六个因素：成本（Cast）、资金（Capital）、控制（Control）、覆盖面（Coverage）、特性（Character）、连续性（Continuity），这六个因素被称为分销渠道的"6C"。

（一）成本

成本包括开发渠道的投资成本和维持渠道的维持成本。在这两种成本中，维持成本是主要的、经常的，它包括维持企业自身销售队伍的直接开支，支付给中间商的佣金，物流中发生的运输、仓储、装卸费用，各种单据和文书的费用，提供给中间商的信用、广告及促销等方面的费用，以及业务洽谈、通信等费用。支付渠道成本是任何企业都不可避免的，营销决策者必须在成本与效率间进行选择。如果增加的效率能够补偿增加的成本，渠道策略的选择在经济上就是合理的。评价渠道成本的基本原则是以最小的成本达到预期的销售目标。

（二）资金

资金是指建立分销渠道的资本要求，如果制造商要建立自己的国际分销渠道，使用自己

的销售队伍，通常需要大量的投资。如果使用独家中间商，虽可减少现金投资，但有时需要向中间商提供财务方面的支持。这些都会对从事国际营销的企业选择分销渠道类型产生影响。

（三）控制

企业自己投资建立国际分销渠道，将最有利于分销渠道的控制，但相应增加了分销渠道成本。如果使用中间商，企业对分销渠道的控制将会相应减弱，而且会受各中间商愿意接受控制的程度的影响。一般来说，渠道越长、越宽，企业对价格、促销、顾客服务等的控制就越弱。分销渠道控制与产品性质存在一定的关系。对于工业品来说，由于使用它的客户相对比较少，分销渠道较短，中间商较依赖制造商的产品和服务，所以制造商对分销渠道进行控制的能力较强。而就消费品来说，由于消费者人数多，市场分散，分销渠道也较长、较宽，制造商对分销渠道的控制能力就较弱。

（四）覆盖面

分销渠道的市场覆盖面，是指企业通过一定的分销渠道所能达到或影响的市场。营销者在考虑市场覆盖面时要注意三个要素：一是渠道所覆盖的每个市场能否获得最大的销售额；二是这一市场覆盖能否确保合理的市场占有率；三是这一市场覆盖能否取得满意的市场渗透率。一般来说，市场覆盖面并非越广越好，而主要看其是否合理、有效，能否给企业带来良好的效益。国外不少企业在选择分销渠道时，并不是以尽可能快地扩展市场的地理区域为目标，而是集中力量在核心市场中进行尽可能的渗透。企业若能在这种市场区域中成功渗透，虽然市场覆盖的地域范围不广，但也可以以较小的分销成本获得满意的销售额。从事国际市场营销的企业，在考虑市场覆盖时还必须考虑各种中间商的市场覆盖能力。一般来说，大中间商尽管数量不多，市场覆盖面却非常大；中小中间商虽为数众多，但单个中间商的市场覆盖面却非常有限。

（五）特性

企业在进行国际市场分销渠道设计时，必须考虑企业自身的特性、产品的特性以及东道国的市场特性、环境特性等因素。企业特性涉及企业的规模、财务状况、产品组合、营销政策等。产品的特性如标准化程度、易腐性、体积、服务要求等对渠道决策和设计具有重要影响。各国的市场各有其自身的特性，主要包括市场特性、顾客特性和竞争特性。在环境特性方面，就法律环境而言，东道国的法律和政府规定可能会限制某些销售渠道，如美国的《克莱顿法案》禁止某些在实质上减少竞争或造成垄断的渠道安排，一些发展中国家规定某些进出口业务必须由特许企业经办。

（六）连续性

连续性是指国际营销企业持续不断地使用某一分销渠道系统，保持渠道的连续性是国际营销企业的重要任务。分销渠道的连续性一般受三个方面的冲击：一是中间商的终止。中间商很可能会因为经营不善而倒闭，从而造成渠道中断。二是激烈的市场竞争。由于竞争日趋激烈，当产品销路不佳或利润下降时，原有的中间商可能会退出渠道。三是随着现代技术的不断变革，以及营销的不断创新，一些新的分销渠道模式会出现，而传统的分销渠道模式会因此失去竞争力。因此，企业必须为保持渠道的连续性而努力，企业应加强对中间商的扶助、激励并培养新的中间商，同时确定正确的营销策略，增强产品的竞争力。

这些是保持分销渠道连续性的重要措施。

优衣库的分销策略

　　分销策略，指企业通过合理管理供应链来实现其营销目标。优衣库作为快时尚品牌，门店选址一般位于大型商场，人流大、运输便捷是其选择的原因，同时优衣库独特价格策略模式使得其面对众多竞争者也丝毫不会落入下风。但更关键的是其独特的SPA模式以及O2O2O模式。

　　SPA模式是由美国服装巨头GAP首先提出的自有品牌专业零售商经营模式，直接将顾客对于商品的反馈对接与自家的产品设计，迅速调整随后交由供应商处理，极大地简化了供应链流程。而优衣库最与众不同的一点在于其并未拥有自己的服装生产厂商。优衣库的生态系统囊括了供应链在内的所有环节，真正属于优衣库的只有信息收集以及分析处理环节。其通过POS系统收集各类消费者信息并回到总部进行分析，再将更改后的款式交由制造商进行生产。

　　O2O2O模式是全新的基于O2O模式的再升级，即通过网络营销吸引消费者到实体店进行体验，随后再回到线上进行消费。与传统模式最大的不同是O2O2O模式形成了消费闭环，留住了顾客，而且该模式完美契合了服装行业。不同于其他行业，消费者如果进行实物考察，其对于服装的判断极有可能出现误差，而这很大概率会出现退货等一系列不利于盈利的问题。但现在优衣库与淘宝合作，将网站设计等交给淘宝第三方，自身专注于品牌营销及产品设计，而淘宝则会带来大量网络客流量，为优衣库提供更宽广的市场范围，引导消费者前往优衣库实体店进行体验，再回到网络进行购买，其中优衣库的积分系统无疑是锦上添花的。最关键的一点在于网络营销能够帮助优衣库更高效、快捷地获得包括产品评价、顾客偏好等关键信息，再通过SPA模式回到产品设计中心。优衣库无疑做到了销售生态化的极致。

　　资料来源：https://mp.weixin.qq.com/s/dZ0hw1twrqy_lCyzTcb3zQ.

第三节　国际营销渠道策略

　　国际营销渠道策略，从广义上讲包括确定渠道目标和选择渠道策略，选择、激励、评价、控制渠道成员以及渠道改进等。当国际分销不经过目标市场国家的中间商而将产品或服务直接销售给国外的最终用户或消费者时，制造商不需要考虑国外中间商的管理问题，这时的国际分销相对来说比较简单。但当国际分销需要利用国外中间商来履行部分营销职能时，营销者必须关注从制造商到最终用户或消费者的这个分销过程，考虑对国外中间商的控制和管理问题。在这种情况下，产品在从生产者向最终用户或消费者转移过程中的每一个环节的效率都会影响这个分销渠道的效率，因此其策略是富有挑战性的，也是应引起企业充分重视的。

一、国际分销目标的确定

国际分销渠道策略的首要任务是确定国际分销目标。目标可能是预期达到的顾客服务水平、中介机构应发挥的功能，在一定的渠道（如超级市场）内取得大量的分销，以尽可能少的投资在新的国际市场上实现产品分销数量的增长，提高市场渗透率，等等。

在确定国际分销目标时，除了必须考虑前面所述的六个"C"以外，更重要的是必须考虑目标市场顾客对分销服务的需要。如果制造商无力提供这些服务，就需要使用中介机构。顾客的分销服务要求可以区分为五大类，即批量规模、市场分散程度、等候时间、产品多样性和服务支持。批量规模反映了顾客一次购买数量方面的需要，市场分散程度涉及购物地点的方便性，等候时间是指产品的交付速度，产品多样性是指竞争产品的数量和顾客选择范围的大小，服务支持则是指分销渠道成员能够提供给用户或消费者的售后服务。

二、国外中间商的选择

如果企业决定使用国外中间商进入和开拓目标国家市场，那么在国际分销渠道设计和管理中，就需要对具体的中间商做出选择，以保证所选择的中间商具有高效率，能有效地履行所期望的分销职能，从而确保企业国际营销目标的完成。国际中间商的选择，会直接关系到国际市场营销的效果甚至成败，因为中间商的质量和效率将影响产品在国际市场上的销路、信誉、效益和发展潜力。

（一）选择中间商的四个标准

1. 财务实力

国外市场销售发展至成熟需要时间，但是，如果想要有一个有效的开局，中间商必须在实际销售活动开始前进行投资。因此，预期的中间商必须财务状况良好、有实力，能够承担相关风险。财务实力包括信用等级和现金流状况。

2. 良好关系

代理商和中间商要想高效开展业务，必须与个人和社会建立良好的关系，他们应该遵守既定的传统和惯例，受到社会有关方面的尊重。

3. 其他公司的评价

收集其他有关潜在中间商的评价。例如，有些中间商目前经营非竞争性产品，在提供服务、处理投诉问题及库存等方面享有良好的声誉，他们有可能是可靠的候选人。有关他们市场运作能力的信息，可从他们所代理的公司处获得。除了要有良好的商誉外，中间商还应该从互补产品的经营中获得经验，这是优势，有利于代理公司产品。

4. 人员、设施与设备

企业应该考察中间商雇员的数量和素质、设施与设备的数量和质量。毕竟，国外企业在东道国的信誉是由代表企业的员工的行为和活动决定的。员工不仅要在所在领域深耕，还要有良好的公共关系。并且，中间商应该配有足够的设施和设备，且分布合理。中间商如果缺少必要设施，应该愿意添置。中间商在被企业选上的情况下，通常会扩招人员，添置设备和设施。为了确保中间商履行诺言，必须在协议中注明相关条款。

影响选择中间商的因素主要包括：满足足够销售覆盖率的能力，企业的总体声誉和形象，产品的兼容性（一致而非冲突），员工掌握适当技术，人员和设备等基础条件充足有效，已证明的业绩表现，对公司产品的积极态度，对企业市场管理方面的发展有成熟的认识等。

（二）选择国外中间商的步骤

选择国外中间商应遵循以下几个步骤。

第一步，收集有关国外中间商的信息，列出可供选择的中间商名单。信息来源可以是外国政府机构、驻外机构的商务处、贸易协会、国际银行、贸易杂志、顾问公司、贸易伙伴及国内同行等。

第二步，根据企业开展国际市场营销的需要确定选择标准。企业可能需要对中间商的销售、市场调查、信息反馈、库存控制、资金融通、维修服务、促销配合、分担风险、运输及加工等方面提出要求。

第三步，向每位候选的中间商发出一封用其文字书写的信件，内容包括产品介绍和对中间商的要求等。从复信中挑选一批比较合适的候选商，企业再回信提出稍微具体的询问，如经营商品种类、销售覆盖区域、公司规模、销售人员数量及其他有关情况。

第四步，向候选商的客户调查其商誉、经营及财务状况等情况。如果条件允许，派人访问拟选的中间商，进行更深入的了解。按照挑选标准，结合其他有关情况，确定中间商优选者名单。

第五步，双方签订合同，正式确定分销过程中的具体条款，如分销形式、内容、原则、权利和义务等。合同的签订，既要留有余地，又不可有漏洞，或出现模棱两可、含糊不清的问题。

三、国外分销渠道的控制管理

企业选择了中间商以后，还要加强对分销渠道的管理和控制。对国际分销渠道的控制主要包括专门管理、健全档案、适当鼓励、定期评估、调整与改进、内部协调等工作。

（一）专门管理

出口企业，尤其是经常开展国际营销活动的大型企业，一般应设立管理国际市场分销渠道的专门机构，并由专人负责这项工作，以加强对分销渠道的专业化、系统化管理。西方发达国家的许多大型公司设有这类机构，专门负责对中间商（或客户）的联系、沟通、监督和管理工作，效果很好。日本一些公司设有国际市场客户部，能通过各种形式加强与中间商和客户的密切联系，不断调整对中间商或客户的管理。

（二）健全档案

与国内外企业、银行、咨询机构及政府等保持经常性的联系，不断收集、分析、整理有关中间商（重点是本企业客户）的资信材料，包括中间商的地理位置、发展历史、组织形式、资本大小、经营范围、经营特色、业务能力、财务状况、管理水平、经营作风、储运条件以及双方的关系、合作的态度，等等。还要对这些资料进行加工整理，分门别类，做到系统完整、清楚明白、简明扼要、便于查询。

（三）适当鼓励

对中间商给予适当鼓励，目的是促使双方友好合作，互惠互利，融洽感情。鼓励的方法主要有：第一，应给中间商提供适销对路的优质产品，这是对中间商最好的鼓励。第二，要给予中间商尽可能丰厚的利润，以提高其经销的积极性，尤其是针对初次进入国际市场的产品和知名度不高的产品。第三，要协助中间商进行人员培训。第四，需给予中间商独家专营的权力。第五，双方共同开展广告宣传，或给中间商以广告津贴和推销津贴等。第六，应给成绩突出的中间商一定的奖励。

（四）定期评估

生产企业并非被动地为中间商服务，为保证自身利益，企业在维护合作关系的同时，还应进行积极的引导和督促，以保证中间商正常开展推销业务。一般来说，企业要确立一定的评估标准，经常性地对中间商的推销业绩进行检查和评估，以便及时发现问题，采取调整措施。这些标准包括一定时期内的销售额、平均的库存水平、对顾客提供的服务水平、与企业的协作情况等。其中，销售指标最为重要，因为国际市场营销中某一地区中间商的推销规模很大程度上就是企业在该市场销售目标实现的规模。根据销售业绩，企业可对各个中间商进行评价，鼓励先进，并对发现的问题及时采取相应措施。

（五）调整与改进

通过企业定期对中间商的检验评估，可及时发现渠道中存在的问题，这些问题可能是渠道模式不合理、个别渠道成员推销业绩较差、某些渠道成员与企业的合作不理想等。具体表现如下。

（1）制造商本身的营销政策发生变化。例如，出口企业经过一段时间的准备，更了解国外市场情况，因而想改变原来间接出口渠道，使其变为直接出口，甚至到国外市场区域投资设厂。这样，就得剔除原有渠道的许多中间商。

（2）分销渠道本身的原因。渠道成员冲突激烈，以致影响渠道运作。这时，就得考虑改进渠道问题了。

（3）市场环境的变化。市场环境的变化使有些中间商不能继续在渠道中服务，或者说该产品分销渠道在该市场行不通，因此得考虑重新调整分销渠道。尤其是国际产品分销渠道，其涉及面广而复杂，因此，渠道的调整和改进工作尤为突出，其影响也较大。出口企业改善其分销渠道，一般有两种情形：一是该渠道成员的剔除和新成员的加入，二是放弃原有渠道而采用新的分销渠道。

1. 渠道成员的剔除

渠道在出口企业深思熟虑的情况下设计并投入运作后，渠道成员被剔除，往往与渠道成员的工作绩效密切相关。因此，剔除渠道成员，出口企业应做好渠道成员的评估工作，以使剔除渠道成员的做法有理有据。

出口企业对渠道成员的评估一般从两个方面入手：一种是绝对评估。绝对评估是指出口企业只局限于评估渠道成员当期绩效，即是根据渠道成员的销售额来确定其优劣。另一种是相对评估。相对评估有两个方面的内容：一方面是把渠道的当期绩效与其前期绩效相比较，以其增长（或下降）水平为确定其优劣的标准；另一方面不是评估该成员的销售额，而是评估其在整条渠道中的地位和作用，评估其对整条渠道效率以及出口企业本身利益的影响。

事实上，评估渠道成员，除了评估其本身绩效以及其对整个渠道的作用外，还应评估剔除该成员所带来的非渠道运作的法律影响。例如，在洪都拉斯，企业如终止一个代理协议，必须向该代理商支付相当于五年的毛利，并补偿代理商所进行的一切投资和各项附加开支。

2. 采用新的分销渠道

出口企业的分销渠道的改进工作也许并不仅仅局限于渠道成员的剔除和加入，而是原有渠道的完全放弃，渠道的放弃有以下三种情况。

第一，放弃长渠道采用短渠道。一般的企业都会走这条路。

第二，放弃短渠道采用长渠道。这种情况的发生，可能是该市场已严重退化，企业几乎要放弃该市场，只是因为还有少量的市场需求，采用长渠道去满足其需求，而把资源投到其他市场上去，以免继续使用短渠道消耗企业资源。

第三，渠道的中间层次不变，但改变了市场区域，原有市场的该产品渠道网络因此而被出口企业废弃。

（六）内部协调

国际市场营销中，企业主要选择间接式渠道，即一条渠道内有多个中间商，各中间商之间很容易出现利益上的冲突和矛盾。对企业来说，为了发挥出整条渠道的高效率，应尽量使各渠道成员的矛盾冲突降到最低。渠道内各中间商的矛盾主要有两类。

第一，在同一地区同时有几家中间商经营本企业产品，这些中间商在产品价格、促销、服务等方面有可能会发生程度不同的竞争，如处理不当，就会影响企业产品的销售、企业声誉，导致整个流通环节效率低下，如中间商为争夺市场份额竞相降价。

第二，同一渠道中不同层次的中间商，如批发商和零售商之间，也可能因利益分配出现矛盾，从而影响合作关系的产品销售，为较好地解决上述两类矛盾，协调好分销渠道内各成员之间的关系，企业应根据中间商的不同功能和业绩，合理确定让利水平，尽可能避免不公平竞争，使中间商能共同为实现企业销售目标而努力。

 案　例

优衣库的渠道策略

优衣库（UNIQLO）的全名为 UNIQUE CLOTHING WAREHOUSE，是日本迅销集团（FAST RETAILING）旗下最具实力的服饰品牌。优衣库成立于 1984 年，成立之初，优衣库仅仅是一家销售西服的小服装店。经过多年的发展，如今优衣库已经是世界第四大、亚洲第一的平价服装品牌，产品在全球热销。近些年来，优衣库在中国持续扩张，中国门店数量已超日本国内直营店。优衣库能在快时尚服饰品牌中遥遥领先，与它的营销渠道策略是分不开的。

线下渠道方面，优衣库的线下渠道全部集中在门店销售，门店主要集中在一、二线城市，店面均选在大型商场的黄金地段，占地面积大。豪华的销售阵容为顾客创造了优质的消费环境，仓储式卖场为消费者提供品种丰富、尺码齐全的产品，自助式购物为顾客营造了舒适自由的购物氛围。门店结算采用 RFID（射频识别）技术，提高结算效率的同时也提高了结算的精准性。射频识别技术还与优衣库的后台数据库相连，实现对门店商品库存的实时监控，以便门店迅速对产品进行补货处理。门店还提供退换货服务和免费修改裤长的售后服务，进一步提升消费者线下购物的满意度。

线上渠道方面，早在2009年，优衣库便开始进驻线上销售市场，开设天猫旗舰店，拓展其销售范围，打通三、四线城市的销售路径。微信近年来也成为优衣库重要的线上销售渠道。优衣库的微信公众号拥有众多的粉丝，每次的公众号推送都能达到10万+阅读量。消费者通过公众号推文对产品信息进行浏览，并通过微信小程序一键链接到优衣库掌上旗舰店，对具体的产品信息进行了解和购买。

优衣库注重线上与线下整合统一。2016年，优衣库推出"线上下单，门店自提"服务。该服务为打通线上线下渠道发挥了至关重要的作用，实现了线上线下的良性沟通，线上下单为消费者节省了购物时间，提高了购物效率，门店自提使消费者能够在门店对商品进行直观接触感受，并进行商品试穿。不仅提高了商品销售的效率，也提升了消费者满意度。2018年，优衣库推出了融合线上线下，打通实体与虚拟的AR"数字体验馆"，进一步补充和优化了店铺服务体验。优衣库数字体验馆，补充实体购物的服务盲区。

优衣库线上线下无缝衔接，全渠道便捷消费者的购物体验，为更多行业和品牌商家带来启发和借鉴。

资料来源：https://mp.weixin.qq.com/s/rhFUwW_O98JiHjGWAfThiQ.

第四节　国际营销的参与者

国际分销渠道参与者即国际分销渠道成员。在国际市场上，产品从出口国生产者流转到目标国最终消费者手中，既要经过出口国的分销渠道，又要经过进口国的分销渠道。在经过这些环节时，企业要与国内外不同的中间商打交道。因此，企业必须了解中间商的性质、经营范围，以及不同类型中间商的优劣，通过比较分析，选择适合企业本身特性及经营目标的中间商。常见的国际市场进出口中间商可分为出口中间商、进口中间商和兼营进口中间商。

一、出口中间商

出口中间商是指在本国经营出口产品业务的贸易商。按其是否对产品拥有所有权而分为两大类：凡对产品拥有所有权的称为出口商；凡接收国内卖主的委托，以委托人的名义买卖货物收取佣金，不拥有产品所有权的，称为出口代理商。出口中间商以国内为基地，提供国际营销服务，其局限是远离目标市场，因而在提供市场情报和开发海外市场方面不及国外中间商。

（一）出口商

1. 定义

凡以自己的名义在本国市场上购买产品再以较高的价格将产品卖给国外买主，从中赚取价差的贸易商，统称为出口商。它具有购买和销售产品的双重任务，因而与全能批发商相似，只不过经营对象是国外买主。出口商一般具有制造商所不具有的某些优势，如与国外的中间商有着长期的合作关系，具有较完善的信息网络，具有丰富的国际营销知识、经验和良好的商誉等。出口商自行处理一切有关业务，自己承担风险，自负盈亏。

2. 经营方式

出口商经营出口业务，主要有两种方式：第一种方式是先接受国外客户的订货，然后再向国内有关企业采购。这种方式风险较小，积压资金也少，但可能因组织货源不及时而违约。第二种方式是先在国内买进货物，然后卖给国外购买者。这种方式风险较大，占用资金也较多，但有利于快速成交。

3. 常见类型

常见的出口商主要有以下几种类型。

（1）出口行。出口行是本国专门从事出口业务的批发商，他们熟悉国际市场，精通国际商务。其经营的特点是：从众多的出口生产企业那里购买产品后运销到国外市场，从事国际营销活动；其分销网络包括自设的分销机构和其他的中间商；可以同时经营不同企业生产的竞争性产品；根据盈利高低经营供应商的产品，但不与某一供应商建立长期的合作关系。

（2）国际贸易公司，即主营进口和出口业务的进出口公司。日本、韩国称之为"综合商社"，我国一般称之为"外贸公司"或"进出口公司"。一般而言，国际贸易公司在国外拥有庞大的分销网络、信息系统，具有丰富的国际营销知识、经验和良好的商誉，还有完备的物质条件。许多中小企业，甚至一些大型生产企业，都是通过国际贸易公司将产品打入国际市场的。

4. 优缺点

对于中小企业和刚刚进入国际市场的企业来说，利用出口商出口产品比自己直接进入国际市场更有利。主要表现在：第一，可利用出口商的特长为自己的产品在国际市场上打开销路。出口商具有国际营销的经验、信誉、分销网络和专门人才，这些正是某些出口生产企业所不具备的。通过该渠道出口产品，成功的机会大。第二，可减少国际营销的资金负担。出口生产企业不必支付外销人员和设立机构的费用。第三，可减少国际营销的经营风险。出口生产企业与出口商之间是一种买卖关系，商品的所有权几经转移，国际营销的经营风险都由出口商承担。第四，可及时收回资金。交易发生在本国，不存在外汇风险的问题；商品卖出去后可及时解决资金周转的问题。

但是，利用出口商外销产品也存在不可避免的缺陷：第一，企业远离国际市场，对市场的控制力很弱，或根本无法控制。这种国际营销活动完全由出口中间商负责，企业无法控制产品在国际市场上的销售状况，也难以利用国际市场反馈回来的信息开发适销对路的产品。第二，企业无法在国际市场上建立自己的商誉。第三，企业的产品难以得到出口商足够的重视。出口商同时经营多种产品，有些甚至是竞争性的同类产品，除非给经销商特殊的利益，否则它不会关照某一企业的产品。

（二）出口代理商

出口代理商不拥有商品的所有权，并不以个人的名义向国外的买主出口商品，而是接受本国卖主的委托，以委托人的名义，在规定的条件下，代理委托人向国外销售商品，自己则收取佣金。在国际市场上，出口代理商主要有三种：销售代理、厂商出口代理和国际经纪人。出口代理商可以是一个机构，也可以是个人。

1. 销售代理

销售代理代理委托企业经营出口业务，委托企业按销售额付给一定比例的佣金作为报酬。这笔报酬一般是在销售代理向委托人汇付货款时从中扣除。销售代理通常为出口企业提供全面的出口业务服务，如海外广告、接洽客户、拟订销售计划、提供商业情报等。销售代理要负责资金融通和单证的处理，有时还要承担信用风险。在国际上，食品、服装、木材和金属制品的销售常使用销售代理。在纺织品、煤炭等竞争激烈的行业中，使用销售代理更为普遍。此外，出口企业如果缺乏国际市场销售能力和销售经验，也可采用销售代理的形式出口产品。

2. 厂商出口代理

厂商出口代理又叫厂商出口代表，它接受厂商的委托从事商品出口经营业务，以佣金形式获得报酬。厂商出口代理是以自己的名义而非厂商的名义开展业务，所提供的服务一般要少于销售代理，不负责出口资金、信贷风险、运输、出口单证等方面的业务。在国际市场上，中小企业大多使用厂商出口代理。此外，在开拓新市场、推广新产品或市场潜力不大时，也多使用厂商出口代理。

厂商出口代理与销售代理相比，有以下几点明显的差别。

（1）厂商可同时使用几个厂商出口代理，并限制其各自在一定地区销售产品。但对销售代理，厂商只能选择一个，且在地区上不加限制。

（2）厂商出口代理可同时代理几个厂商的产品，但不能销售相互竞争的产品，即厂商出口代理销售的产品在类别上应各不相同；销售代理则可以代理相互竞争的产品。

（3）厂商出口代理在价格和交易条件等问题上没有决定权，选择分销地点和促销方式必须听命于委托商；而销售代理则对所代理的商品有较大的控制权。

（4）厂商出口代理通常只代理厂商产品类别中的一部分产品，或限制特定市场的全部产品；销售代理则通常代理厂商的全部产品，甚至可以获得对某一地区的独家出口权和经销权。

3. 国际经纪人

国际经纪人分为出口经纪人和进口经纪人两种。

出口经纪人的职能是联系买卖双方，为之牵线搭桥达成交易。他既不拥有货物所有权，也不实际持有货物，也不代办货物运输工作，只根据卖方所确定的价格和条件找买方联系，在找到交易对象后，让双方在完全公开的情况下，一起就交易的各方面进行谈判。出口经纪人在双方达成交易后收取佣金，佣金率一般不超过货物总值的2%。出口经纪人与买卖双方一般没有长期、固定的关系、大宗货物或季节性产品，如机械、大宗农产品等，多用这种方式出口。

进口经纪人（又称买方经纪人），是指担任其他国外经纪人或出口商的代理人，以代为寻找货物买主，并收取服务佣金的经纪人。进口经纪人一方面接受当地购货人的委托，代为在国外物色货物；另一方面接受出口国货主的委托，在当地代为物色顾客。进口经纪人在买卖双方中，只向委托人收取佣金，既不接触货物，也不办理具体进口手续。他们能经常和顾客保持密切的联系，并能以低价费用和较快速度提供有效的市场区域。

综上所述，出口生产企业利用出口代理商外销产品，相对于利用出口商来说，具有以下优点：可以适当控制国际市场营销活动，可以在国际市场上建立自己的商誉，可以得到代理商的密切配合，可以灵活地进行出口经营活动。

但是利用出口代理商也有缺点：由于商品的所有权未发生转移，生产企业必须承担国际营销的一切风险；所需资金较多，主要包括商品出口业务活动的费用、商品运输费用、促销费用以及代理商的佣金等。

（三）出口佣金商

出口佣金商又叫"出口佣金行"，它接受厂商委托，代办出口业务，从中收取佣金。出口佣金商的业务，主要是代国外买主采购该佣金商所在国的商品并办理出口，有时也代国内厂商在国外销售产品。出口佣金商代国外买主代理委托业务时，是根据买主的订单或委托购货书（代购订单）进行的，一旦达成协议，买主不能变更其委托，佣金商也必须按照购货书内规定的条件进行采购。货物送到指定地点后，由买主付给佣金，一切风险和费用均由买主承担。

（四）厂商自设出口机构

厂商自设出口机构是各生产厂商从事直接出口业务的部门，承担出口中间商的任务。企业建立自己的外销机构直接出口，其目的是更稳定地占领市场，获得更多的利润，对海外市场的销售实行更有力的控制。

二、进口中间商

企业可通过自设的海外出口机构或者通过选择国外的进口中间商进行产品分销。国外的进口中间商与产品销售者同处于一个国家，熟悉当地的市场环境和消费者的购买习惯，可以较好地解决语言、运输、财务、广告及促销等一系列国际营销方面的问题。因此，为了进一步扩大国际市场规模和企业的长远发展，生产厂商越来越多地选择国外进口中间商。与国内出口中间商相比，进口中间商也同样可以根据是否拥有产品的所有权，分为进口商和进口代理商。

（一）进口商

进口商即进口经销商，指从外国购进产品向其所在国内市场出售的中间商。进口商拥有商品所有权，实际占有商品并承担商品经营的风险。进口商主要类型有以下几种。

1. 进出口公司

进口国的进出口公司与出口国的进出口公司是同一种类型的中间商，当它们从海外购进商品时，就成为进口商。进口商熟悉所经营的商品和目标国的市场，并掌握专门的商品挑选、分级、包装等技术和销售技巧。进口商一般没有商品的独家经销权。

2. 国外经销商

这是一种与出口国的供应商建立长期合作关系，并享有一定价格优惠和货源保证的从事进口业务的企业。国外经销商从其国外购买商品，再转卖给其国内的批发商、零售商等中间商，或直接出售给消费者。国外经销商是在特定的地区或市场上，在购买和转售产品方面获得独家经销权或优先权的进口商。出口企业可以同他们建立密切的伙伴关系，对价格、促销、存货、服务进行适当的控制。还有一类国外经销商，专门从事工业品和耐用消费品的独家经销，所经营的商品主要来自单独的供应商或出口企业。

（二）进口代理商

进口代理商是接受卖方的委托，代办进口，收取佣金的贸易服务企业。他们一般不承担信用、汇兑和市场风险，不拥有进口商品的所有权。进口代理商主要类型有以下几种。

1. 国外经纪人

经纪人是对提供低价服务的各种中间商的统称。他们主要经营大宗商品和粮食制品的交易，只根据委托人的产品目录或样品代签订单。他们熟悉当地市场，往往与客户建立良好的持久关系，是初级产品市场上最重要的中间商。

2. 融资代理商

融资代理商是近几年发展起来的一种代理商。这种代理商除具有一般代理商的全部功能外，还可以为销售及生产厂商提供融资，为买主或卖主分担风险。

3. 厂商代理商

厂商代理商是指接受出口国生产厂商的委托，签订代理合同，为生产厂商推销产品收取佣金的进口国的中间商。其名称很多，如销售代理人、独家代理人、佣金代理人、订购代理人等。他们为委托人提供全面的市场信息，并为企业开拓国际市场提供良好的服务。但他们不承担信用、汇兑和市场风险，不负责安排运输、装卸，不实际占有货物。当企业无力在进口国设立自己的销售机构，但希望对出口业务予以适当控制时，可以考虑选择使用厂商代理商。

三、兼营进口中间商

兼营进口中间商是指那些兼营进口业务的批发商与零售商。进口国的一部分批发商和零售商也可以直接进口产品，兼营进口业务。

（一）兼营进口的批发商

经营进口批发商从国内外购进商品，然后批发给其他中小批发商和零售商。进口国的批发商绕开进口中间商和出口商直接从国外进口商品，这样可以减少中间环节，降低成本，获取更大的利润。例如，美国埃克逊公司就是兼营进口的大批发商，它从世界各国进口约1 800种商品，这些商品必须按其要求进行生产、包装，并贴上该公司的商标，再批发给遍布美国和加拿大的零售商。

（二）兼营进口的零售商

零售商的类型繁多，若以营业额划分，可分为小规模零售商和大规模零售商。

1. 小规模零售商

小规模零售商主要包括以下几种。

（1）杂货店，经营各式各样的生活必需品。

（2）专业商店，仅出售规格或式样齐全的某一类商品，如药店、电器店、珠宝店等。

（3）特种商店，出售某一类商品中的某一种式样或规格的商品，如钟表店、女子时装店。此类商店往往经营高档品或名优产品，以高薪阶层为目标客户。

此外还有流动货车、摊贩市场、小型超级市场等。

2. 大规模零售商

大规模零售商主要包括以下几种。

（1）百货商场，经营的商品种类繁多，规格齐全，分部管理的大型零售商场。它至今仍是一种主要的零售商形式。

（2）超级市场，采用自取销售方式的大型零售商业，其自取售货方式和低廉价格很吸引消费者，是比较有发展前途的一种零售商业。

（3）购物中心，是第二次世界大战后建立的一种零售商业区或商业群。由于娱乐与销售相结合，购物中心对顾客有极大的吸引力。

 案　例

分销渠道——可口可乐在中国市场取胜的法宝

可口可乐公司仅靠一瓶碳酸饮料就能成为世界品牌，其强大的品牌推广能力功不可没。

但它在中国的成功，除了上述因素之外，还有一点是渠道运作的本土化。它在中国建立了完善的分销渠道，最终达到了品牌落地、市场畅通、客户满意、销量达成的战略目的。

一、可口可乐的分销渠道

可口可乐的分销渠道包括以下几种。

1. 批发商

可口可乐中国公司的业务系统中，没有经销商、分销商之分，统称批发商。在相同的条件下，批发商共同开拓并分配同一个市场。可口可乐公司会对批发商进行培训，由其开发市场，公司获得销售收入。

2. 大卖场、连锁超市和便利店

针对这三种不同的业态，可口可乐公司专门设立了不同的合同版本和谈判经理，确定各类业态分别给予的销售政策、实施的销售策略。这是可口可乐公司以消费者为中心，提供个性化服务的体现。

3. 自动贩售机

可口可乐主要的直营渠道是自动贩售机。为了做好直营，可口可乐对每个区域都进行了针对性运作，如商圈、景点、学校等，都确定了不同的策略。这反映了可口可乐公司对市场的掌控能力和统筹能力。

二、具体运作

可口可乐分销渠道的具体运作如下。

1. 渠道促销

渠道促销是企业运用得最多也最熟练的销售手段之一，但很多企业因为手段单一、促销品运用不当，最后变成以降价换销量。

可口可乐公司的渠道促销，一是促销时间上的严格控制；二是重视生动化的陈列；三是重视促销的出货量，避免出货量超出区域消费量，引起滞销。

2. 市场活动

除了对业务系统进行研究和实践外，市场部门连续不断地进行市场活动，配合业务策略，也帮助业务部门进行渠道平衡。

可口可乐利用新产品上市机会，将新产品投向一些重点渠道，使有些利薄渠道得到利益的补充，同时利用品牌主题活动促进某些渠道的销售量提升等。

资料来源：https://mp.weixin.qq.com/s/lKOMbTIgxcPLSKwZCwtHug.

第五节　国际物流

在国际营销渠道中，国际物流对于降低商品成本、保障商品质量等具有重要的作用。国际物流是指从供货源到需求中心的跨国境的商品流动。换言之，它涉及将正确的商品在正确的时间，以良好的状态和合理的成本转移到正确的地点。仓储、运输和存货管理是物流的三大主要内容。物流的最终目的是为顾客提供正确满意的服务。为了达到物流服务的满意效果，企业应该正确统筹协调国际物流的各项内容。

国际物流在国际贸易中起着至关重要的作用，它加快了商品的流动速度，降低了贸易成本，提供了可靠的供应链管理，并促进全球供应链的整合与协作。随着全球贸易的不断增长和技术的不断进步，国际物流在推动国际贸易发展和促进全球经济繁荣方面的作用变得愈发重要。

一、国际物流的作用

（一）加快货物的移动速度

国际物流提供了高效的运输和管理服务，有助于加快货物的移动速度。快速而可靠的物流网络使跨国贸易的商品能够快速送达目的地，缩短了供应链的时间周期，有助于减少库存和运营成本，并提高客户满意度。

（二）降低跨国贸易的成本

国际贸易涉及不同国家之间的物流和运输，存在着较高的运输成本、关税和其他贸易壁垒。然而，通过优化物流管理、提高运输效率和规模经济效应，国际物流可以降低贸易成本，提高贸易的竞争力。使用现代化的物流技术和设施，例如，信息技术、自动化和物流网络优化，企业可以进一步提高物流效率，降低成本。

（三）确保货物的安全和质量

国际物流提供了可靠的供应链管理，确保货物的安全和质量。在国际贸易中，供应链的可靠性和货物的完好性对于买家和卖家来说至关重要。国际物流公司通过提供高质量的包装、仓储、装卸、保险和跟踪系统等服务，确保货物在整个物流过程中的安全和质量控制。这有助于建立信任，降低商业风险，促进更多的国际贸易。

（四）促进全球供应链的整合与协作

在全球化的商业环境下，产品往往涉及多个国家或地区的供应商和生产环节。国际物流通过连接不同的环节和参与者，协调供应链中的物流和交付过程，实现供应链的高效运作。这为全球供应链的整合提供了先决条件，使企业能够更好地利用全球资源、降低风险并提高效益。

二、国际物流管理

物流的三项重要内容是仓储、运输和库存管理。基本仓储决策指企业需要确定仓库的规模、数量及地点。需要掌握有关公司现实和潜在客户在全球的地理分布、客户现行需要模式、将来出现的需要模式以及客户服务水平等方面的信息。客户服务水平是指完成客户订单的周期。企业通常根据客户对公司的重要性将客户分类，对不同客户的服务水平会有所不同。企业在做出有关仓储决策前，必须分析上述所有信息。

运输决策主要涉及货物国际运输和在国外运输的运输方式选择。影响该决策的因素有运输的可获得性、产品性质、运输规格、运输距离、需求类型（常规或紧急需求）及各种运输方案的成本。

库存管理决策指储存货物以完成客户订单。它涉及两项决策，即在特定时间内订货的频率和每次订货的数量。这两项决策的成本呈反方向变动。例如，如果一年内订货次数太多，订货成本就会增加。而如果每次订货的数量很大，订货的总次数就会减少，所以总订货成本下降，但是存货成本上涨。因此，企业必须找到订货次数和每次订货量的最佳点。企业要利用各种形式的信息和合适的数学模型计算出最佳点。

运用系统的方法分析物流决策的理由是仓储、运输和库存管理涉及的成本相互关联，因此，必须同时考虑三个方面的内容才能做出有效决策。假设仓储数量增加，运输成本会下降，但存货成本会增加。或者试图通过降低存货水平而减少存货成本，运输成本会增加。显然，最佳决策要求综合考虑所有相关成本及期望的服务水平。

📖 案　例

在美国，几乎每个女孩的衣橱里都会有一件从 SHEIN（希音）应用程序上购买的衣服；在中东，全职妈妈 Aya 打开 SHEIN，随即被界面中醒目的"打一折"所吸引，可能会立即为家人下单当季的所有衣服。从 2009 年以婚纱贸易试水跨境电商，到 2015 年正式创立 SHEIN 品牌，从依赖第三方平台开展业务，到品牌运营全流程管理，SHEIN 快速成长为市值近千亿美元的国际化企业，在跨境电商蓝海独领风骚。

为了带给客户极致的服务体验，SHEIN 在物流管理方面秉承"稳定先行、速度紧随"的宗旨，在物流管理方面有一套自己的制胜法宝。

一、服务至上，物流稳中求快

为了提供极致的用户体验，SHEIN 力求在确保服务质量的同时，将产品以最快的速度送到消费者手中，因而在物流管理方面秉承"稳定先行、速度紧随"的宗旨。

除了精选物流公司，SHEIN 借鉴 Amazon 的做法，通过增设美国中转仓，缩短物流时效，做到产品派送到邻州只需用时 1 天，由此把美国市场的地推目标缩短到了 5 天，与美国本地电商相比，SHEIN 在物流环节占据优势地位。2015 年，进入中东、东南亚新兴市场后，由于地理位置与国内仓进一步拉近，SHEIN 将最短配送时间压缩至 5 天左右，在东南亚地区贡献了最短包邮快递的收货天数。

二、仓储物流携手运输管理

在 SHEIN 的销售模式中，几乎所有的运营环节都在网络上完成，仓库则是虚实相接的交汇点。2019 年 SHEIN 形成了中国中心仓、海外中转仓及海外运营仓"多仓联动"的格局，不同级别的仓储类型对应不同的职能范围。据统计，SHEIN 在全球范围内总仓储面积超过 80 万平方米，可存储超过 5 000 万件商品。其中，中国中心仓设置在广东佛山，承担存储和发货任务；海外运营仓分布在比利时、印度德里、美国东北部和美国西部等地，负责派送货物到消费者手中；海外中转仓库只负责接收退货商品，不承担发货任务。

SHEIN 通过系统实时监测仓储状态、优化物流运输路线。在货品进入运输阶段，运输管理系统通过数据分析优化物流路线，设计最佳配送方案。商品从出库到送到消费者手中的全过程，均由该系统进行实时监控，包括车船装载情况、线路设计和调度、货品状态、海关等站点统计等信息。SHEIN 的用户遍布全球 200 多个国家和地区，每个订单与包裹都拥有不同物流配送方案。通过数字化技术支撑运输全过程，SHEIN 保障了信息沟通顺畅、资源分配合理、规避风险和浪费，也让消费者直观地看到物流状态、更快收到商品。如今，SHEIN 实现日发货 300 万余件，全球主流市场 7 日必达，极大地提升了海外客户的满意度。

此外，SHEIN 自主研发的工作系统还包括货款管理系统、数据采集与监控系统，以及配合系统使用的一系列智能设备。SHEIN 通过自建 IT 系统，横向打通公司与合作伙伴之间的信息流渠道，纵向打通企业层、制造层、控制层、设备层之间的数据流，用深度数字化打通供应链全流程，完成了竞争对手难以企及的全面数字化布局。

在高度竞争的快时尚行业中，SHEIN 依靠数字化时代的创新，背靠国内外的供应链，打造了极具韧性的物流管理模式，构建了其竞争力的护城河。

资料来源：开源证券《敏捷供应链与数字化运营下的 SHEIN 模式解析》，2021 年。

讨论与思考

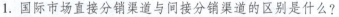

1. 国际市场直接分销渠道与间接分销渠道的区别是什么？
2. 就国际市场分销渠道宽度而言，有哪些策略？
3. 影响企业选择国际分销渠道的因素有哪些？
4. 如何选择适合的国外中间商？
5. 出口商的类型及优缺点是什么？进口中间商包括哪些参与者？
6. 国际物流管理要注意哪些方面？

第十章 国际营销组织管理

 案例导读

华为公司发展与组织结构变革历程

一个企业，能否在转型阶段依据行业发展趋势、企业自身特点等内外因素，设计出合理的组织结构、并保持相对稳定性，是决定一个企业是成为百年老店还是昙花一现的分水岭。从组织结构变革历程的角度来看，华为公司的发展可以划分为 3 个阶段：自发生长阶段、系统规划阶段和持续变革阶段。

1. 自发生长阶段

1987 年，任正非在人生路窄之时，与其余 5 人一起创建华为。在 1998 年《华为基本法》发布之前，华为基本上是处于自发生长阶段。创业初期，华为由代理起步、专注营销，逐步扩展到集成生产、自主研发；1992 年起步入快速发展阶段；1995 年华为的市场营销、研究开发、生产制造和基础管理等核心职能组织已有雏形，为迎来更大的发展做好了基本的组织准备。

2. 系统规划阶段

面临从创业转型到发展的巨大挑战，1996 年 3 月，华为公司正式成立基本法起草小组。《华为基本法》的起草和讨论历时两年、九易其稿，最终于 1998 年 3 月 23 日定稿发布。

《华为基本法》设计出了一种兼有事业部和矩阵组织优点的准事业部矩阵组织架构，并在相当长的时期内保持了相对稳定，这不仅是稳定政策、稳定干部队伍和提高管理水平的条件，也是提高效率和效果的保证。华为公司把职能部门视为公共资源，《华为基本法》中提到的公共资源有管理资源、研究资源、中试资源、认证资源、生产管理资源、市场资源、财政资源、人力资源和信息资源等九类。华为公司设立强有力的高层管理组织，以更好地维护统一指挥原则、责权对等原则，有效地驾驭复杂的准事业部矩阵组织结构。

实际上一直到现在，华为组织结构的整体框架与《华为基本法》的设计，依然是相当吻合的。2017 年，华为的组织结构为董事会直接领导下的高层管理组织、事业部群 BG 与区域组织构成的二维结构、集团职能平台构成的主体结构。高层管理组织，只是在原有的人力资源委员会、财经委员会和战略与发展委员会的基础上，增加了一个审计委员会，集团职能平台得到了极大的扩充与丰富，但依然没有超出《华为基本法》规定的把公司职能

部门视为公关资源的范畴。事业部，特别是扩张型事业部，伴随公司的发展得到了极大的扩展。原有的移动事业部、接入事业部、网络事业部等合并为营运商网络 BG（Business Group，事业部群），而且伴随业务扩展还新增了企业 BG、消费者 BG，与营运商网络 BG 合称为华为公司三大事业部群。中研部和中试部等研发体系一归到产品和解决方案组织，基础创新研究则纳入 2012 实验室。区域组织的数量得到了极大的扩张，所承担的职责任务依然是负责区域的各项资源、能力的建设和有效利用，以及战略在所辖区域的落地，侧重于满足客户需求、形成经营结果。2018 年华为的组织结构中二维结构和主体结构基本保持不变。

3. 自主变革阶段

《华为基本法》设计的组织结构：一方面保持了相对稳定，另一方面也在随着行业的变化、公司的发展而不断自主变革。除了局部组织结构的持续改进外，华为组织结构全局性的自主变革存在三条主线：流程化强化客户导向、平台化提升工作效率和内部控制以防范风险。

华为公司，在《华为基本法》设计的组织结构的基础上，坚定不移地持续优化组织，为公司的持续发展提供了根本保证。

资料来源：https://www.sohu.com/a/336909448_732415.

随着企业国际营销业务不断发展，企业的国际营销组织形式也经历了五个阶段的演化过程，即出口部阶段、海外自主子公司结构阶段、国际事业部阶段、全球性组织结构阶段、全球营销网络型组织阶段。本章主要通过国际营销组织演进、组织结构形式和国际营销组织的选择，对企业国际营销组织管理的相关内容进行介绍。

第一节　国际营销组织的演进

国际营销组织是在国内营销企业的基础上发展起来的，相应地，国际营销组织结构也是在国内企业组织结构的基础上逐渐演进的，且随着国际营销业务的发展而发生阶段性的变化，即从原有的部门中分离出一个独立的出口部门，并以此为起点，发展为全球组织结构。

一、出口部阶段

企业进入国际市场之初，往往没有与外商建立直接联系，而是利用其他公司的服务与国际市场发生联系，如我国没有外贸自营权的企业通过专业外贸公司进出口商品和服务，此时的企业实际上是国内企业，出口业务隶属于原有部门，因而其组织结构与一般的国内企业无异。随着国际营销业务规模不断扩大，企业开始主动进出口，这时企业的产品在国际市场上的销量不断增长，出口部需从原有的部门中独立出来，出口部经理专门管理涉外营销业务，如在国外建立销售、服务和仓储设施，开展国际市场调研等。由于此时企业的国际营销业务在企业全部业务中所占比重不大，因此公司总部对海外机构很少进行控制，它们之间维持一种较松散的联系。

二、海外自主子公司结构阶段

海外自主子公司结构是国内企业走向国际化经营时在组织方面的一种过渡形式，它与企业国际化经营早期生产阶段相对应。在这一阶段，企业刚刚开始建立海外子公司，数量少，规模小，其营销成败在母公司中还不占重要地位；同时，母公司也缺乏国际营销的经验，没有能力控制这些新建的子公司。因此，这一时期子公司基本上是独立活动的，子公司的经理们实际上拥有行动和决策的全权，而母公司对子公司缺乏有效的直接控制，只能定期按股收取红利，实际上只是起控股公司的作用。

海外自主子公司结构阶段在不同国家和地区的国际营销组织结构演变过程中的地位是不同的。对大多数美国公司来讲，这一阶段是短暂的，海外子公司的迅速发展，为美国企业积累了大量财富，让美国企业获得了大量的国际市场经验，海外子公司在整个企业中的地位大大加强。这一切使母公司对海外子公司的统一控制和管理成为必要和可能，因此，美国企业很快就放弃了松散的海外自主子公司的组织结构。与此相反，海外自主子公司结构在欧洲国际企业组织结构的发展演进过程中占有较重要的地位。在国际营销的早期阶段，欧洲国际化经营企业的总部和国外子公司之间保持一种松散的、非正式的关系，国外子公司具有极高的自治性，子公司经理直接向母公司的最高管理层汇报，子公司和母公司之间除了投资控股关系外，几乎不存在其他的关系。其主要原因是，在国际营销和海外投资的初期，母公司关注海外子公司的盈利和国际经营知识及经验的积累，而不强调管理控制。

三、国际事业部阶段

随着企业国际营销业务从单一出口转为包括出口、许可证贸易和在国外建立子公司进行经营的综合性业务，企业国际营销进入了新的阶段。在这一阶段，国际化经营企业海外业务范围不断扩大，海外子公司数目日益增多，企业内部各部门之间矛盾日益明显并不断加剧。例如，当企业出口产品的市场发生变化而要求在国外建立生产经营设施时，企业的出口部往往继续倾向于出口，因为在国外生产经营意味着出口额的减少，这必然影响出口部的利益。同样的矛盾也可能发生在海外子公司，显然，出口部和海外自主子公司组织结构已不能适应企业国际发展的新变化，向新组织结构演变的要求已出现。此时，国际事业部的组织结构应运而生，即在总公司原有的国内各部门的基础上，增设一个新的部门——国际事业部，集中处理所有国外业务，并将相应的人事、计划、资金方面的业务转交给相应的国际部门。设立国际事业部的组织结构与前两种组织结构的最大区别在于：在这种结构中，海外子公司和公司总部之间建立了正式的关系，企业各单位之间建立了正规的管理和沟通国际业务的机制。国际事业部的建立通常取决于企业国际营销的规模、国际化经营的复杂程度以及企业解决国际营销问题的能力。

1. 企业国际营销的规模

只有子公司的数目和规模有了一定发展，并且在母公司的经营中有相当重要的地位时，企业才会建立一个由高级管理人员统一负责的机构，即国际事业部。

2. 企业国际化经营的复杂程度

企业国际化经营中的人、财、物及供、产、销越复杂，越需要建立一个相对独立的部门来加强部门间的协调和配合。

3. 企业解决国际营销中问题的能力

企业不仅满足于自己简单地反映和被动地适应国际营销环境，而且迫切希望增强自身分析和主动适应世界范围内机会和挑战的能力。企业必须认识到，有必要组织专家处理其国际营销中出现的问题；同时，企业能拥有或聘用一些积累了大量经验的人员。

国际事业部的组织结构最早出现于美国通用汽车公司、国际商用机器公司等大型跨国公司。1960年以后，这种组织结构成为美国大型跨国公司国际营销的主要组织形式。

四、全球性组织结构阶段

随着国际营销业务的不断扩大、子公司的增多及产品的创新和多样化，世界市场变幻莫测，一般的国际事业部对日益繁多的国际营销业务不堪重负，难以协调和处理母公司和子公司间的矛盾和冲突。对于从事国际营销的企业来说，在采用资源配置和市场开发全球战略时，组织结构也演变为全球性组织结构，代替了国际业务。目前，除了为数不多的跨国公司仍保留国际事业部的组织结构外，多数大型跨国公司采用全球性组织结构。

与国际事业部等组织结构相比，全球性组织结构有三方面的显著特点。

第一，它把国内和国外的重大经营决策权都集中于公司内部。

第二，总部任何组织部门都是按照全球范围来设置的，既管理国内分支机构，又管理国外分支机构。

第三，从全球战略出发，统筹安排国内和国外业务，以期在全球范围内取得最优效益。

全球性组织结构可以按产品、地域和职能中的任何一项因素进行设置，形成单项划分的全球性组织结构。但随着国际营销业务的进一步发展，在地域、功能和产品之间相互协调上的矛盾和冲突日益加剧，因此许多公司又采取了更为复杂的形式，即把产品、地域和职能三个单项组合成全球性组织结构和矩阵混合。

国际营销企业的组织结构由国际事业部向全球性组织结构过渡，是企业国际营销发展的必然结果。

五、全球营销网络型组织阶段

随着全球市场上企业间的竞争日趋激烈，传统的分工细致、权限明确的金字塔型科层制组织，由于缺乏必要的灵活性，难以及时应对迅速变化的需求和环境，正在被逐步淘汰。

全球网络型组织的跨国公司，实行分权化管理，将决策权交给企业组织内第一线部门，激发其经营积极性，提高经营效率。在公司内建立小型的分权化管理单位，让各个分权化单位都能像企业那样经营，让每个单位主管都表现出真正的企业家行为。组织不同部门之间的业务交流，建立信息共享制度和共同的价值观念，形成统一的企业文化，同时加强总部的协调，使总公司成为具有全球范围内财产技术能力、法律技术能力、高技术能力、信息能力、宣传能力的知识集约型职能集团。此外，网络型组织的整体及整体的各个部分与外部建立广泛的、多种形式的协作关系，不仅利益攸关的企业间组织协作，而且相互竞争的企业集团也开始携手联合，形成国际范围内的协作网络，建立新的竞争与协调关系，形成企业核心竞争力互补的战略联盟。

 **案　例**

从家族管理到现代企业

美国杜邦公司是世界上最大的化学品生产公司，建立至今已200多年，历史上杜邦经历了一系列困难与挑战，然而它却依旧能够站稳脚跟且不断发展，从一个地区性家族企业演变为现代跨国企业。这样的成功无疑得益于杜邦在企业发展的不同阶段，能够不断适应企业的经营特点和市场情况，及时进行组织结构变革。

首先，在企业形成的最初阶段，企业的规模很小，产品单一，且市场不复杂。在这一阶段，杜邦公司基本上实行直线制管理，即单人决策式经营。这种由一人决策传递给下层执行的、经验式的管理方式在企业发展初期取得了成功。这种管理方式结构简单，管理成本低，执行性强，责任明确，上呈下达准确，能够迅速解决问题，可以充分高效地整合现有资源。

但随着企业发展壮大，单人决策经营的缺点开始暴露出来。这种管理方式没有专业管理分工，对领导技能要求高，管理者精力有限，极易出现决策失误与管理遗漏问题。同时这种经营方式，抑制创造力，不利于人才培养储备，难以调动员工积极性。

当单人决策经营模式与时代不再相互适应时，杜邦公司将企业管理方式改革为直线职能制管理。这种管理模式的主要特点是：建立代董事会行使权力的执行委员会，权力高度集中；在管理职能分工的基础上，建立了职能部门。这种职能分工使各部门趋于专业化，生产效率明显提高，同时管理分工明确，不会因企业结构混沌而造成缺失，但组织适应性较差，反应不灵敏，部门间协调困难，决策缓慢，难以检查和实施激励政策。

随着杜邦公司大幅度拓展，企业开始逐步走向多元化经营，这时职能部门管理缺乏适应力的缺点开始暴露，职能式管理模式已经不能适应时代要求。于是杜邦再次进行组织结构变革，实行多分部制的管理架构，即事业部制组织结构。公司按各产品种类设立分部，在各分部之下，则有会计、供应、生产、销售、运输等职能处。事业部制组织结构使每一个部门成为半独立经营单位。这样独立的部门使多元化经营更加专业化，部门间相互独立，两不相干，大大提高了生产效率。这种组织结构利于公司最高管理者摆脱日常行政事务，专心致力于公司的战略决策，充分调动各事业部的积极性，提高组织经营的灵活性和适应能力，综合性培养人才。但是这种管理方式仍存在一定缺点，整体性不强，部门化倾向性强，横向联系和协调较难，容易损害整体的利益，不利于精简机构和降低管理费用。

为了解决这种问题，杜邦进行了又一次组织架构的变革，建立了一种横向的领导系统：各成员既同原职能部门保持组织与业务上的联系，又参加项目工作。这种组织结构，加强了各部门的横向联系，使组织的机动性加强，而且集权和分权相结合，集体领导，权利相互制约，充分发挥集体作用，专业人员潜能得到发挥，提高了员工参与度。

资料来源：https://www.xiexiebang.com/a12/201905145/55157cffaa667d89.html.

第二节　国际营销组织结构形式

企业跨越国界走向世界市场，不仅扩大了营销空间，也使企业面临的营销环境更加复杂，企业需要处理的营销内容及企业内部的各种关系更加繁杂，从而必然导致企业组织结构的调整。纵观国际营销组织结构演进的历程，没有一种组织结构是完美无缺的，每一种形式都是对前一种形式加以改进的结果。它们在一定的条件下起一定的作用，同时存在一定的局限性。对于国际营销企业来说，重要的是了解和比较各种组织结构的优缺点，以便结合自身国际营销的需要，不断调整组织结构，实现最佳的组织效率。

一、出口战略的营销组织

企业在国际营销的初期和早期，一般采取出口战略。国内经济结构、国际经济结构以及企业自身的经营规模和水平都决定了出口战略具有低风险和高报酬的优势，采取出口战略通常是在组织上设立出口部或海外子公司等形式。

（一）设立出口部的组织结构

设立出口部是最简单的国际营销组织形式。最初，出口部由国际营销经理和一些助手组成，其任务是与所有海外顾客保持联系，负责制定出口营销方案，解决出口问题，聘任并监督代理商。随着业务的增长，出口部的任务扩大到提供多种营销服务，并有专业职能人员。

设立出口部组织出口业务，优点在于统一协调和处理产品及劳务出口中出现的问题，便于经理人员学习、探索和积累国际营销的经验，减少管理障碍。缺点是出口部对管理国际营销业务的范围十分有限，当企业开展对外直接投资或许可证贸易等综合性业务时，出口部难以协调企业内部利益的矛盾。

（二）设立海外子公司的组织结构

国际营销业务扩大到一定程度时，就需要在国外建立机构，通常采取的法定形式是子公司。海外子公司应按当地法律注册登记，由母公司控制，但在法律上是一个独立的法人。作为法人组织有相应的组织结构，有独立自主的经营权，独立承担民事责任，因而母公司和子公司间存在着松散的联系，母公司赋予子公司极大的自主权，也不对子公司经营直接负责。

1. 设立海外子公司的优点

设立海外子公司的优点表现在以下几个方面。

第一，作为一个独立的企业在特定环境中从事营销活动，海外子公司可以根据东道国经营环境的特点，灵活开展活动。

第二，可以以本地公司的身份吸引当地投资，为当地提供就业机会，减少东道国的抵触情绪，更容易被东道国接纳。

第三，在管理方面发挥独创性，使派出人员能够得到很好的锻炼，给母公司培养人才。

第四，在最高管理层和海外子公司间不存在中间层次的情况下，有利于企业总部与海外子公司之间的信息沟通。

2. 海外子公司结构的主要不足

海外子公司结构的主要不足表现如下。

第一，海外子公司在制定决策时更多地关注本公司的利益，可能忽视母公司及其他子公司的整体利益。

第二，由于在母公司总部无专门机构负责联系，子公司特别是较小的子公司容易被母公司忽视，不能及时了解母公司的有关信息，且难以得到总部在资源配置方面的支持，造成管理环节上的疏忽。

第三，公司总部无专门机构负责海外经营情况，往往从国内情况出发，对海外子公司做出不恰当的估计和错误的指令，令子公司无所适从。

二、海外生产战略的营销组织

随着海外市场销售量的增加，国际化经营企业需要加强日益增多的产品出口、技术转让和对外直接投资等综合性业务管理，为此，由国际营销管理专家和其他人员组成的国际事业部应运而生。它通常由一名副总经理领导，代表总部管理本企业所有的国际业务。

（一）采用国际事业部组织结构的优点

采用国际事业部组织结构有以下几方面的优点。

第一，可以在企业内部形成规范的管理和沟通国际业务机制。

第二，可使海外事业的管理一贯化，易于贯彻企业宗旨，提高活动效率，不会发生管理和信息传输混乱的情况。

第三，有利于资源的综合配置，协调各海外子公司的业务活动，使企业的总体绩效最优。

第四，有利于培养国际经营管理人才，积累国际管理经验，加强人才队伍的培养。

（二）集权管理倾向和专业分工的组织结构的缺点和不足

设立国际事业部，统一企业总部对国际业务的管理，反映了企业对集权管理的倾向。随着国际业务的不断扩大，这种集权管理倾向和专业分工的组织结构也表现出一些缺点和不足。

首先，机构重叠容易造成国际事业部与国内事业部之间的冲突。其次，由于国内各部门依然是主体，国际事业部协调和支持海外子公司活动的能力非常有限。再次，子公司的灵活性和竞争力受到一定程度的限制，并在利润分配上产生矛盾。最后，国际事业部因为势单力薄，往往会产生盲目扩充机构的不良倾向。

虽然如此，国际事业部负责协调和实施由产品出口向国外生产的转移，至少在海外直接生产的初期仍是比较合理的，它比较适合从事国际营销、产品标准化、地区分布不广、市场基本特点相同及技术稳定的中小型国际经营企业。一旦国外产品、市场、技术多样化程度提高，国际事业部管理协调能力和效率就会大大降低，国际营销组织结构调整逐渐成为必然。

三、全球经营战略的营销组织

随着海外子公司的数量增加和规模扩大，企业多种产品进入多个国际市场，面对日益加剧的国际事业部与国内事业部之间的利害冲突，企业总部应力求以全球性的观点来组织整个企业的经营，将国内经营和国际经营融为一体，放弃国际事业部的形式，转向全球性营销组织，调整不同管理部门和管理层次的权利分配。消除国内和海外之间的组织沟通障碍，建立一套有效的联络、协调和控制系统，在全球范围内组织和管理企业的整体业务。在这种组织结构中，总部集中国内和国外经营的总目标；总部任何部门都是按世界范围设置，既管理国内分支机构，又管理国外分支机构。这样就为国际化经营企业实施全球战略提供了组织条件。全球性组织结构大体上可分为四种形式：全球职能结构、全球地区结构、全球产品结构和全球矩阵结构。

四、国际营销网络型组织

随着国际营销程度的不断加深，国际化经营企业必须面对日趋激烈的市场竞争、日新月异的技术创新、纷繁复杂的环境变化和加速变化的顾客需求。但是，主宰世界经济的大型企业，尤其是庞大的跨国公司，因组织机构臃肿、管理效率低下、风险意识和创新精神淡化而患上了不同程度的"大企业病"。传统的以分工细致、权限明确为主要特点的金字塔或科层制组织因缺乏灵活性而难以适应环境变化。

网络型国际化经营企业内部没有严格的科层制结构，代之以联盟式的分权经营的"独立公司"。企业内部各层次、各单位之间联系灵活，企业整体以及整体的各个部分与外部建立广泛的、多种形式的协作关系，从而为企业组织的动态发展和调整提供了较大的可能性，使企业能更好地适应环境的变化。

网络型组织可以实现大企业的规模经济、范围经济与小企业成长经济的优势互补，也存在因企业内部利益主体多元化而造成的内部竞争现象。因此，需要有效地沟通和协调，如信息共享、统一企业文化、目标协调、人事协调、制度协调等，培养企业整体的凝聚力，使各分权经营管理的单位和企业整体更好地适应环境的要求，更有效地组织国际营销活动。

案例

海尔集团组织结构的演变

海尔集团是在原青岛电冰箱总厂亏损147万元的基础上，经兼并扩张而发展起来的一个以家电为主，集科研、生产、贸易及金融于一体的国际化企业。为了营造不断创新的动力机制，保持企业的高效运行和对市场的快速反应，海尔集团的企业组织形式始终处于一种有序的非平衡状态。据统计，从1984年至今，海尔的组织结构经历了三次大的调整。

第一次变革：从工厂制到事业部制——由集权向分权制转化

20世纪80年代，海尔同其他企业一样，实行的是"工厂制"，即直线职能型组织管理。直线职能制结构是一种集权式的组织结构形式，就像一个金字塔，下面是最普通的员工，最上面是厂长、总经理，它的好处就是管理者容易控制到终端。这种结构在海尔发展的初期起了很大的作用，当时海尔内部局面混乱，纪律涣散，员工素质低，如果不采用这种组织结构，海尔无法发展。这一时期，海尔组织架构模式的效能在"日事日毕、日清日高"为特征的"OEC管理模式"下达到了顶峰。但随着企业的发展，这种模型的劣势也日益凸显，就是对市场的反应太慢。基于此弊端，在多元化经营战略下，海尔的组织架构由原有的直线职能制开始向事业部模式进行转变。1993年，青岛海尔电冰箱股份有限公司上市后，海尔集团在原工厂制组织结构的基础上，逐步推行了事业部制组织结构。

第二次变革：从事业部制到事业本部制

经过第一次调整，海尔集团的组织结构整体上是分权化、扁平型的，但对于冰箱本部而言，仍是集权式组织结构，即直线职能型。这种结构类型对以前单一的冰箱产品是适应的，但对于餐饮、冰箱、小家电等多种产品齐头并进的快速扩张形势则显得缺乏效率，暴露出诸多问题：一是小家电、冰箱和餐饮分部的部长均由本部部长兼任，三个分部缺乏相应的分权，造成本部部长管理幅度过大，无暇考虑公司大的经营决策；二是十几个生产厂共同依赖一套职能部门，职能部门一职多能，组织运作效率不高；三是职责不清晰，难以做到"事事有人管、人人都管事"。集团其他事业部的发展也遇到了类似的情况。为了适应企业进一步发展的迫切需要，海尔集团于1997年又对其组织结构进行了新的改进和调整，集团和管理者把这种组织模式称为"联合舰队模式"。海尔集团把联合舰队的组织模式延伸到整个营销体系的建立中，各事业本部设有自己的销售公司和进出口公司，各自负责自己本部的产品销售以及出口和海外建厂工作，在市场开拓中行使销售部的职能。

第三次变革：从事业本部制到业务流程再造

经过前两次的调整，海尔有了较大的发展，随着企业外部环境由卖方市场向买方市场转变，海尔再次进行了战略性的组织结构调整：把原来各事业部的财务、采购、销售业务全部分离出来，整合成商流推进本部、物流推进本部、资金流推进本部，实行全集团统一营销、采购、结算；形成横向网络化的同步的业务流程。这种结构实现了企业内部和外部网络相连，使企业形成一个开放的系统。

资料来源：https://www.xzbu.com/2/view-14822737.htm.

第三节　国际营销组织的选择

国际营销组织形式没有一种是十全十美的，实际上，成功企业的营销组织形式千差万别，国际化经营企业须根据自己的特点和条件，选择适合自己并能满足自身需求的组织形式，以高效地实现国际营销目标。组织结构选择虽然没有一个可供依据的模式，但可以根据合理组织的需求，遵守一定的原则，综合分析影响选择的因素，确定适合的组织模式，并不失时机地进行相应的组织调整。

一、国际营销组织应符合的要求

国际企业在设计国际营销组织时，一般要考虑企业的目标、企业参与国际营销的程度、企业的性质、企业的产品等各种因素。国际营销组织具有系统性、合理性、灵活性和有效性的特点。国际营销组织的目标是协调本企业在海外市场的经营活动，国际营销组织的选择应与企业的国际化战略相适应。因此，为了有效推进国际营销活动，合理的国际营销组织应符合以下要求。

（一）明细

组织内的职权与沟通关系、分工与协调关系明确，各单位成员权责清楚、简洁明了，但又不遗漏组织应有的任何必要功能。

（二）经济

易于维持控制，并使摩擦降到最低程度。

（三）迅速

决策、执行、控制所需的信息畅通，企业对环境变化和组织内部变化能及时做出反应。

（四）自组织、自调节

形成有效率的组织系统，不会因内外因素发生变化而影响企业的正常运行。同时又具备调试性，组织整体不断学习，吸收新的观念和事物。

二、国际营销组织结构选择的原则

有效组织的原则属于有效组织工作的基本标准，选择合理有效的组织结构应遵循以下基本原则。

（一）目标统一原则

如果一个组织的机构能使每位员工对现实企业目标有贡献，那么这样的组织结构是有效的。同理，如果国际化经营企业中每位员工、每个部门、每个方面对"创造顾客"、增强国际竞争力的营销目标的实现有所贡献，那么这样的国际营销组织结构是有效的。

（二）组织效率原则

一个组织的结构能使不必要的后果与代价降至最低，以帮助企业实现目标，这样的组织是有效的。国际化经营企业要在充分保证企业优质高效完成既定目标的前提下，定任务、定机构、定岗位、因事设职、因职设岗，杜绝机构臃肿、权责不清、决策迟钝、推诿扯皮等低效率现象的发生，更有效地完成营销目标的任务。

（三）合理授权原则

对每一位管理人员授权必须适当，以保证他们有能力实现预期的结果。国际化经营企业的经营单位分布在国内外的许多地区，营销环境不断变化，要求国内外经营单位充分发挥其灵活性、主动性和积极性。因此，他们必须得到合理的授权，才能根据市场变化灵活地决策，并在统一组织的目标和战略指导下，从企业整体利益出发，实现预期的国际营销效果。

（四）指挥统一性和职责绝对性原则

个人只对一个上级汇报工作，下级人员就其工作对上级负有绝对的责任，这个原则贯彻越彻底，相对矛盾越少，个人对结构的责任感就越强，各级组织及个人形成以职责为中心、权利分层次、指挥相统一的营销组织结构，对于规模庞大、经营复杂的国际化经营企业显得尤为重要。

（五）分工与协调平衡原则

任何组织活动，无论复杂，还是简单，都涉及两个相对立的问题：一是通过分工将活动分解为许多作业任务；二是协调这些作业任务进行综合运作。分工和协调二者需保持平衡，不可偏废。过度强调分工有碍于整体效率；过度强调协调则有碍于局部的积极性。国际营销组织通过分工而形成各经营单位，可以调动其积极性；通过协调，可以沟通各方面信息，实现总部与子公司、子公司之间的相互配合，不因为子公司的局部利益而损害全局效率。只有这样，国际营销组织才能从总体效率出发，利用自身优势，实现营销资源的最优配置。

（六）稳定性与适应性相结合原则

组织结构一旦确定下来，需保持相对的稳定。同时，每一组织内须建立能预料变革并能做出反应的措施和方法。国际营销环境在不断变化，为了能紧随调整的国际营销战略，组织机构必须适时做出相应的调整。因此，国际营销组织须实行稳定性与灵活性相结合的原则。

三、影响国际营销组织选择的因素

国际营销组织形式各有利弊，它们各自适合不同的国际化经营企业及其发展的不同阶段。企业在选择何种组织形式的决策时，除了领导人的气质在一定程度上影响选择的结果外，其他因素也影响着决策，它们大部分超出了领导人的控制范围，任何一位成功的营销管理人员都不能忽视这些因素。

（一）企业国际化经营所处的阶段

企业国际化经营所处的阶段是决定企业国际营销组织结构的根本因素。实践经验及专家分析表明，国际化经营企业根据自己的产品和经营地区的多样化程度及海外销售额占销售总额的百分比，大致能判断出目前和将来应选择的组织结构。

如果企业的国外子公司规模小、数量少，国外业务在整个企业经营中比重较小，其得失对企业来说并不重要，企业组织形式的重心自然放在国内业务上，因而可采用出口部或国外子公司及其他管理国际业务费用较低的组织形式。当企业在国外的经营项目日趋成熟时，国外业务在整个企业中占有重要地位，企业应选择国际事业部及全球性组织结构的形式。

（二）企业的历史和经验

对企业组织形式的选择，不可避免地受其历史和经验的影响。一个在国际市场上经营多年，并拥有一大批具有国际管理经验的经理人员的国际化经营企业，与刚刚涉足国际市场的企业对组织结构的选择是不同的：经营活动刚刚向外扩张的国际化经营企业在选择组织结构时，往往把国内业务和国际业务分开，以利于国际市场的开拓；国外经营已趋成熟的国际化经营企业，更偏重于组织各部门、各单位活动的协调，考虑更多的是经营的性质和产品策略，以期获得更高的收益。

（三）管理哲学和经营思想

最高层管理人员的性格及他们信奉的哲学，对国际营销组织的选择起着重大影响。在很多情况下，最高管理层人员应认识到，职权的分散是使组织有活力的有效方法。管理哲学和经营思想的差异，一方面表现在地区及国别差异上，如欧洲的国际化经营企业多倾向于选择有利于集中管理的组织形式，如职能分布型组织结构；而美国的国际化经营企业多采用能有效进行监督、协调和控制的分权式组织结构，产品分部和地区分部的组织在美国企业较为普遍。另一方面，管理哲学和经营思想的差异还体现在，不同的企业之间，有的企业敢于冒险，敢于根据环境的变化及时改变组织结构；有的企业则谨小慎微，只有在万不得已时才对组织形式进行变革。

此外，管理哲学和经营思想对企业选择组织结构的影响，还体现在企业总部及国外子公司对东道国价值观和思想文化的态度上，这种态度可分为母国导向、东道国导向、地区导向及全球导向四种。那些奉行东道国导向的企业，多采用较大分权的组织结构，而全球导向的企业则更乐于采用全球性结构。

（四）企业资源

企业资源包括人力、物力、财力、技术管理和经验等，它决定了国际营销活动的内容、方式和方向，因而也是影响国际营销组织形式选择的重要因素之一。很显然，如果没有能胜任职务的经营管理人员，再好的组织结构也等于零。特别是全球性组织结构，需要大批高素质的具有国际营销经验的经营管理人才，人才缺乏成了全球性组织结构的严重问题。

（五）各子公司之间的互相依存程度和分散程度

子公司之间业务上的依存度越高，越适合集中控制；否则，各子公司应各自分散决策。国外子公司越分散，所跨越地域越广，它们和母公司间的距离越长，信息传递和技术资源的转移所需的时间就越长，就越应赋予子公司较大的自主权；反之，子公司的自主权则可能受到较多限制。

（六）营销环境的差异性

国际营销组织在世界许多国家和地区进行营销活动，这些国家之间及它们与母国之间的政治、经济、法律、文化等存在一定差异，因此，要求有更多适应性的战略、策略和实践。

 案 例

麦当劳的成功之路

1955 年，52 岁的克劳克以 270 万美元买下了理查兄弟经营的 7 家麦当劳快餐连锁店及其店名，开始了他的麦当劳汉堡包的经营生涯。经过多年的努力，麦当劳快餐店取得了惊人的成就：2012 年财富世界 500 强排行榜排名第 410 位。麦当劳公司旗下最知名的麦当劳品牌拥有超过 32 000 家快餐厅，分布在全球 121 个国家和地区。在世界各地的麦当劳按照当地人的口味对餐点进行适当的调整。总之，麦当劳现已成为一种全球商品，几乎无所不在。麦当劳金色的拱形"M"标志，在世界市场上已成为不用翻译即懂的大众文化，其企业形象在消费者心目中已扎根。

麦当劳公司怎样取得如此瞩目的成就呢？这归功于公司的市场营销观念。公司知道，一个好的企业国际形象有助于企业市场营销，其创始人克劳克在努力树立企业产品形象的同时，更着重于树立良好的企业形象，树立了 M 标志的金色形象。当时市场上可买到的汉堡包比较多，但是绝大多数的汉堡包质量较差、供应顾客的速度很慢、服务态度不好、卫生条件差、餐厅的气氛嘈杂，消费者很是不满。针对这种情况，麦当劳的公司提出了著名的"Q""S""C"和"V"经管理念，Q 代表产品质量"Quality"，S 代表服务"Service"、C 代表清洁"Cleanness"，V 代表价值"Value"。麦当劳知道，向顾客提供适当的产品和服务，并不断满足不时变化的顾客需要，是树立企业良好形象的重要途径。

麦当劳公司为了保证其产品的质量，对生产汉堡包的每一具体细节都有详细具体的规定和说明，从管理经营到具体产品的选料、加工等，甚至包括多长时间必须清洗一次厕所、煎土豆片的油应有多热等细节，可谓应有尽有。经营麦当劳分店的人员，必须先到伊利诺伊州的麦当劳汉堡包大学培训 10 天，得到"汉堡包"学位，方可营业。因此，所有麦当劳快餐店出售的汉堡包都严格执行规定的质量和配料。就拿与汉堡包一起销售的炸薯条为例，用作原料的马铃薯是专门培植并经精心挑选的，再通过适当的贮存时间调整淀粉和糖的含量，放入可以调温的炸锅中油炸后立即供应给顾客，薯条炸后 7 分钟内如果尚未售出，就将报废不再供应给顾客，这就保证了炸薯条的质量。同时，由于到麦当劳快餐店就餐的顾客来自不同的阶层，具有不同的年龄、性别和爱好，因此，汉堡包的口味及快餐的菜谱、佐料也迎合不同的口味和要求。这些措施使公司的产品博得了人们的赞叹并经久不衰，树立了良好的企业产品形象，而良好的企业产品形象又为树立良好的企业国际形象打下了坚实的基础。

麦当劳快餐的服务也是一流的。这里没有公用电话和投币式自动电唱机，因此没有喧闹和闲逛，最适于全家聚餐。它的座位舒适、宽敞，有早点，也有新品种项目。麦当劳的服务效率非常高，碰到人多时，顾客要的所有食品都事先放在纸盒或纸杯坦克中，顾客排队一次就能取全所点食品。麦当劳快餐店总是在人们需要就餐的地方出现，特别是在高速公路两旁，上面写着："10 米远就有麦当劳快餐服务"，并标明醒目的食品名称和价格，有的地方还装有通话器，顾客只要在通话器里报上食品的名称和数量，待车开到分店时，就能一手交货，一手付钱，马上驱车赶路。如此周到的服务，更为公司光辉的形象加了多彩的一笔。

麦当劳公司在公众中树立优质产品、优质服务形象的同时，也意识到清洁卫生对于一家食品公司的重要性。麦当劳快餐店制定了严格的卫生标准，如工作人员不准留长发，妇女必须戴发网，顾客一走就必须擦净桌面，落在地上的纸片必须马上捡起来。顾客无论什么时候走进麦当劳快餐店，都可立刻感受到清洁和舒适，从而对该公司产生信赖。

麦当劳快餐店在服务、质量、清洁三方面的杰出表现，使顾客感到麦当劳快餐是让人放心的，花钱也值得。这种感受会促使他再次走进麦当劳店，走进那金色拱顶的餐厅。

麦当劳公司就是这样通过 Q、S、C、V 的营销管理模式，为企业赢得了良好的形象。今天，麦当劳公司正以一个安全、可靠的形象立于国际市场。

资料来源：https://m.taomingren.com/article/14855.

讨论与思考

1. 国际营销组织的演进可以分为哪几个阶段?
2. 国际事业部的建立通常取决于哪些方面?
3. 设立海外子公司的优点和不足分别有哪些?
4. 海外生产战略的营销组织结构有哪些优点和不足?
5. 请简要说明选择国际营销组织应符合的要求、原则以及影响因素。

 案例导读

美菱冰箱在西非市场面临的风险

长虹美菱股份有限公司（下文简称"美菱"）隶属于四川长虹控股集团，是长虹集团旗下的子公司，其前身是合肥电冰箱总厂。美菱是中国著名的家电制造厂商之一，其国内的四大生产制造基地分别位于广东省中山市、四川省绵阳市、安徽省合肥市、江西省景德镇市，同时坐拥巴基斯坦及印度尼西亚两处海外生产制造基地。美菱冰箱在进军西非市场时，面临以下风险。

（1）受地缘政治、宗教冲突以及恐怖袭击频发的影响，非洲整体政治环境不稳定，政局的动荡一定程度上加剧了跨国公司经营的不稳定性，风险性急剧增加。

（2）非洲经济的不稳定性，多种货币频繁贬值，多国外汇管制导致经营风险加剧。非洲经济稳中向好的基础尚不牢固，对家电市场的发展造成不利影响。

（3）海信南非工厂和美的埃及工厂不断壮大发展，有综合成本优势的产品不断辐射周边及非洲其他市场，供应链的优势明显强劲，市场反应速度快，具备终端售价的竞争性优势，这是美菱目前短时间内难解决的问题。

（4）价格竞争日益激烈。竞争对手大力发展品牌业务，在产品和海运费（合约价）上支持当地代理扩大市场份额，价格竞争愈演愈烈，越来越多的家电品牌对美菱冰箱产生了巨大的威胁。再加上中国及土耳其部分杂牌 OEM 厂商以低廉的价格及相对较差的用材用料成功杀入了低端特价机的阵营，这类杂牌 OEM 厂商提供的具有优势的竞争价格，使终端零售价进一步下沉，只能以更低价格的特价机去抢占市场份额，带来的结果便是东西卖得越多反而不赚钱，经营利润逐步下坡，行业内卷导致竞争格局进一步加剧。

（5）来自海信国际赞助活动的进一步轰炸，其品牌形象进一步根深蒂固，新品牌进入市场的难度进一步加深。海信多年的巨额赞助，从 2016 年的欧洲杯、2018 年的世界杯、2020 年的欧洲杯、2022 年卡塔尔世界杯及各种大小爆点活动的赞助，一方面加深消费者对海信品牌的深度认知，另一方面也极大增强了经销商信心，品牌知名度一时难以撼动。

（6）战略驱动的行业龙头 HR 整体利润率较高。充足的规模效应决定着 HR 拥有足够多的现金流及全方位充足的财务实力来引领行业的变革。HR 的几起并购，从亚太的 Fisher&Paykel、AQUA 到欧美的 GE（控股 Mabe）、Candy 均获得巨大的成功，加速了其在全球市场的产业化协同能力。头部品牌越做越强，产业越做越壮大，其全球市场份额越来越大，带给美菱巨大的压力与挑战，全球主流市场的蛋糕留给美菱发挥的空间被进一步蚕食。

资料来源：https://kns.cnki.net/kcms2/article/abstract?v = rNedIcCUbLAdwZF-qYlIvtZOtFXFdOLCBbnMpnZa97YwcHYFpF0beZlRY96ourmRx8T_Y8q38kIp9Msjsk_sKiesZa1LEzySuhlHbD4DSOn_UvxYO8GGxCRSuslzMd-D&uniplatform = NZKPT&flag = copy.

国际营销风险管理是一般风险管理的组成部分。目前，风险管理已发展为两种形式：保险型风险管理，其经营范围仅限于纯粹风险；经营管理型风险管理，主要研究企业面临的政治、经济、社会变革等所有风险的管理。本章主要针对国际营销风险管理的相关内容进行详细阐述。

第一节　国际营销风险管理概述

一、风险和风险管理的含义

（一）风险的含义与分类

风险是指客观存在的自然、社会、技术、经济、政治等诸多方面引起的未来损失的不确定性。

在全球经营企业的货物运输中，经常出现自然灾害和意外事故；出口货物到达目标国，也易出现拒收风险和关税风险；如果进口商破产，销售货款便无法收回，即使货款能发回，如果汇率波动频繁，企业将面临外汇风险等损失。全球经营企业在经营过程中面临的风险是多种多样的，而且是客观的、偶然的、易变的。根据风险产生的不同原因，可将风险分为以下几类。

1. 自然风险

自然风险是指因自然原因导致的物质损毁和人员伤亡，如暴风雨、雷电、海啸、洪水、地震等。

2. 人为风险

人为风险是指由于人们的行为以及政治经济活动引起的风险，一般包括行为风险、经济风险、政治风险和技术风险等。

行为风险是指由个人或团体的行为，如过失、行为不当或故意行为造成的风险。例如，玩忽职守、盗窃、故意破坏等行为引起的财产和人身的不良后果。经济风险是出于市场经济的不确定性造成的风险，包括违约风险、市场风险、通货膨胀风险及外汇风险等。政治风险是由于政局的变化、政权的更替、战争、罢工、恐怖主义等引起的各种损失。技术风险是由于科学技术发展的副作用而带来的种种损失，如各种污染、核泄漏所引起的损失。

根据风险性质可分为静态风险和动态风险。静态风险是只有损失可能而无获利机会的风险，如技术风险、行为风险、自然风险等。动态风险是既有损失可能又有获利机会的风险，多与经济、政治、文化等相关。

企业在国际市场营销活动中的风险有很多，分类的方法也多种多样，但国际营销企业应特别注意对政治风险、经济风险中的外汇风险和运输风险进行管理。

（二）风险管理的含义

尽管对于风险管理的研究已有很长一段时间，企业也把风险管理的有关知识、方法直接应用于企业的日常生产经营活动中，但把风险管理从主要由企业财务部门负责的日常经营活动，上升到由企业整体管理并突出长期性的战略性管理，还是近20年才在我国风行起来的。那么，究竟什么才是风险管理呢？

1. 风险管理

风险管理是指机构或个人运用各种金融或其他工具，按照一定的方法和程序对面临的风险进行臆测和控制，从而达到降低、消除风险或减少损失的经济活动。

2. 风险管理的需求

风险管理来自企业经济活动中的现实需求。根据市场的调查，风险管理的需求主要来自以下五个方面。

（1）处理规模不断增加的新工具的需要。

（2）改善资本配置的需要。

（3）精确定价、管理和控制市场经营和信用风险的需要。

（4）为遵循、满足政府和市场管理者新颁布的制度、规则、指导意见的需要。

（5）为改善对客户的服务而使制度、体系灵活性更强的需要。

3. 风险管理的工具

对防范风险的机构和个人来说，其防范风险的可用工具包含两个方面。

第一，内部资源的运用。对企业来说，风险管理就是加强企业的内部管理，包括财务管理、资产管理、安全管理等。财务管理是企业内部管理的中心环节，是企业实现基业长青的重要基础和保障。财务管理是在一定的整体目标下，关于资产的购置（投资）、资本的融通（筹资）和经营中现金流量（营运资金），以及利润分配的管理。企业资产管理是软件、系统和服务的组合，用于维护和控制运营资产及设备。其目的是优化资产在整个生命周期的质量和利用率，提高正常运行时间并降低运营成本。企业资产管理涉及工作管理、资产维护、规划和调度，供应链管理以及环境、健康和安全举措。企业安全管理是以国家的法律、规定和技术标准为依据，采取各种手段，对企业生产的安全状况实施有效制约的一切活动。

第二，利用外部工具和方法进行的专门化管理，具体包括利用外部保险市场和衍生市场的种种工具和方法。财产保险可以为企业分担风险，提供经济补偿。各种自然灾害和意外事故，如火灾、爆炸、洪水、雷击、风灾等，如果某家企业遇到了灾害事故，轻则影响生产，重则中断生产经营，甚至破产。购买保险是以少量固定成本投入，规避潜在的巨大的财务风险。在遭受到保险责任范围内的自然灾害或意外事故时，企业能够及时得到经济补偿，保障企业正常生产和经营。金融衍生工具也称金融衍生产品，是一种通过预测股价、利率、汇率等未来市场行情走势，以支付少量保证金签订远期合同或互换不同金融商品的派生交易合约，期货、期权、远期合约、掉期合约等均属此列。

二、风险管理的目标和方法

（一）风险管理的目标

企业的风险管理目标是保存公司组织前进的能力，并对顾客提供产品和服务，以保全公司人力与物力，保证企业盈利能力。企业应根据上述目标，寻求风险管理的途径和方案，确定风险管理操作原则和风险管理程序，使企业风险管理科学化、合理化。

（二）风险管理的方法

对防范风险的机构来说，其风险管理的可用工具包含两个方面。

第一，内部资源的运用。对企业来说，风险管理的重要工具或方法实际上就是如何加强企业的内部管理，包括财务管理、资产管理、安全管理等。

第二，利用外部工具和方法进行的专门化管理，具体包括利用外部保险市场和衍生市场的工具和方法。

对实施风险管理者来说，风险管理原则的确定在很大程度上取决于企业所面临风险的种类和性质。例如，是躲避还是承接风险，在承接风险的情况下是防止、消除风险还是转移风险，这些都直接关系到具体方法和工具的使用。

三、风险管理的程序

（一）风险管理的三个阶段

风险管理的程序是实施风险管理的主要内容和中心环节，是实现风险管理目标的具体步骤。风险管理的程序主要包括以下三个方面。

1. 风险识别

现实社会中的风险并不都是显露在外的，未加识别或错误识别的风险不仅难以优化管理，还会造成意料之外的损失。在这一阶段中，风险识别的手段，相关信息的收集，风险的汇总、分类，风险走势的监测都是必要的。

2. 风险度量

对不同的风险、不同的时间、不同的风险发生的地点，风险暴露及发生损失时的程度可能有所差别。同样，在是否要管理、如何管理等方面，准确地度量风险程度与差别就成为提高风险管理效率和质量的关键因素。在现有的风险中，某些风险本身就直观明了，或因长期的经营积累，使它们易于估测，例如，由自然风险造成的可保险性；某些风险要通过专门的技术分析手段计算，例如，不确定性的计算、敏感性和波动性分析、忍受水平的估计、非预期损失的分布和水平测算等；某些风险则是隐含风险，可对其进行探测处理。风险度量是风险管理的重要组成部分和前提，是技术性很强的一个专门领域。

3. 风险管理

在完成以上步骤之后，就要对是否实施和如何实施风险管理进行决策。是否需要做出风险管理的决策通常取决于以下三个因素：第一，显性化风险的数量和结构；第二，企业自身防范风险的能力、条件，主要是根据资金条件和人力资本条件，企业是否能够自己进行有效的风险管理；第三，风险防范的外部环境条件是否完善。

（二）风险管理的组织结构分工

在一个大型企业中，不同部门面临的风险表现和种类存在显著差别，可以分为三类。

1. 战略性风险

战略性风险是指对企业的长期经营和竞争战略产生影响的综合性风险，这种风险通常是从企业赖以生存的市场中表现出来的。

2. 总体水平风险

总体水平风险是指企业整体面临的有可能在一段时间内对企业整体造成损害的风险，最典型的总体水平风险包括流动风险和利率风险。

3. 部门风险

部门风险是指企业内部不同部门面临的，或尽管风险相同但预期损失程度不同的风险，例如信贷风险、政治风险等。这些风险造成的直接损失在特定部门中可能比较突出。

在战略性风险管理层面，因为影响战略风险的因素远多于经营风险，而且时间跨度大，所以其管理由企业最高管理者直接负责。

对于总体水平风险，企业应从整体的角度设立专门的机构或人员，如风险管理部及风险管理经理，在企业最高管理者的直接领导下对这类风险进行总体管理，包括自上而下的系统管理、信息管理。

对于部门风险，则主要由相关程度最高或风险暴露可能概率最大的部门去实施管理。例如，财务部门、销售部门、生产部门等是部门风险的主要职能机构，它们主要根据经营风险的实际概率分布情况来进行可保风险和金融风险的分工管理。

 案　例

沃尔玛营销风险分析

沃尔玛百货有限公司（简称"沃尔玛"），是一家诞生于美国的世界性连锁企业，连续7年在美国《财富》杂志世界500强企业中居首位。沃尔玛公司有8 500家门店，分布于全球15个国家，主要有沃尔玛购物广场、山姆会员店、沃尔玛商店、沃尔玛社区店四种营业方式。

（一）环境风险

1. 系统环境

营销渠道不可能存在于真空中，必须在不断变化的外部环境中运作，而这些外部环境又时时影响着营销渠道管理，从而给企业的渠道营销决策带来风险。经济环境（经济衰退、通货膨胀、通货紧缩和其他经济问题）、社会文化环境、科学技术环境、法律环境等任何一个环境因素的变化都会给沃尔玛经营带来不确定的风险。

2. 行业环境风险

作为一个国际性的零售连锁企业，沃尔玛的竞争对手众多。不仅有同样国际化的家乐福，也有各个国家的强有力竞争对手，如德国的阿尔迪、日本的永旺、中国的大润发等。细化到各个城市又会有地区、城市的零售连锁，如在福建的沃尔玛会面临新华都、中闽等，竞争极为激烈。

（二）产品风险

1. 服务风险

沃尔玛的产品就是其服务，虽然沃尔玛已经有"三米原则"、免费停车、"山姆休闲廊"、阑克施乐文件处理商务中心（可为顾客提供包括彩色文件制作、复印，工程图纸放大缩小，高速文印在内的多项服务）等特色服务，但是这些服务都是为顾客带来便利的附加服务，其他的竞争者也有类似服务，而且此类服务容易为竞争者所模仿。

2. 自有品牌风险（新产品）

沃尔玛旗下有多个自有品牌，这些自有品牌可以说是沃尔玛的新产品。自有品牌可以在沃尔玛以更低的价格出售，占据更好的货架位置，但沃尔玛并不是产品制造商，在产品生产方面，如产品品牌的研究、开发面临一定的风险，自有品牌对沃尔玛原有的零售品牌形象也存在一定的负面影响风险。

（三）定价风险（沃尔玛的定价风险）

定价风险主要是低价风险。沃尔玛打的口号一直是"低价"。从表面上看，低价有利于销售，但定低价并不是在任何时候、对任何产品都行得通。相反，产品定低价，一方面会使消费者怀疑产品的质量，另一方面使企业营销活动中价格降低的空间缩小，销售难度增加。此外，产品定低价依赖于消费者需求量的广泛且稳定，而实际上消费者需求每时每刻都在变动之中，低价依赖性是非常脆弱的。

（四）分销渠道风险（市场扩张风险）

沃尔玛开通了电子商务渠道、免费送货。如何处理网络渠道与传统渠道之间的平衡关系，是沃尔玛的一大难题。早在2008年，沃尔玛就在巴西推出电子商务业务。此后，沃尔玛逐步在美国和英国发展了强大的网络销售业务，并在中国和日本推出电子商务业务，希望通过网上业务扩张全球新市场，提升整体销售额。在沃尔玛网络营销战略影响下，其他美国零售商也竞相利用网络扩展业务。家乐福、美国网络零售商亚马逊等竞争对手实力都不容小觑。

（五）促销风险

促销风险包括广告风险、人员推销风险、营业推广风险及公共关系风险等。

企业开展公共关系，目的是为企业或其产品树立一个良好的社会形象，为市场营销开辟一个宽松的社会环境空间。开展公共关系需要支付成本，如果该费用支出达不到预期的效果，甚至无效果或负效果，则形成公共关系风险。沃尔玛的公共关系风险是各方抵制、企业形象等方面的风险。

关于沃尔玛的批评，主要集中在其破坏传统社区生活方式方面，如对环境的破坏，对工会、对员工的剥削以及在诸如印尼等地开"血汗工厂"等。其中，工会、社区群体、宗教团体、环保组织都明确主张反对沃尔玛集团的公司政策、运作手段，甚至是消费该集团商品或服务的消费者。在国际采购、产品供应、环保措施、贸易补贴的使用以及劳工福利政策方面也有批评的声音。

由于沃尔玛提供偏低的劳工福利，美国有些城市抵制沃尔玛在本城市开设店铺。在中国广州，本土零售行业也一直抵制沃尔玛。

（六）本土化风险

进入其他国家时，他国的物流系统、信息系统条件可能无法支撑沃尔玛的配送、信息需要，成本降低优势无法体现。

1. 物流系统，难降成本

有的国家高速公路发展水平比较低，使沃尔玛的配送链大打折扣。

2. 信息系统，难显优势

沃尔玛领先高效的信息系统备受业界推崇。借助自己的商用卫星，沃尔玛便捷地实现了信息系统的全球联网。有的国家大多数供应商信息化水平较低，只能和沃尔玛进行简单的数据交换。同时，受政策的限制，沃尔玛的卫星通信系统无法发挥作用，其全球采购系统、全球物流系统的有效共享效果大打折扣，后台物流系统各环节同样不能做到在美国那样严密配合，无法发挥应有的效率。跨地区的连锁配送难以实现，极大地影响了沃尔玛低价政策的实施。

（七）融资风险

门店高速扩张、数十家独资子公司的设立，必然缩紧沃尔玛的资金链，如何合理控制资金风险成为沃尔玛面对的另一个重要的问题。

资料来源：https://wenku.baidu.com/view/b4ecf7946bec0975f465e2b5.html。

第二节　国际政治风险管理

全球企业在经营活动中，面临的是两个以上的主权环境。企业除了在母国受母国政府的监督管理之外，还要受东道国政府的影响，海外的业务处于非常复杂的环境。当今世界政治与经济关系日趋复杂，不确定因素大量存在，出现了政治、经济相互纠缠、紧密联系的趋势。

一、政治风险的含义

政治风险是企业在国际营销活动中最不易预测和掌握的营销风险，也是企业不能控制的营销风险因素，因此，国际营销企业应密切关注政治风险的发展动向，确认政治风险发生的原因和背景，采取有效的措施进行政治风险管理，避免或减少国际营销企业的损失。

政治风险是指企业开展国际营销活动的所在国发生政治变革或政治变动，或与跨国公司的目标发生冲突，或与其他国家的政治关系发生重大变化，而导致跨国营销活动中断或不连续、利益蒙受损失的可能性。

在国际营销活动过程中，正确认识、判断和分析政治风险，采取切实有效的规避政治风险的对策，把不利影响或损失降低到最小程度，是国际营销企业管理人员的一项基本任务。

二、政治风险的类型

政治风险可根据对国际营销的潜在影响，分为政局不稳定风险、所有权风险、经营风险及转移风险。跨国营销企业面临的政治风险主要有没收充公、部分剥夺资产所有权和限制营销活动等，具体表现形式如下。

（一）没收与征用

没收是指东道国政府采取强制措施，无偿地将外国企业的资产收归本国所有。征用也是指东道国政府将外国企业的资产收归国有，但给予外国企业一定限度的补偿。按照国际法的规定，东道国政府在征用外国企业的资产时，应给予及时且足够的补偿，且补偿必须是可以兑换的货币。但在通常情况下，补偿金的额度要小于国外企业资产的总额，有些补偿甚至只是象征性的补偿。

没收与征用是国际营销企业所遇到的最严重的政治风险，这种情况在中东和南美洲就曾经发生过，如墨西哥于1937年接管外商拥有的铁路系统，秘鲁于1968年征用美孚石油公司的股份等。另外，还有一些没收外国资金的隐性方法，如对外国公司征收差别税，拒绝办理出口物资的清关和出关。有些国家在经济状况恶劣时，宣布冻结全部外汇，即使承包商得到一张暂借外汇的期票，其规定的利率也很低，而且要多年以后才归还本金。

（二）本国化

本国化是指目标市场国政府制定各种政策和采取各种措施来约束、限制外国企业，并逐步迫使外国企业将企业控制权转移到本国国民手中，并将外国企业的营销活动纳入符合本国利益的运行轨道上。本国化有可能导致企业财产没收和征用，但本国化是一个渐进的过程，是跨国营销企业与东道国之间妥协和调和的产物，企业还可以在目标市场上继续进行营销活动，但东道国政府对企业的控制会逐步加强。因此，本国化是一种相对温和的政治干预形式。

（三）外汇管制

外汇管制是指一国政府对外汇买卖和国际结算进行的管理和限制。一国实行外汇管制的原因是该国外汇短缺，通过外汇管制促进国际收支平衡或改善国际收支状况；稳定本币汇率，减少涉外经济活动中的外汇风险；防止资本外逃或大规模的投机性资本流动，维护本国金融市场的稳定；增加本国的国际储备；有效利用外汇资金；等等。外汇管制针对的活动涉及外汇收付、外汇买卖、国际借贷、外汇转移和使用，本国货币汇率的决定，本国货币的可兑换性，以及本币和黄金、白银的跨国界流动。由于东道国政府实行外汇管制措施，跨国营销企业不能自由地调度资金，从而限制了其产品在国际市场上竞争优势的发挥。对国际企业来说，企业的利润和资本转移受到限制，而且不能自由地从国外进口企业生产所需的原料、设备和零部件等，外国投资者不能随意将利润和投资从东道国货币兑换成本国货币。

（四）价格管制

价格管制是指东道国政府对一些与公众利益密切相关的重要产品的价格进行控制，价格管制直接干预企业的定价政策。价格管制主要有定价管制、比较定价、参考定价、利润控制与强制削价等形式，不同形式的定价自由度反映政府对不同产品价格的管制强度。在经济困难或通货膨胀时期，一国政府通常对关系国计民生的重要产品（如食品、药品等）实行价格控制。价格管制常被用来对付国际营销企业和保护国内企业，通过确定最低价格来削弱进口产品的竞争力，确定最高价格来减少国际营销企业的利润。

（五）进口限制

进口限制是指一个国家或地区出于某种原因而做出的不准某些外国产品进入本国或本地区市场，或对进入本国或本地区市场的某种产品做出数量、质量、规格、品种和价格等方面的限制。进口限制的原因主要有产品存在某种危害性，进口产品属于限制消费的产品，保护本国生产商的利益，保护本国产业免受冲击等。进口限制的措施主要有进口配额、进口许可证、保护性关税、外汇管制等。对原料、机器和零部件的进口有选择地实行限制是政府迫使外国公司多购买本国产品，以便为本国工业开拓市场销路而常采取的一种策略。政府采取进口限制的主要目的在于保护本国工业。国际企业的经营常受东道国进口限制措施的影响。例如，东道国对原料、机器设备和多余配件实施进口限制，迫使外企购买本地供应品，为本国工业创造市场，这往往导致外企经营成本上升。

（六）劳动力限制

劳动力限制是指许多国家、政府制定法规来限制企业的人事政策，支持工会从外商企业获得更多的权利，如不许解雇工人、不许关闭工厂、利润共享和提高福利等。世界各国尤其是发达国家政府十分关注劳动用工问题。对于国际营销企业来说，劳工问题是非常敏感的。由于许多国家的工会力量较为强大，政府为获得更多的民意支持，有时也支持工会在外国企业中获得更多特权，如不能随意解雇员工、提供培训机会、提高员工福利待遇、共同分享利润等。在有劳工限制的国家，外国企业在使用当地雇工时，必须注意研究东道国劳工政策和法规的相关规定，以避免发生劳工纠纷问题，使企业的营销活动受到影响和制约。例如，在法国，充分就业的观念根深蒂固，一旦解雇工人的事件发生，特别是被外企解雇，都会被视为危机。

（七）税收控制

税收控制是指东道国政府利用税收方面的管制措施来影响企业的经营活动。目标市场国政府对国际营销企业征收超额差别税的目的是限制其在国内市场的迅速发展和扩大，为保障本国企业的迅速壮大营造一个良好的营销环境。例如，东道国利用增税来降低外企的利润，以增加其政府收入，或者政府提前结束免税期等。用征税来控制外国投资的手段也是政治风险的一种表现。国外企业可能遇见当地国突然提高税率，甚至不顾双方已达成的协议，这将使业务已具备相当规模的外国公司利润大减。

（八）政局动荡

政局动荡是指一个国家和地区的大选、民族矛盾、宗教冲突、战争、大规模的罢工、恐怖主义等政治事件，政局动荡将造成国内政局的不稳和动乱，严重破坏社会经济秩序，使企业无法开展正常的营销活动。战争和内乱是导致长久重大损失的重要因素，会增加企业营销风险的成本，打击国际营销企业的投资信心，严重影响企业的国际营销活动。

（九）政治干预竞争

政治干预竞争就是目标市场国政府利用政治、经济和法律手段保障本国企业在市场上的相对竞争优势，挤压国外企业市场生存空间的经济运行形式。在国际市场上，政府干预、参加竞争的情况屡见不鲜，特别是一些西方国家，经常利用政府间的合作、援助等方式干预国际间的营销活动，利用诱导甚至胁迫的手段，为本国企业获得国际营销业务项目提供支持。政府的干预往往会从根本上改变竞争局面，导致出人意料的结果，这也在无形中增加了国际营销的政治风险。

少数东道国政府在财力枯竭的情况下，会以粗暴的方式违背政府签订的项目合同并宣布拒讨债务，使国际营销企业面临更大的政治风险。如果在没有任何付款保证的、政治很不稳定的国家开展营销业务，特别是在与跨国营销企业的母国没有外交关系的国家，其国际营销的政治风险更大。

（十）政治报复和经济制裁

当一国政府由于政治或经济原因对另一国采取制裁或报复行动时，往往会停止两国之间的所有或部分贸易往来，殃及在两国市场上进行营销活动企业的利益。种族歧视、政见相异、核武器问题、恐怖主义等原因都会引起国际或两国间的政治报复或经济制裁。政治报复和经济制裁措施一般是终止两国政府间一定层级的互访和对话，限制本国企业与对方国家企业开展贸易活动，呼吁其他国家参与货物运输限制等，这也增加了两国企业国际营销的政治风险。

三、政治风险的防范

（一）政治风险评估

政治风险的评估可以由企业组织内部的机构和人员进行，也可以由企业委托的外部专业机构和专业人员进行。企业自己进行政治风险评估一般具有成本小、可控性强和容易操作等特点，但由于政治风险涉及面广且复杂多变，对评估人员的素质要求很高；而委托专业机构和专业人员进行政治风险评估，由于其熟悉政治评估的程序和方法，且经验丰富，评估活动过程比较规范，结果更加准确和具有指导性，但成本较高。

国际营销企业在不同的目标市场上，面对不同的东道国政府，处于不同的时期，具体评估重点和考察范围应有所不同。政治风险评估工作一般经过评估东道国政府对外国投资的态度和政策，评估东道国政府政治和经济政策的稳定性，将政治风险评估结合企业战略计划综合考察，评估国际营销企业与东道国的相对力量四个步骤。

为了评估东道国政治风险，管理者需要思考以下问题，以便识别东道国是否存在政治风险及政治风险的类型。

第一，东道国总体政局的不稳定性在经营计划内可能怎样变动？

第二，排除总体政局崩溃的可能，现任政府的权力可望维持多久？

第三，根据现任政府对外国投资者的态度及权力状况，它对现行竞争规则，如所有权等问题的干预有多强？

第四，现行竞争规则的变化对预期投资项目的安全和获利水平将产生怎样的影响？

第五，现行政府对本国贸易的态度怎样？关税壁垒与非关税壁垒，以及反倾销政策如何？

第一组问题是对国家总体政局不稳定性风险的评估。通过所收集的资料和信息，看目标国在涉外企业的经营计划内是否有革命、骚乱、外来侵略的风险。如果管理者通过系统分析，觉得计划期内政治形势动荡，则应停止预期项目的进一步调查。

如果觉得政治局势稳定，则可继续回答第二组问题，即评估所有权风险——东道国政府没收外国投资项目行为的可能性。没收是东道国政府采取行动或制裁措施，对外国所有者财产的强迫或强制剥夺；当政府不补偿财产所有者时，国有化就是没收。干预是由政府或由政府支持的私人集团摄取外国所有者的财产。征用与干预相似，但它是由政府采取的应付紧急情况的措施，日后财产可能重新回到外国所有者手中。投资者还有可能遇到的事情是售卖、强制合同再签、合同废除等。在大多数没收事件中，外国投资者迟早会得到一些补偿，但它很少符合"及时、有效和足量"的国际标准。由于没收一般是东道国政府所能采取的最坏行动，因而管理者应当慎重地评估项目的没收风险。

如果判定没收风险可以接受，管理者即可评估经营风险。评估经营风险，管理者必须确定计划期内预期项目的经营特征及预期现金流量，以便评估这些风险因素对当地货币计量的投资利润的可能流量。如果东道国政府有反倾销法，管理者特别应当注意征收反倾销税对获利水平的影响。因此，需要把项目的风险评估和获利水平评估结合起来。

此外，需要评估的是转移风险。坚持从国外分支机构按期分红和取得其他所得的公司管理者，不应对转移风险掉以轻心。

关于汇率风险，它对于预期项目的成功至关重要。评估风险的管理者需要预测计划期内东道国货币汇率的可能变化方向，估计这些变化对预期项目现金流量的可能变化方向，并估计这些变化对预期项目现金流量的净影响。

（二）政治风险的防范策略

政治风险是国际营销中最大的风险，它既可以滋生于发展中国家，同样也存在于发达国家。国际营销企业在选择国际目标市场时，应选择政治稳定、制度完善和具有经济环境优势的国家或地区。政治动荡不安、经济不发达的国家或地区也可以作为目标市场进行投资经营，但必须制定更周全的应对策略。

防范和减少政治风险，是企业在从事国际营销活动中必须注意的问题。由于政治风险总是存在的，因而各国企业应在国际营销活动中积极采取对策，力求把政治风险可能造成的损失降到最小，一些有代表性的对策如下。

1. 投资前的政治风险防范

1）回避

回避是指企业在得知某些国家或地区的政治风险比较大，没有比较有效的对策规避损失，同时，市场机会又不足以使企业在该国家或地区冒此风险，回避是理所当然的选择。因为，企业面临市场机会很多，尽管在任何一个目标市场上，政治风险都是存在的，但是风险的类别和程度存在着差别。通过评估，对那些可能的损失大于利益、难以有效规避的风险，应该采取回避的对策，转向其他更为理想的目标市场。

2）办理保险

办理保险是一种转移风险的手段。尽管保险需要付出代价，但保费支出与风险造成的可能损失相比还是相当有限的。因此，当企业面对具有诱惑力的市场机会且预计存在政治风险时，选择保险是明智之举。事实上，国际保险业的迅速发展几乎同市场经济的发展同步，采用保险的形式规避风险已经被广泛认同。在大多数发达的工业化国家，都有一些为本国公司提供国外政治风险保险的政府或私人保险机构，如著名的美国国外私人投资公司

（OPIC），这些保险机构可以承担由于东道国的没收、征用、本国化、外汇管制、战争等特定政治风险所造成的财产损失。

3）谈判安排

谈判安排是一种积极有效的对策，是指企业在进入一个目标市场，或在从事一项国际营销业务之初，与目标市场国家、合作对象或业务对象，通过谈判商定有关政治风险处理的条款，并在协议或合同中列明，使企业在实际运作过程中一旦遇到政治风险可以有效地规避。

2. 投资中的政治风险防范

1）入乡随俗，树立形象

第一，建立并发展同东道国政府的良好关系。国际营销企业要明确自己的地位，主动与东道国政府进行沟通与协商，尊重和配合东道国的国家目标，以便取得东道国政府的理解与合作。

第二，协调企业与东道国之间的利益关系。企业必须尊重东道国的民族利益和民族情感，要将自己的获利建立在对该国经济做贡献的基础之上，建立双赢的协同关系。

第三，努力做一个"好公民"。企业人员要入乡随俗，尊重当地风俗习惯。例如，使用当地语言，产品要本地化，广告要符合当地的风俗习惯等。

第四，树立良好的企业形象。例如，积极开展公共关系活动，让东道国的工会、社会团体等了解企业，并同它们建立良好关系；和当地雇员分享利润，尽量不解雇当地雇员；为东道国的文化发展做贡献；对东道国提供援助或兴办对当地政府有益的公共事业等。

2）生产和经营策略

这种方式是通过对生产和经营方面的安排，增加东道国政府干预企业营运的成本，从而使政治风险最小化。

在生产策略上，要控制两点：一是控制原材料及零配件的供应，如能将主要原料或关键部件的供应也放在东道国之外，将会加大东道国的征用代价；二是控制专利及技术诀窍，特别是当技术独一无二，而又不能被模仿和掌握的情况下，使用这种策略尤为有效。

在营销战略上，要控制市场经营和分销渠道。通过控制产品的出口市场、运输及分销机构，使东道国政府接管该企业后，失去产品进入国际市场的渠道。

在融资策略上，要把握两点：一是在东道国筹资。利用在东道国证券市场发行股票等形式，从东道国的一些机构和国民那里获取一定资金，这样企业就不必将大量资金带到东道国，从而减少政治风险。二是扩大投资基准。企业可以联合几个投资者和银行，对在东道国投资的项目提供资金，当企业受到东道国政府征用或接管的政治打击时，可以得到银行的帮助。

3）有计划地实现本地化

第一，建立合资企业。合资的对象可以是东道国企业，也可以是第三国的企业。与东道国企业合资，既可以缓和反外国企业的情绪，又可对东道国政府产生牵制作用；与第三国企业合资，则能增加企业向东道国政府讨价还价的能力。

第二，使企业部分当地化。例如，将一部分股权转让给东道国政府及其居民，有计划地培养和挑选当地人担任重要职务、雇用当地工人，等等。

案　例

在美陷关停风险，Shein 的麻烦大了

3 月 26 日，有消息称中国跨境快时尚品牌 Shein 或面临在美国被关闭风险。美国民间机构 Shut Down Shein 联盟指出，Shein 利用关税漏洞，逃避了数十亿美元的美国关税，并呼吁关闭 Shein。

针对这一消息，Shein 方面很快向媒体做出了回应："对于美国民间机构的虚假说法，Shein 断然予以否认并坚决捍卫公司权益。公司在美遵照当地法律法规正常运营。"

随着全球互联网格局的不断变化，原有秩序与新势力之间的冲击，导致碰撞在所难免。

3 月前三周，根据 Sensor Tower 数据，美国应用商店下载量排名前五的热门 App 中，来自中国的 App 占据了其中四个席位，他们分别是拼多多旗下的跨境电商平台 Temu、字节跳动旗下的视频编辑应用 CapCut 和短视频应用 TikTok，以及快时尚品牌 Shein。而唯一跻身前五名的美国本土 App，是诞生于 2004 年的 Facebook，排名第五。

Shut Down Shein 联盟将同样来自中国的 TikTok 形容为 "Shein 的亲密商业盟友"。就在 Shein 被曝关闭风险前几日，TikTok CEO 周受资才于美国当地时间 23 日出席国会听证会，在 TikTok 美国面临强制出售或被禁的情况下，接受了议员长达 5 个多小时的质询。

从低调起步，Shein 在短短数年内便超越众多国际时装和电商巨头，一跃成为最受年轻人欢迎的头部服装品牌。但其未来在海外市场的发展路径，料也难以一帆风顺。

1. 受关注的"新霸主"

2021 年 5 月，Shein 取代亚马逊，悄然成为美国 iOS 和 Android 平台下载量最大的购物应用。而后，Shein 便常常"霸榜"购物类应用榜单。

对 Z 世代来说，Shein 不同于传统快时尚开设大量实体店的方式，其营销几乎都通过网上进行。成长于互联网时代的 Z 世代，对社交媒体的痴迷也正迎合了品牌的发展路径，和短视频内容与流行文化相辅相成的赏心悦目穿搭展示，成为 Z 世代种草服饰的重要方式。

Shein 的受欢迎程度，也可从其线下临时快闪店的火爆中看出一些端倪。在去年 9 月纽约时报中文网发布的一篇文章中描述了这样一个场景：位于美国得克萨斯州的一家 Shein 快闪店，中午才开始正式营业，但上午店外就开始排起长队，保安甚至表示，自己每天都要拒绝约 20 名想插队的"贿赂"。这些插队者为了可以提前进入门店购物，愿意出价 20 美元至 100 美元。

消费市场对 Shein 的积极回馈，使 Shein 的估值增速惊人。2020 年，Shein 的估值仅为 150 亿美元，而在 2022 年 4 月的一轮融资过后，Shein 的估值已经超过一千亿美元，成为当时全球第三高价值的私营公司，仅次于字节跳动和埃隆·马斯克的 SpaceX。

2. 卷入税收风波

然而，随着 Shein 在全球"声量"的不断放大，挑战也接踵而至。

最近这项名为 Shut Down Shein 的活动，由民间联盟发起，号称由"志同道合"的个人和企业组成，目标是抵制 Shein 这家中国快时尚巨头以"保护美国人"，并提高美国民众对"Shein 危害"和"应受谴责行为"的认识。

该联盟表示，Shein "可疑的反竞争行为"，包括利用专为度假回国的美国游客设计的关税漏洞、逃避数十亿美元的美国关税付款，以及 "没有道德的" 商业行为，使其能够以低于市场价销售产品。

具体而言，Shein 的用户在创建账户时都会被标记为 "个人进口商"，只要用户在 Shein 的每笔订单低于 800 美元，就不会触发向美国海关和边境保护局报告的规定。

Shein 否认了这些指控，表示这些说法是错误和毫无根据的，并确认其严格遵守了美国法律和法规，并表示决心保护其权利和利益。

北美传讯创始人兼 CEO 彭家荣在接受财联社采访时表示，此次提出 Shut Down Shein 的民间组织其实影响并不大，Shein 本身也没有这方面的问题。800 美元以下免征税是美国 321 法案的制度，所有零售商都适用。"而且在拜登任期，'800 美元' 线应该不会发生变化，但会在选举前后有不同的声音会出现。但即使发生变化，也是对所有在美经营的涉及跨境业务的电商平台都产生影响，包括欧洲等海内外的电商平台，也不只是国内的。"

无独有偶，Shein 近来在南非市场同样遇上了关税方面的麻烦。据《华尔街日报》报道，南非政府在收到当地纺织工会和行业协会的投诉后，已于 3 月中宣布对 Shein 进行调查，以查清其是否存在利用税收漏洞逃避进口关税的行为。

报道指出，南非政府通常根据其价值对进口服装征收 40% 至 45% 的税，然而 Shein 只缴纳了 10% 到 20% 的税率。南非工会代表 EtienneVlok 认为，Shein 利用了价值 800 美元以下货物可以免除关税的漏洞。

Shein 的发言人对此回应表示，公司一直致力于遵守其经营所在市场的当地法律法规。

这是 Shein 第一次面对来自政府的官方调查，目前南非贸易、工业和竞争部发言人并未提供相关调查细节，但表示调查是为了回应劳工组织的担忧。

3. 商业和商业范畴以外的更多 "不确定性"

除了关于 "逃避进口关税" 方面的指责，Shein 在海外市场还面临着更多 "不确定性"。

多年来，Shein 母公司曾先后被 NIKE、UGG、Luxottica 集团的 Oakley 太阳镜和在线零售商 Dolls Kill 等多家知名零售商起诉，称 Shein 剽窃其设计，还有独立设计师自发在社交平台集体抗议 Shein 的剽窃行为。

据媒体统计，过去 3 年，Shein 和其香港母公司，因被指控侵犯商标版权，在美国遭到了至少 50 起诉讼，都与侵犯原告知识产权相关。

其次，Shein 在海外市场被质疑的，还有为了适应大量订单需求，导致其供应端工厂存在的工时过长及工资低等 "剥削" 情况。

Shein 针对一部由英国拍摄的 Shein 工厂纪录片做出反馈。经过独立审计公司进行调查后，Shein 否认了纪录片中的大部分内容，但同时宣布对存在 "工时违规" 现象的工厂停止运营，直到问题解决。

此后，Shein 宣布将斥资 1 500 万美元用于其供应商社区赋权计划，对 Shein 的供应工厂进行全方位提升改造。这一计划将合同制造供应商绑定到 Shein 的行为准则中，Shein 表示该准则符合国际劳工组织的最佳实践。作为协议的一部分，供应商同意，如果他们有违反行为准则的行为被发现，并且未能在规定的时限内纠正违规行为，合同将被终止。

另一项有关于 Shein 的担忧则是关于"数据安全"。Shut Down Shein 在其网站上表示，Shein 正在收集美国儿童及其父母和朋友的数据。

在中国 App 走向美国和其他海外市场的过程中，"数据安全"已经成了无法绕开的话题之一。

TikTok 在美国同样面临数据安全方面的指控。为了应对美国政府的监管，TikTok 正计划将所有美国用户数据迁移到美国国内的服务器上。根据该计划，TikTok 的美国员工通过一个独立机构管理对美国用户的数据，该机构拥有 1 500 名员工，将独立于字节跳动运行，并将由外部观察员监督。

即使如此，TikTok 和 Shein 在美国的后续发展走向，或许都将不再仅限于商业范畴。

资料来源：https://www.thepaper.cn/newsDetail_forward_22522172.

第三节　国际营销经济风险与管理

一、经济风险的含义

在国际营销中，经济风险是由经济方面的原因引发的风险。这是国际营销风险及其防范的重点。经济风险产生于东道国经济内在的不确定性和与之合作的企业内在的不确定性。在国际营销中，经济风险可分为渠道不稳定性风险、违约风险、通货膨胀风险、外汇风险、市场风险和运输风险六类。

（一）渠道不稳定性风险

渠道不稳定性风险产生于对东道国销售渠道控制认识的不确定性。例如，如果选择国外代理商在东道国进行营销，由于制造商只能控制部分销售渠道，在东道国的销售便存在不稳定因素，存在被排挤出市场的风险。渠道不稳定性风险一般不会使企业放弃选择国外代理商或经销商，但它可能会干扰企业的经营，并降低利润水平。

（二）违约风险

企业在从事国际市场营销活动时，容易碰到违约风险。违约风险是指由于有关协议、契约未能履行而使企业遭到损失，甚至遭到失败的风险。如交易方拒收货物，不如期付款，破产而无偿付能力，合作方经营不善倒闭或诈骗等，都直接影响企业的营销利益，企业应主动防范。一般而言，企业可采用信用调查和信用保险来防范违约风险。

（三）通货膨胀风险

通货膨胀风险是由于通货膨胀使企业遭受损失的风险，既包括本国通货膨胀风险，也包括东道国通货膨胀风险。通货膨胀意味着物价水平上涨，由于物价是一国商品价值的货币表现，通货膨胀也就意味着该国货币代表的价值量下降。

（四）外汇风险

外汇风险产生于外汇汇率波动导致外币计价的资金损失的风险。企业的外汇风险主要有以下三种类型。

（1）交易风险，是指由于汇率波动而引起的应收资产和应付债务价值发生变化的风险。交易风险又分为三种情况：①进出口贸易，即期或远期付款时的汇率与签订合同时的汇率相比，产生对进口方或出口方不利的变化；②信贷，发放信贷时的汇率和收回贷款时的汇率相比，产生对借方或贷方不利的变化；③远期外汇合同，合同所约定的汇率和实际汇率相比，产生对某一方不利的变化。

（2）折算风险，是指由于汇率变化而引起资产负债表中某些外汇项目金额变动的风险，属于账面上的风险，不会对现金流量产生直接影响。

（3）经营风险，是指由于汇率波动而引起企业未来收益变化的一种潜在风险，直接关系企业海外的经营效果和投资收益。

（五）市场风险

市场风险产生于市场上成本、需求和竞争的不确定性。市场风险指企业面对的外部市场的复杂性和变动性所带来的与经营相关的风险。市场因素的变化可能对企业正常经营活动产生直接或者间接的影响，而企业经营活动能否盈利是影响企业持续成长、永续经营的重要因素。市场风险主要来源：产品或服务的价格及供需变化带来的风险；能源、原材料、配件等物资供应的充足性、稳定性和价格的变化带来的风险；主要客户、主要供应商的信用风险；税收政策和利率、汇率、股票价格指数的变化带来的风险；潜在进入者、竞争者带来的风险。

（六）运输风险

运输风险主要是指货物在运输过程中的风险。海洋运输受自然气候和季节性影响较大，环境复杂，气象多变，随时都有遇上狂风、巨浪、暴风、雷电、海啸等自然灾害的可能，遇险的可能性比陆地要大。同时，海洋运输还存在着社会风险，如战争、罢工、贸易禁运等，因而国际货物运输承担着很大的风险。公路运输变动成本相对较高，公路的建设和维修费经常以税收和费用的形式向运输人征收，受容积限制大，能耗高，环境污染比其他运输方式严重，土地占用也较多。铁路运输由于设计能力是一定的，当市场运量在某一阶段急增时，难以及时得到运输机会。铁路运输的固定成本很高，但变动成本相对较低，近距离的运费较高。长距离运输情况下，由于需要进行货车配车，中途停留时间较多，装卸次数较多，货物错损或丢失事故较多。

二、经济风险的管理机制

经济风险的类型多种多样，经济风险管理涉及诸多因素，因而不存在固定的模式和规则。但一般而言，无论对何种类型的经济风险进行何种方式的管理，都必须建立以下三个方面的基本运行机制。

（一）经济风险预警机制

经济风险预警包括经济风险识别和经济风险估价两方面内容。经济风险识别就是识别当前经济运行环境状态下的风险威胁，全面系统地考察、了解各种经济风险存在和发生的概率，以及损失的严重程度、风险因素及因其导致的其他问题。识别、评估经济风险。

首先，要求各经济主体及时把国内外政治、经济变化情况，自身资本营运状态、财务核算等方面的资料存入信息库，实行动态监测。

其次，要以高质量的信息资料为依据，选择科学的技术方法，选用先进的数学模型及预测分析方法，对经济主体的资本营运状况及其所处环境进行量化核算。在普遍估计的基础上，进行统计和计算，可以用风险率指标来判断经济风险发生的可能性，从相应指标的风险覆盖面来判断经济影响的范围，通过风险值可以对风险的强度进行衡量。

此外，由于经济风险随时存在于经济主体的资本经营活动之中，经济风险的识别和衡量也必须是一个连续不断的制度化的过程。

（二）经济风险防范机制

经济风险防范是在风险尚未真正发生时，事先对经济活动进行防范设计，以减少经济活动主体面对风险的概率。这是一项前瞻性的工作，风险识别是其前提和基础，只有正确把握未来的经济风险状况，企业才能制定有效的风险防范措施。

经济风险防范往往是对所有可能会出现的经济风险尽可能回避，以直接消除风险损失，这是一种简单易行的风险处理方法。

风险防范可以是消极防范，即经济活动主体放弃和终止某项计划的实施。如终止某些现有产品的生产和新产品的引进，暂停正在进行的经营活动，以便挑选更合适的经营业务，选择更有利的经营环境。在宏观决策中，若发现某项工程的实施将面临很大的潜在风险威胁，就应立即停止该工程的实施，并放弃这一计划，以避免遭到重大的风险损失。在微观决策中，个人退出经济亏损机会较多的部门，也属于避免风险的一种方法。风险防范也可以是主动防范，也叫创新防范，或积极防范，即采取多种措施对各种可能出现的风险进行监控预防，未雨绸缪，尽可能减少经济损失。经济活动主体可以改变生产活动的性质，改变工作地点与工作方法，改善环境的结构，建立产品的质量保证体系，采取安全生产措施等，以达到降低风险概率的目的。

（三）经济风险补偿机制

经济风险补偿主要是指风险发生后，经济活动主体通过一定的手段和方法转移、分散或者控制风险的影响，减少风险造成的实际损失，其实质是在风险发生时能及时化解和控制，以防风险累积。

经济风险补偿、控制一般要经过以下几个阶段：经济风险因素分析，选择风险控制技术及工具，实施风险控制策略，检查和评估控制结果。

在分析经济风险因素时，要分析社会、经济环境方面的因素，操作的缺陷、不安全的行为、机械和物质方面的损失，自然灾害和意外事故、伤害等，在此基础上，要制订出应对实际的或严重的损失而必须采取的应急防范计划，包括抢救措施及经济主体在发生损失后如何继续各种经济活动的计划，尽力减少各种经济损失；然后具体实施风险转移战略和风险分散战略。

风险转移战略是指经济主体将其风险损失通过经济合同（包括保险合同与非保险合同）有意识地、全部地或部分地转移给与其有相互经济利益关系的另一方承担。风险转移的方式，一是经济主体进行策略调整或策略组合，将存在风险损失的财产转移给其他人或其他经济群体，如在大中型工程建设项目中签订工程承包合同。二是运用保险手段，如在外贸业务中购买货物运输的保险，在借款业务中要求对方并其银行信用担保。

风险分散战略是指经济主体通过增加风险单位的数量，增加对损失经济的可预测性，以减少经济主体承受的经济风险压力。内部扩张就是经济主体进行风险分散的一种途径，例如，出租车公司可以扩大车队的规模，兼并后形成的新企业比原来两个企业中的任何一个都拥有更多的固定资产、资金和技术人才方面的优势。

经济风险管理机制的建立不是孤立的，它是市场经济机制不可缺少的重要组成部分，没有风险管理机制，微观经济实体的行为约束难以硬化，市场机制运行的结果也必然因种种风险累积导致畸形经济。因此，建立市场经济体制是确立经济风险管理机制的根本，必须把二者紧密结合起来，进行权力和利益的配置，使经济行为主体的权力和风险相称，使其在运用权力谋取利益的同时，承担自身行为的风险，并且将经济风险降到最低。

 案 例

宝洁在中国的困局与曙光

1月23日，宝洁集团公布2024财年第二季度（2023年10—12月）财报，报告显示，宝洁2024财年第二季度净销售额为214.41亿美元，同比增长3%；归母净利润同比下滑12%至34.68亿美元。

综合宝洁2023年全年的业绩情况来看，宝洁净销售总额达839.33亿美元，按当前汇率计算，宝洁成功撞线6 000亿总销售额。

值得注意的是，宝洁在2023自然年的四个及独立均实现了超3%的业绩增长，放眼整个行业，宝洁的成绩依旧亮眼。然而，增长的背后也藏着宝洁的挣扎。

Q2净利润双位数下降，撞线背后仍有挣扎

综合宝洁近5个财年第二季度的业绩情况来看，2024财年Q2净销售额虽取得小幅增长，但其净利润处于近五年最低值，且跌幅破双位数。

对于净利润的下滑，宝洁在财报中归咎于"非现金费用损害了吉列商标无形资产的账面价值以及非核心重组费用的增加"。早在2023年12月，宝洁就曾发布声明表示计划拨出20亿至25亿美元，用于部分业务的重组及减值，其中13亿美元计划用于吉列品牌的税前非现金减损支出。

不过，报告期内宝洁整体财务状况依旧健康，宝洁的毛利率由2023财年第二季度的47.5%上升至52.7%。宝洁在财报中将其归因于节省总生产率、有利的商品成本以及价格上涨等所带来的收益。

同时，宝洁依旧拥有强势增长的板块，男士理容业务销售额达17.34亿美元，同比增长6%。宝洁在财报中指出，该部门实现增长主要得益于更高的定价、优质的产品组合及销量的增长。

遭受"核打击"，SK-Ⅱ大中华区销售额下降34%

在宝洁美容业务板块里，一直有个难以解释的"钟摆"现象：SK-Ⅱ和OLAY处于钟摆的两端，当一个品牌表现强势时，另一个品牌的增速就会放缓。在上一季度，增长的钟摆远离了SK-Ⅱ品牌。

在截至12月底的第二财季，其高端护肤品牌SK-Ⅱ在大中华区的销售额下降了34%，并指出日本核污水排放是主要原因，此外，还包括产品售价高昂以及旅游零售不佳等原因。

"在消化第二季度的数据，尤其是宝洁在中国的数据时，必须考虑的其中一件事，就

是SK-Ⅱ的销量下滑，主要是日本福岛排放核污水所引发的反日情绪所致。"Jon Moeller在与分析师的电话会议上表示。

去年8月，日本开始从福岛核电站释放大量处理过的放射性污水，这引起了包括中国在内的日本邻国的强烈反对。中国消费者对核辐射污染的担忧，波及包括宝洁SK-Ⅱ在内的日本品牌。

尽管宝洁等公司已经发表声明称，其产品可以安全使用，试图减轻消费者的担忧。但SK-Ⅱ在大中华区的销量证明，其还是受到了较大影响。

受SK-Ⅱ业绩的影响，宝洁美容业务的增长水平居于五大业务部门之末，以38.49亿美元销售额仅取得1%的同比增长。

不过，宝洁高管表示，SK-Ⅱ的销售已经开始好转。"我们的消费者研究表明，围绕SK-Ⅱ品牌的情绪正在改善，我们预计下半年会出现持续改善。"宝洁首席财务官Andre Schulten在公司财报电话会议上表示。

事实上，SK-Ⅱ并非第一次遭遇类似的意外安全事件，从更长的周期里来看，只要还在牌桌上，SK-Ⅱ仍然有回暖的空间。

在增长钟摆的另一头，OLAY品牌的表现可圈可点。

宝洁旗下的另一大护肤品牌OLAY在中国的根基则要深厚得多，用户说数据显示，OLAY从2022年12月至2023年11月，在淘宝天猫、抖音平台的销售额超37亿元，其中抖音平台贡献了"10亿元+"的销售额，同比增长38.35%。

相较于抖音平台的突飞猛进，OLAY在天猫的表现则有所下降。《FBeauty未来迹》此前统计发现，在近5年的天猫"双11"全周期美妆品牌销售额排名中，OLAY从2019年的第四名下降至2023年的第七名。但整体来看OLAY品牌涨势依旧良好。

OLAY与SK-Ⅱ在中国的境遇，折射出中国市场的激变。一方面，在科技狂卷的中国市场，外资品牌的科技"滤镜"逐渐消散，本土品牌在一定程度上给外资品牌带来压力，一些外资品牌正在用破价的方式守住份额，市场竞争正在加速白热化。

另一方面，品牌在成长的过程中难免会遭遇一些意外事件，但深厚的品牌资产积累让这些品牌拥有较强的抗风险能力，我们更应该用长周期视角对品牌做出理性判断。

加注本土化，能否让宝洁平安度过中国"本命年"？

宝洁在2024财年Q1（自然年：2023年7—9月）财报中指出，由于消费者信心不足，潜在市场增长疲软，中国市场表现起伏不定，大中华区销售额同比有机下跌6%，成为当季唯一出现下滑的市场。

回顾宝洁2024财年Q2财报，"涨价"是宝洁分析其部门或品类赢得增长时，最常提及的关键词。近几年，宝洁一直通过涨价来为总体业绩提振。2021年至2022年，宝洁先后涨价三次，第三次对旗下10大品类全线提价。2023年，宝洁延续了涨价策略，所有部门产品定价上涨6%~9%。

就目前来看，涨价策略能够在短时间内帮助宝洁实现增长、稳定市场和投资者信心。但在如今全球经济增长放缓、消费疲软的逆风大背景下，宝洁在中国乃至全球市场的长线增长必须依靠自身动力。

近几年中国市场加速变化，各大跨国集团开始对这个庞大且复杂的市场把握不定。宝洁公司首席财务官Andre Schulten在2024财年第一季度财报电话会上表示："我们正在一个后疫情时代仍在萎缩的环境中运营。我们尚不能预期中国市场的迅速复苏。"

宝洁一面通过品牌矩阵的调整优化中国市场营收结构,一面加速中国本土化,与中国市场的节奏同频。

《FBeauty 未来迹》也观察到,近几年宝洁不断有旗下品牌退出中国的消息传出,如2023 年 9 月,宝洁旗下纯净护肤品牌 First Aid Beauty 关闭天猫官方旗舰店,抖音平台旗舰店商品也已清空;此前一年,宝洁旗下高端护肤品牌 Snowberry 关闭天猫官方旗舰店,如今京东等电商平台也已关闭店铺。

同时,也有数个更适合中国需求的品牌用更"中国化"的方式进入市场,且对业务部门进行积极调整。据了解,宝洁正在深度调整其美妆业务板块,加速通过出售等方式调整旗下品牌业务,其 2022 年成立的专业美容部门"Specialty Beauty"于去年 7 月迎来换帅。

除此之外宝洁原有强势品牌,依旧在不断焕新。去年 10 月,宝洁旗下知名品牌海飞丝宣布,将从原本的去屑赛道向更大的头皮护理领域转型。或许这和宝洁的专业美容部门一样,都将成为其实现下一轮增长的"新曙光"。

资料来源:https://www.36kr.com/p/2619859129016450.

讨论与思考

1. 什么是风险?风险有哪些分类?
2. 风险管理的内涵是什么?如何进行风险管理?
3. 政治风险和经济风险的含义分别是什么?
4. 政治风险的表现形式有哪些?如何对政治风险进行防范?
5. 经济风险的分类包括哪些?为应对经济风险管理建立的三大基本运行机制是什么?

案例导读

赫莲娜绿宝瓶×TME　以音乐能量共创超"能"营销

赫莲娜是欧莱雅集团旗下的顶级奢华美容品牌。赫莲娜美妆日化品牌营销策划坚持"科学变美，科技护肤"理念，集中企业资源和优势，致力于为消费者提供优质的产品和服务。与世界著名整形机构建立合作，联手艺术创作美容中心，不断推陈出新，为消费者提供现代美容护肤解决方案。

当前，消费升级伴随新的特征出现，Z时代、"00"后成为消费的主力群，他们强调参与感，彰显个性，更注重内容体验。与此同时，随着美妆护肤市场的激烈竞争以及年轻化趋势，市场对高端美妆品牌营销手段提出了更高且更多维度的要求，以更高效、更具创新的营销模式深度与年轻消费者沟通，传递品牌理念，挖掘年轻群体消费潜力显得尤为重要。

在夏日，以音乐为载体，TME携手高端美妆品牌赫莲娜绿宝瓶共创青春能量场，以定制产品专属播放器皮肤+跨界联动世界三大电音节之一的2023 EDC CHINA等系列创新营销玩法，将赫莲娜绿宝瓶的"能量"植根于年轻人热爱的生活方式中，从而助力品牌与Z世代消费者建立更有深度的情感链接，激发无限年轻超"能量"。

为了让这种契合被更多年轻人感知，TME与赫莲娜绿宝瓶联手打造QQ音乐赫莲娜绿宝瓶专属播放器皮肤。依托QQ音乐的动态播放器产品基础功能，共同发散思路，巧妙地将赫莲娜绿宝瓶所重视的产品特质与个性元素融入QQ音乐播放界面中。唱针轻拨，旋律响起，黑胶唱片开始徐徐转动，赫莲娜品牌Logo呈现于播放界面的视觉中心，绿宝瓶独特的深绿色彩熠熠流光地闪耀在每一个角落，这些元素和棱角分明、立体感十足的"黑胶唱机"一并组成专属视觉锤，从而不经意间传递品牌文化，让赫莲娜绿宝瓶所代表的品牌格调与年轻消费者个性高度契合，强化品牌潮流主张。

同时，为持续辐射更多潜在消费客群，利用QQ音乐平台优质曝光资源，在QQ音乐播放器样式页面顶部Banner、装扮中心顶部焦点图高频出现赫莲娜绿宝瓶播放器皮肤，获取用户注意力，皮肤获超20万人使用。

2023年7月初，Road to EDC电音巡礼派对上海首站，赫莲娜绿宝瓶更是一举成为全场闪耀焦点。数千人随着心潮澎湃的电音律动摇摆现场，赫莲娜绿宝瓶以产品色彩为主调，打造出包含产品专区、品牌产品巨型艺术装置、能量吧台、充能站等创意品牌定制空间，形成强烈的视觉冲击，引起全场瞩目，不仅令赫莲娜绿宝瓶在电音能量场实现超强曝光，更以沉浸的互动体验，给现场年轻一代留下深刻的潮酷品牌记忆。

资料来源：https://m.sohu.com/a/705875105_121124360.

第一节　国际营销观念的新动态

市场营销观念是指企业进行经营决策、组织和管理市场营销活动的基本指导思想，也是企业的经营哲学。它是一种观念，一种态度，或一种企业思维方式。市场营销观念是一种"以消费者需求为中心，以市场为出发点"的经营指导思想。营销观念认为，实现组织目标的关键在于正确确定目标市场消费者的需求与欲望，并比竞争对手更有效、更有利地传送目标市场所期望满足的东西。观念存在于一定的社会形态，营销观念的变化与其所处的社会发展水平及经济市场环境密切相关。

在经济社会发展的最初级阶段，人们收入水平偏低，市场上需求大于供给，企业所生产的产品有广阔的市场，在卖方市场情况下，营销观念也以生产导向型为主。正如经济学家让·巴蒂斯特·萨伊所表述的："由于市场经济的自我调节作用，不可能产生遍及国民经济所有部门的普遍性生产过剩，而只能在国民经济的个别部门出现供求失衡的现象，而且即使这样也是暂时的，产品生产本身能创造自己的需求。"在这种观念的指导下，企业多是通过大批量的产品生产，提高生产效率，降低生产成本，进行价格竞争，以占有更多的市场份额。美国汽车大王亨利·福特所说的"不管顾客需要什么颜色的汽车，我只有黑色的一种"正是这种营销观念的体现。

20世纪20年代到第二次世界大战期间，随着生产社会化程度不断提高，社会产品数量急剧增加，市场销售形势由卖方市场转向买方市场，营销观念也变成一种推销观念，强调产品差异化推销，通过增加产品的规格、品质、品种、款式、花色等来扩大产品销售量。但是，企业在设计和推销产品时，只是增加了可供顾客选择的商品种类，而不是针对具体地区、具体顾客群体设计生产专门的产品。实际上，这种推销观念仍然不能满足不同地区、不同市场、不同消费者的多样化需求。

20世纪50年代，哈佛大学尼尔·鲍顿教授开始使用市场营销组合这个概念，所谓市场营销组合，就是指企业针对目标市场的需要，综合考虑环境、能力、竞争状况，对自己可控制的各种营销因素（产品、价格、分销、促销等）进行优化组合和综合运用，使之协调配合、扬长避短、发挥优势，以取得更好的经济效益和社会效益。1960年，杰罗姆·麦凯锡教授提出了著名的营销因素"4P"组合，即产品（Product）、价格（Price）、渠道（Place）、促销（Promotion）。"4P"理论的提出，是现代市场营销理论最具划时代意义的变革，从此，营销管理成为公司管理的一部分，涉及比销售更广的领域。1986年，菲利普·科特勒提出了大营销的观念，拓宽了市场营销的概念，从过去仅仅限于销售工作，扩大到更加全面的沟通和交换流程，并且提出了"优秀的企业满足需求，杰出的企业创造市场"的观点。

20世纪70年代以来，企业的急剧膨胀引发了许多的社会矛盾与冲突，企业也逐渐意识到，要想获得长期的发展，就应该协调与其他企业、社会、自然环境的关系，营销观念也出现了很大的变化。进入21世纪以来，随着经济全球化、区域经济一体化的不断深入以及技术革命带来的技术创新，市场结构、市场规模、产业结构、商品流向等也出现了许多新的趋势，随着国际营销的政治、经济、法律、社会、文化等环境的不断变化，营销观念也出现了重大变革，绿色营销、整合营销、公共关系营销、网络营销和"发展"营销等新观念层出不穷。

一、绿色营销观念

（一）绿色营销的内涵

关于绿色营销，广义是指企业营销活动中体现的社会价值、伦理道德观，充分考虑社会效益，自觉维护自然生态平衡，自觉抵制各种有害营销。狭义的绿色营销也称生态营销或环境营销，主要是指企业在营销活动中，谋求消费者利益、企业利益与环境利益的协调，既要充分满足消费者的需求，实现企业的利润目标，也要充分注意自然生态平衡。实施绿色营销的企业，对产品的创意、设计和生产，以及定价与促销的策划与实施，都要以保护生态环境为前提，力求减少和避免环境污染，保护和节约自然资源，维护人类社会的长远利益，实现市场、经济、社会的可持续发展。

（二）绿色营销的兴起与发展

伴随着现代工业的大规模发展，人类以空前的规模和速度破坏自己赖以生存的环境，给自己的生存和发展造成严重威胁。自然灾害频发使人们逐渐觉醒，绿色需求逐步由理论转化为现实，由消费需求的满足，转向物质、精神、生态等多种需求和价值并重。有支付能力的绿色需求，推动了绿色营销的产生，影响了绿色市场的形成与发展。

1968年，在意大利成立的罗马俱乐部提出：GDP的逐步上升并不完全等于人类社会的进步。1972年6月，首届联合国人类环境会议在斯德哥尔摩召开，会议通过了《联合国人类环境会议宣言》（简称《人类环境宣言》或《斯德哥尔摩宣言》）和《行动计划》，该宣言是这次会议的主要成果，阐明了与会国和国际组织所取得的七点共同看法和二十六项原则，以鼓舞和指导世界各国人民保护和改善人类环境，宣告了人类与环境的传统观念的终结，达成了"只有一个地球"、人类与环境是不可分割的"共同体"的共识，是人类环境保护史上的第一座里程碑。

20世纪70年代以来，一些国家纷纷推出以环保为主题的"绿色计划"。1978年，德国首先执行"蓝色天使"计划；在20世纪70年代，美国对环保重视程度相对较高，如今，美国在许多城市推行强制回收体系；日本在1991年推出"绿色星球计划"和"新地球21"计划；英国于1991年开始执行"大地环境研究计划"，着重研究温室效应；加拿大也在1991年推出五年环保"绿色计划"等。

随着世界各国对环境保护认识的深入以及力度的不断加强，绿色营销的概念于21世纪初产生，英国威尔斯大学肯·毕提教授在其所著的《绿色营销——化危机为商机的经营趋势》一书中指出："绿色营销是一种能辨识、预期及符合消费的社会需求，并且可带来利润及永续经营的管理过程。"

进入21世纪以来，世界上大多数国家越来越重视环境保护，从2007年，英国、日本、加拿大等12个国家颁布关于碳排放的法规，要求其国内企业实行碳标签制度，沃尔玛、宜家等均要求其厂商提供碳标签。欧盟、日本、美国均颁布相关规定，对进口车、纺织品、瓷器，甚至啤酒生产的碳排放都制定了相应标准。与此相对应，绿色营销的观念越来越深入人心。

中国的绿色工程始于绿色食品的开发。1992年7月，制定了关于21世纪发展的行动纲要。1995年年初，全国有28种绿色食品的生产和开发机构，其他的绿色产品也不断研制成功。2002年8月，斯德哥尔摩环境研究所会同联合国计划署编写的报告认为：通过做出正确的选择，中国有可能减轻甚至避开因工业发展带来的环境污染痛苦，直接跳跃进入环境保护与工业发展同步的阶段，从而给全世界带来好处。从绿色意识的觉醒、绿色需求的发展到绿色产业的形成、绿色体制的建立，中国企业的绿色营销观念正从理论走向实践。

（三）绿色营销的特点

绿色消费、绿色观念、绿色体制和绿色科技是绿色营销的主要特点，与传统营销相比，绿色营销具有以下特征。

1. 绿色消费是开展绿色营销的前提

消费层次由低层次向高层次发展是客观规律，绿色消费观念是较高层次的消费观念，人们的温饱等基本生理需求得到满足后，便会产生提高生活质量的要求，从而产生对清洁环境与绿色产品的需求。

2. 绿色观念是绿色营销的指导思想

绿色营销以满足需求为中心，为消费者提供能有效防止资源浪费、环境污染及健康隐患的产品。绿色营销追求的是人类的长远利益与可持续发展，重视协调企业经营与自然环境的关系，力求实现人类行为与自然环境的融合发展。

3. 绿色体制是绿色营销的法制保障

绿色营销着眼于社会层面的新观念，旨在实现人类社会的协调持续发展。在竞争的市场上，必须有完善的政治与经济管理体制，制定并实施环境保护与绿色营销的方针、政策，制约各方面的短期行为，减轻市场的负外部效应，维护全社会的长远利益。

4. 绿色科技是绿色营销的物质保障

技术进步是产业变革和进化的决定因素，新兴产业的形成必然要求技术进步，但是技术进步如果背离绿色观念，则有可能加快环境污染的速度。只有以绿色科技促进绿色产业的发展，促进节约能源、使用可再生资源、无公害的绿色产品的开发，才是绿色营销的物质保障。

（四）国际营销中的绿色营销

国际市场营销中的绿色营销是指企业在国际市场上通过采用现代化管理手段、先进的生产工艺和技术设备，以减少资源和能源的投入，并减少废弃物的排放，从而创建无废或少废的企业。绿色营销要求企业开发更环保、对环境更有利的产品和服务，以满足消费者需求，并改善环境品质。

绿色营销关注整个企业的绿色含量，即企业营销活动全过程对生态环境的影响，这包括产品、定价、渠道和促销等环节。一个企业的绿色含量高，意味着其营销活动对环境的污染或破坏较小。各国日益严格的环保法规是增加营销绿色产品重要推动力量。国际企业在产品开发时，无论是产品线的选择、产品项目的增减还是包装的更换，都应兼顾环保因素，以吸引消费者对绿色产品进行消费。

此外，企业在定价策略、实体分配和推广政策等方面也需要作出与环境保护相匹配的决策。企业还应注意塑造绿色形象，通过内部员工教育和外部宣传报道等方式，突出企业的绿色环保特点。

二、整合营销观念

（一）整合营销的内涵

整合营销是一种对各种营销工具和手段进行系统化结合，根据环境进行即时性的动态修正，以使交换双方在交互中实现价值增值的营销理念与方法。整合营销就是为了建立、维护和传播品牌，以及加强客户关系，而对品牌进行计划、实施和监督的一系列营销工作。整合就是把各个独立的营销综合成一个整体，以产生协同效应。这些独立的营销工作包括广告、直接营销、销售促进、人员推销、包装、事件、赞助和客户服务等。菲利普·科特勒认为，企业所有部门服务于顾客利益而共同工作时，其结果就是整合营销。整合营销发生在两个层次：一是不同的营销功能——销售力量、广告、产品管理、市场研究等必须共同工作；二是营销部门必须和企业其他部门相协调。

整合营销观念改变了把营销活动作为企业经营管理的一项职能的缺点，而是要求把所有活动都整合和协调起来，努力为顾客的利益服务。同时，整合营销强调企业与市场之间互动的关系和影响，努力发现潜在市场和创造新市场。以注重企业、顾客、社会三方共同利益为中心的整合营销，具有整体性与动态性的特征，企业把与消费者交流、对话、沟通放在特别重要的地位，是营销观念的变革和发展。

（二）整合营销的"4C"观念与"4R"理论

随着经济的发展，整合营销的内涵也在不断变化。整合营销传播已经不是一种活动、一个行业，而是一种针对将来和现在规划、发展和执行传播方案思维的方式。21世纪的顾客不仅仅是传播的目标，而是与营销人员或信息传播人员处于同等地位；21世纪的顾客也不仅仅是企业所说服的对象，而是聆听和响应的对象。于是，以消费者需求为中心的"4C"观念日渐兴起。

"4C"理论由美国营销专家罗伯特·劳特朋教授在1990年提出，它以消费者需求为导向，重新设定了市场营销组合的四个基本要素，即消费者（Consumer）、成本（Cost）、便利（Convenience）和沟通（Communication）。它强调企业首先应该把追求顾客满意放在第一位，其次是努力降低顾客的购买成本，再次要充分注意到顾客购买过程中的便利性，而不是从企业的角度来决定销售渠道策略，最后还应以消费者为中心实施有效的营销沟通。

1. 消费者（Consumer）

消费者主要指消费者的需要和欲望。企业要把顾客放在第一位，强调满足消费者欲望、培养顾客忠诚度比开发新产品更重要。企业应直接面向顾客，建立以顾客为中心的零售观念，将"以顾客为中心"作为一条红线，贯穿于市场营销活动的整个过程。零售企业应站在顾客的立场上，帮助顾客挑选货源；按照顾客的需要及购买行为组织商品销售；研

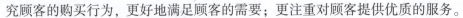

究顾客的购买行为，更好地满足顾客的需要；更注重对顾客提供优质的服务。

2. 成本（Cost）

成本指消费者为了满足自己的需要和欲望愿意并且付得起的代价。顾客在购买某一商品时，除耗费一定的资金外，还要耗费一定的时间、精力和体力，这些构成了顾客总成本。由于顾客在购买商品时，总希望把有关成本包括货币、时间、精神和体力等降到最低，以使自己得到最大限度的满足，因此，企业在营销时必须考虑顾客为满足需求而愿意支付的"顾客总成本"，要努力降低顾客购买的总成本，如降低商品进价成本和市场营销费用，从而降低商品价格，以减少顾客的货币成本；努力提高工作效率，尽可能减少顾客的时间支出，节约顾客的购买时间；通过多种渠道向顾客提供详尽的信息，为顾客提供良好的售后服务，减少顾客精神和体力的耗费。

3. 便利（Convenience）

便利指购买的方便性。与传统的营销观念相比，整合营销观念更重视服务环节，在销售过程中强调为顾客提供最高程度的便利，让顾客在便利中购物消费。企业在选择地理位置时，应考虑地区抉择、区域抉择、地点抉择等因素，尤其应考虑"消费者的易接近性"这一因素，使消费者容易达到商店。即使是远程的消费者，也能通过便利的交通接近商店。同时，在商店的设计和布局上要考虑方便消费者进出、上下，方便消费者参观、浏览、挑选，方便消费者付款结算等。企业要深入了解不同消费者的消费偏好，把便利原则贯穿于营销活动的全过程。

4. 沟通（Communication）

沟通主要指与消费者的信息交流。企业营销过程中不能单纯依靠单方面劝导顾客，可以尝试多种营销策划与组合，着眼于加强双向的沟通，增进相互的理解，实现真正的适销对路。企业为了创立竞争优势，必须不断地与消费者沟通。与消费者沟通包括向消费者提供有关商店地点、商品、服务、价格等方面的信息；影响消费者的态度与偏好，说服消费者光顾商店、购买商品，在消费者的心目中树立良好的企业形象。在当今竞争激烈的零售市场环境中，零售企业的管理者应该认识到：与消费者沟通比选择适当的商品、价格、地点、促销更为重要，更有利于企业的长期发展。

唐·舒尔茨对"4C"理论进一步深化，提出了"4R"理论。"4R"具体指：①关联（Relevance），与顾客建立紧密的联系，防止顾客流失；②反应（Reaction），提高企业对市场的反应速度，倾听顾客诉求并及时做出回应；③关系（Relationship），建立和顾客的互动关系；④回报（Reward），一切营销活动必须以为顾客、企业和社会创造价值为目的。

（三）企业开展整合营销的目的

企业开展整合营销的目的主要包括：建立"一对一"的互动式营销关系，构建立体多样、融合发展的现代传播体系，建立消费者对品牌的忠诚度。

1. 以消费者为中心，建立"一对一"的互动式营销关系

在网络环境下，各种产品的选择对消费者来说，大多不是非它不可。不断了解消费者，不断改进产品和服务，满足他们的需要，更容易拉近产品与消费者的距离。

2. 整合各种传播载体，构建立体多样、融合发展的现代传播体系

在以信息技术为核心的新技术高速发展的背景下，全球的传统媒体格局乃至舆论生态

都在经历重大而深刻的变革，营销不可能再停留于传统的媒体形式和思维方法上。通过整合各种传播载体，达到最有效的传播效力。

3. 整合各种营销手段，建立消费者对品牌的忠诚度

整合营销的功能体现从来不在其中某一环节，而在于品牌发展。打造品牌，绝不是一锤定音，需要一个过程。消费者忠诚度就是消费者基于对品质的认可、体验的满意度和情感的归依而自然产生的对品牌产品和服务的持续购买行为，它对品牌的成长具有决定性的作用。

（四）国际整合营销传播的特点

国际整合营销传播以消费者为中心，注重与传播对象的沟通，通过整合各种传播方式，突出信息传播的一致性，并强调传播活动的系统性。这些特点有助于提高品牌知名度、增强消费者的品牌认知和忠诚度，实现更有效的市场传播。

1. 以消费者为中心，与传播对象沟通

"4C"理论要求现代企业制定战略时必须以满足消费者的需要为目的，一切活动都围绕消费者展开。整合营销传播就是建立在这样的观念之上，强调以消费者为中心，以适应消费者的需求为出发点。为了达到与消费者交流、沟通的目的，整合营销传播强调建立消费者资料库，奠定与消费者交流的基础。

2. 注重各种传播方式的整合，使受众获得更多的信息接触机会

整合营销传播强调各种传播手段和方法的一体化运用。广告、公关、促销、企业识别、包装、新媒体等都是传播信息的工具，企业要注意进行最佳的组合，发挥整体效应，使消费者在不同的场合以不同的方式接触到同一主题的信息。

3. 信息传播以"一个声音"为主

整合营销传播的最大优势在于"以一种声音说话"。消费者由于"听见的是一种声音"，能更有效地接受企业所传播的信息，准确辨认企业及其产品和服务。对于企业来说，这也有助于实现传播资源的合理配置，以相对低成本的投入产出高效益。

4. 强调传播活动的系统性

整合营销传播是更为复杂的系统工程，要加强营销信息传播的系统化，更强调传播过程中各要素协同行动，发挥联合作用和效果。

三、公共关系营销观念

（一）公共关系营销的内涵

公共关系营销就是公共关系与市场营销的结合，具体来说，就是在社会经济大环境中考察企业的市场营销活动，充分运用现代公共关系的原理，从一个全新的角度进行市场营销策划和实施，树立良好的企业形象，创造适宜的营销环境，使产品借助企业知名度和美誉度进入市场，实现销售。

公共关系营销观念认为，营销是一个与供应者、消费者、竞争对手、分销商、政府机构和社会组织互动的过程。建立发展和所有利益相关者之间的关系，成为企业公共关系营销的关键变量，企业要把正确处理这些关系作为企业营销的核心。

（二）公共关系营销的特征

公共关系营销的特征包括：信息沟通的双向性，即企业与公众之间的互动和交流；战略过程的协同性，即各具优势的关系双方互相取长补短、联合行动、协同运作；营销活动的互利性，即通过公共关系活动实现企业和公众的共同利益；信息反馈的及时性，即及时收集和回应公众的反馈和意见，以持续改进和优化公共关系。

1. 信息沟通的双向性

社会学认为，关系是信息和情感交流的有效渠道，良好的关系使渠道畅通，恶化的关系使渠道阻塞，中断的关系则使渠道关闭。交流是双向的，既可以由企业开始，也可以由营销对象开始。广泛的信息交流和信息共享可以使企业赢得支持，从而实现长远的发展。

2. 战略过程的协同性

在竞争性的市场上，明智的营销管理者应强调与利益相关者建立长期的互利互惠关系。这可以是一方自愿或自动地调整自己的行为，也可以是关系涉及的双方都调整自己的行为，最终实现相互适应。各具优势的关系双方互相取长补短、联合行动、协同运作，从而实现对双方都有利的目标，是协调关系的最高形态。

3. 营销活动的互利性

公共关系营销的基础在于参与双方有利益上的互补。如果没有各自利益的实现和满足，双方就不会建立良好的关系。关系建立在互利的基础上，要了解对方的利益需求，寻求双方利益的共同点，并努力实现双方共同利益的最大化。关系双方长久的互利互惠是公共关系营销的最高境界。

4. 信息反馈的及时性

关系营销要求建立专门的部门，用以追踪各利益相关者的反馈和态度。关系营销建立一个良好的反馈循环机制，企业可以由此了解环境的动态变化，根据合作方提供的信息，改进产品和技术。信息的及时反馈可以使关系营销具有动态的应变性，有利于挖掘新的市场机会。

（三）公共关系营销系统

公共关系营销的基本原则是"公众利益至上"。公众是企业赖以生存和发展的基础，这里所说的公众，既有内部公众，又有外部公众。公共关系营销把一切内部和外部利益相关者都纳入研究范围，企业与利益相关者结成休戚与共的共同体，企业的发展要借助利益相关者的力量，而后者也要通过企业来实现自身的利益。公共关系营销系统主要由以下关系构成。

1. 企业内部关系

企业要进行有效的营销，首先要有具备营销观念的人才，能够正确理解和实施企业的战略目标和营销组合策略，并能自觉以顾客导向的方式进行工作。企业要尽力满足员工的合理要求，为关系营销奠定良好的基础。

2. 企业与竞争者的关系

企业拥有的资源条件不尽相同，往往各有所长，要善于与有实力、有经验的竞争对手合作。

3. 企业与顾客的关系

企业要实现盈利，必须依赖顾客。企业要通过信息搜集，采取适当的方式与消费者沟通，变潜在顾客为现实顾客。对于老顾客，要加深情感信任，争取变为长期顾客。

4. 企业与供销商的关系

企业必须广泛建立与供应商、经销商之间的密切合作，以便获得来自供、销两个方面的支持。

四、网络营销观念

互联网将全球联系起来，使人类可以共享信息资源。随着越来越多的个人和企业网络进入互联网，互联网在人类生活中的地位日趋重要，并为传统营销观念注入了新的内容。

（一）网络营销的特点

网络营销符合顾客主导、成本低廉、使用方便、充分沟通的要求，主要有以下特性。

第一，网络为企业市场调研提供了全新的通道，有利于企业随时了解全球消费者需求及其对产品的看法，有利于把握最新的市场动态，便于开发个性化产品。

第二，网络通信成本低廉，可以较低成本了解消费者需求，向消费者传递信息；享有低成本优势，有利于提高产品的性价比。

第三，有了互联网，消费者无须四处奔波，可以随意挑选产品，节省了企业开设实体店的开销，同时也可以节省消费者选择商品的成本。

第四，网络提供了全新的营销渠道，企业与用户可以通过网络交流，节省沟通成本。

（二）国际营销中的网络营销

国际市场中的网络营销在多个方面发挥着重要作用。首先，网络营销通过利用虚拟空间，缩短了市场距离，使企业的产品能够迅速到达国际目标市场，降低了营销成本。其次，网络营销能够定制化营销，满足不同国家消费者的个性化需求，将大众化的营销转变为个性化营销，提高满足消费者需求的能力。此外，网络营销减少了中间商，通过网上交易平台实现生产者和消费者的直接交易，降低国际营销成本。

网络营销还能够降低跨国营销中的交易风险。通过电子数据的处理，网络营销减少了票据交易风险，有利于国际营销的顺利进行。网络营销加快了信息传递速度，企业可以方便地获取市场需求信息和竞争对手的信息，有利于产品定价和促销活动的理性决策。网络营销利用先进的信息技术提高了促销活动的效率，可以将促销对象集中在有购买意愿的目标市场群体上，节省了促销费用，并提高了促销工具的利用效率。

国际市场中的网络营销在缩短市场距离、定制化营销、减少中间环节、降低交易风险、提高信息获取和促销效率等方面发挥着重要作用。通过网络营销，企业能够更加高效地开展国际营销活动，获得竞争优势，并满足不同国家消费者的需求。

五、"发展"营销观念

"发展"营销观念着重于实现企业的持续发展，其中，"学习"营销观念强调从市场和消费者中学习，不断改进和创新营销策略，以促进企业的持续发展；"创新"营销观念强调创造独特和有竞争力的营销理念和方法，以推动企业的创新与发展；"合作"营销观

念强调与不同利益相关者合作，共同实现营销目标，为企业的发展提供支持和机会。

（一）"学习"营销观念

人类正在进入学习型社会，即学习意识普遍化和学习行为社会化。企业正成为"学习型组织"，学习型营销观念主要包括两个层面的内容：第一个层面是企业向消费者和社会宣传其产品和服务，推广普及新技术。由于产品的技术含量高、专业性强、功能复杂，消费者不可能具备足够的百科知识来识别自己的需求，从而难以购买和消费。在这种情况下，企业必须"传道授业解惑"，实现产品信息的共享，消除顾客的消费障碍，从而扩大市场需求，占有更多的市场份额。第二个层面是企业向消费者、同行和社会学习。企业在进行营销的过程中不断地向客户及其他伙伴学习，发现自己的不足，吸取好的经验方法，补充和完善自己的营销管理过程。因此，学习营销是一个双向的过程，互相学习、互相完善，最终达成整体的和谐。

（二）"创新"营销观念

"创新"是企业发展的动力和源泉，是经营活动的核心和基础。但是从企业发展的实践看，创新并不仅仅是单纯的产品性能和技术上的创新，也是企业经营活动的创新，即产品创新必须与营销战略创新紧密相连。具体来讲，市场营销对创新学习的推动主要表现在以下几个方面。

1. 促进研发部门对市场需求与变化的了解

创新、学习是 21 世纪企业管理活动的主要特征，未来企业为了适应创新发展的需要，会对除市场提供的技术信息外的其他信息产生更大的兴趣。企业的研发战略应该是市场导向的，强烈反映市场的要求，根据生产、营销、销售反馈的信息决定研究和开发的目标。市场营销研究将更多地采用"直接和顾客一起运作"这种有效率的手段。

2. 有效组织试销和风险营销

从根本上讲，试销和风险营销都是市场拓展的有效方法。前者是一种渐进式的创新行为，后者属于一种跳跃式的发展。但是，无论哪种途径，企业都必须按规划的业绩、成本和拓展市场的能力采取行动。

总之，随着经济、科技的不断发展，国际营销企业将面临更加严峻的市场环境，企业必须做出新的反应，运用创新的营销观念去面对挑战。

（三）"合作"营销观念

合作与共存是 21 世纪的一大主题，这要求企业在进行营销活动时特别注重与同行、客户及供应商的合作，在合作中竞争，在竞争中合作。大家通过合作型竞争，共同开发市场，创造良好的营销条件。高度发达的信息系统和互联网为这种合作提供了良好的物质基础，企业进行营销时可充分借助高科技手段主动与客户交流。在合作营销中，企业与消费者的关系突破传统营销的主动被动关系，二者通过互联网直接沟通，实现信息共享。企业建立消费者信息档案，根据消费者需求来生产，实行"定制"销售和"零库存"销售，既满足了消费者的需求，又节约了社会资源。因此，合作营销是实现社会资源优化配置的必然要求，是 21 世纪营销的新特点。

第二节 国际营销模式的转变

国际营销理论与实践经过几十年的探索，出现了众多行之有效的模式，这些模式既是营销理论的有效应用，又是实践经验的很好总结，也是现代营销观念的具体体现。随着经济的发展和营销环境的变化，21世纪的营销模式也出现了相应的变化。

一、从灰色营销向绿色营销转变

绿色营销是指企业以生态环保为经营理念，力求满足消费者的绿色需求，实现商品生产和营销的无污染化、无害化、清洁化的营销模式。绿色营销是社会可持续发展战略的时代呼唤，是消费者趋于绿色消费的要求，同时也是国家宏观政策和立法规范企业营销行为的必然结果。随着各个国家和地区对环境保护重视程度的不断提高，绿色营销也逐渐成为营销中的主流。

（一）确定绿色营销战略

在全球绿色浪潮兴起的时代，企业基于环境和社会利益考虑，确定体现绿色营销内涵的战略计划，有利于企业的长远发展。绿色营销战略应明确企业研制绿色产品的计划及必要的资源投入，具体说明环保的努力方向及措施。绿色营销战略应以满足绿色需求为出发点和归宿，既要满足现有与潜在绿色需求，又要促进绿色消费意识和绿色需求的发展。获得更高的边际收益，实现合理的"绿色盈利"，从长远看是实施绿色营销战略的必然结果。

（二）树立绿色营销观念

绿色营销观念是在绿色营销环境条件下企业生产经营的指导思想。传统营销观念认为，企业在市场经济条件下生产经营，应当时刻关注与研究的中心问题是消费者需求、企业自身条件和竞争者状况，并且认为满足消费需求、改善企业条件、创造比竞争者更有利的优势，便能取得市场营销的成效。而绿色营销观念却在传统营销观念的基础上增加了新的思想内容。

企业生产经营研究的首要问题不是在传统营销条件下，通过协调三方面关系使自身取得利益，而是与绿色营销环境的关系。企业营销决策的制定必须建立在有利于节约能源、资源和保护自然环境的基点上，促使企业市场营销的立足点发生转移。

对市场消费者需求的研究，是在传统需求理论的基础上，着眼于绿色需求的研究，并且认为这种绿色需求不仅要考虑现实需求，更要放眼于潜在需求。

企业与同行竞争的焦点，不在于传统营销要素的较量，争夺传统目标市场的份额，而在于保护生态环境的营销措施，并且认为这些措施的不断建立和完善是企业实现长远经营目标的需要，它能形成和创造新的目标市场，是竞争制胜的法宝。

与传统的社会营销观念相比，绿色营销观念注重的社会利益，更明确定位于节能与环保，立足于可持续发展，放眼于社会经济的长远利益与全球利益。

（三）设计绿色产品

产品策略是市场营销的首要策略，企业实施绿色营销必须以绿色产品为载体，为社会和消费者提供满足绿色需求的产品。绿色产品是指对社会、环境改善有利的产品，又称无公害产品。绿色产品与传统同类产品相比，至少具有下列特征。

第一，产品的核心功能既要能满足消费者的传统需要，符合相应的技术和质量标准，更要满足对社会、自然环境和人类身心健康有利的绿色需求，符合有关环保和安全卫生的标准。

第二，产品的实体部分应减少资源的消耗，尽可能利用再生资源。产品实体中不应添加有危害环境和人体健康的原料、辅料。在产品制造过程中应消除或减少"三废"对环境的污染。此外，产品的包装应减少对资源的消耗，包装和产品报废后的残留物应尽可能成为新的资源。

第三，产品生产和销售的着眼点，不在于引导消费者大量消费而大量生产，而在于指导消费者正确消费而适量生产，建立全新的生产美学观念。

（四）确定绿色产品的价格

价格是市场的敏感因素，定价是市场营销的重要策略，实施绿色营销不能不研究绿色产品价格的确定。一般来说，绿色产品在市场的投入期，生产成本会高于同类传统产品，因为绿色产品成本中应计入产品环保成本，主要包括以下几方面。

第一，在产品开发中，因增加或改善环保功能而支付的研发经费。

第二，在产品制造中，因研制对环境和人体无污染、无伤害而增加的工艺成本。

第三，使用新的绿色原料、辅料而可能增加的资源成本。

第四，由于实施绿色营销而可能增加的管理成本、销售费用。

（五）搞好绿色营销的促销活动

绿色促销是通过绿色促销媒体，传递绿色信息，指导绿色消费，启发引导消费者的绿色需求，最终促成购买行为。绿色促销的主要手段包括以下几方面。

1. 绿色广告

通过广告对产品的绿色功能定位，引导消费者理解并接受广告诉求。在绿色产品的市场投入期和成长期，通过量大、面广的绿色广告，营造市场营销的绿色氛围，激发消费者的购买欲望。

2. 绿色推广

通过营销人员的推广，从销售现场到推销实地，直接向消费者宣传、推广产品绿色信息，讲解、示范产品的绿色功能，回答消费者绿色咨询，宣讲绿色营销的各种环境现状和发展趋势，激发消费者的消费欲望。同时，通过试用、馈赠、竞赛、优惠等策略，引导消费兴趣，促成购买行为。

3. 绿色公关

通过企业的公关人员参与一系列公关活动，如发表文章、演讲、播放影视资料，参与、赞助社交联谊、环保公益活动等，广泛与社会公众进行接触，增强公众的绿色意识，树立企业的绿色形象，为绿色营销建立广泛的社会基础，促进绿色营销的发展。

二、从交换营销向关系营销转变

关系营销是指企业遵循主动沟通、承诺信任、互惠互利原则，与供应商、客户、分销商建立长期、紧密的联系，构筑比竞争对手更有效的价值让渡系统，以获得竞争优势。关系营销是识别、建立、维护和巩固企业与顾客及其他利益相关者关系的一项活动和一种艺术。

（一）关系营销的目标

关系营销关注的是维系现有顾客。丧失老主顾无异于失去市场、失去利润来源，这就要求企业及时掌握顾客信息，随时与顾客保持联系，并追踪客户动态，维护客户的忠诚度。

企业不仅要懂得开发潜在客户，还要"拥有"顾客的一生，为此，企业必须建立持久的客户关系。企业可以在多个层次上建立客户关系。一般来说，企业对那些数量庞大、边际利润低的顾客，一般是谋求较低层次的关系；但对那些数量较少且边际利润高的顾客，则应尽量争取建立全面的伙伴关系。

（二）关系营销的原则

关系营销的实质是在市场营销中与各方建立长期稳定的相互依存的营销关系，以求彼此协调发展，因而必须遵循以下原则。

1. 主动沟通原则

在关系营销中，企业应主动与其他关系方接触和联系，相互沟通信息，了解情况，形成制度，或以合同形式定期或不定期碰头，相互交流各关系方需求变化情况，主动为关系方服务或为关系方解决困难和问题，增强伙伴合作关系。

2. 承诺信任原则

在关系营销中，各关系方都应做出一系列书面或口头承诺，并以自己的行为履行诺言，才能赢得对方的信任。承诺的实质是一种自信的表现，履行承诺就是将誓言变成行动，是维护和尊重关系方利益的体现，也是获得关系方信任的关键，是公司（企业）与关系方保持融洽伙伴关系的基础。

3. 互惠原则

在与关系方交往的过程中，必须做到相互满足关系方的经济利益，并在公平、公正、公开的条件下进行成熟、高质量的产品或价值交换，使双方都能得到实惠。

（三）关系营销的实施

关系营销的实施涉及组织设计、人力资源配置和信息共享、文化整合等方面。通过组织设计、人力资源配置和信息共享、文化整合等实施关系营销，企业可以更好地建立和维护与客户的关系，提升客户满意度和忠诚度，实现长期的业务成功。

1. 组织设计

关系营销必须设置相应的机构，企业关系管理对内要协调处理部门之间、员工之间的关系，对外要向公众发布消息、征求意见、搜集信息、处理纠纷等。管理机构代表企业有计划、有准备、有步骤地开展各种关系营销活动，把企业领导者从烦琐的事务中解脱出来，使各职能部门和机构各司其职、协调合作。

关系管理机构是企业营销部门与其他职能部门之间、企业与外部环境之间联系沟通和协调行动的专门机构，其作用是收集信息资料，综合评价各职能部门的决策活动，协调内部关系以增强企业凝聚力，促进企业与公众之间的信息沟通。

2. 人力资源配置和信息共享

在人力资源配置方面，一方面，实行部门之间人员轮换，以多种方式促进企业内部关系的建立；另一方面，实行内部提升制度，加强员工的企业观念。在采用新技术和新知识的过程中，以多种方式分享信息资源。例如，利用电脑网络协调企业内部各部门及企业外部的人才关系；制定政策提供帮助，以削减信息超载，提高信息系统的工作效率；建立知识库和庞大的信息系统，方便内部人员及各部门之间的信息共享。

3. 文化整合

跨文化的人群要相互理解和沟通，必须克服不同文化风俗带来的交流障碍。文化的整合是双方能否真正协调运作的关键。合作伙伴的文化敏感度非常高，它能使合作双方共同有效地工作，并相互学习彼此的文化优势。

文化整合是企业市场营销中处理各种关系的高级形式。不同企业有不同的企业文化，推行差别化战略的企业文化可能是鼓励创新、发挥个性及承担责任；而成本领先的企业文化，则可能是节俭、纪律及注重细节。如果关系双方的文化整合，将强有力地巩固企业与市场系统的关系，建立强大的竞争优势。

总之，公共关系营销需要企业的组织保障，优化配置各种资源，力争与客户、竞争者、分销商、社会等各方面建立起良好的合作关系。

三、从传统营销向网络营销转变

现代电子技术和通信技术的发展使社会生活各方面发生了深刻变化，在商品流通领域带来了网络营销这一崭新的模式。网络营销是指通过网络促销和销售的行为，将实体的商品交换转化为虚拟的信息交换空间，其目标是实现市场、订货、购物、支付等各个环节在网络上进行。现代物流业的迅猛发展更在一定程度上促进了网络营销规模的壮大。

（一）网络营销技巧和方法

网络营销已经成为各大企业进行宣传的重要手段，网络营销的方法和技巧主要有以下几种。

1. 所属企业博客（微博）营销模式

玩转博客已不是个体的事情。随着网络时代的快速发展，以博客为推手，对企业进行合理有序的广告推广，成为企业进行营销的方法。例如，微博就有很好的互动性和沟通性，有利于网民的参与和发挥创造力。企业也可以通过企业博客或微博的形式进行对内对外交流沟通，达到增进客户关系，改善商业软环境、拉进与关注人群距离的效果。

企业博客或微博在透露公司主要指标的基础上，应当对客户或关注人群有合理的引导作用，将公司的相关成绩或产品及时发布在微博上，并及时更新信息，在安全管理的机制下，让微博起到应有的作用。将微博作用发挥好，可以拉到潜在的客户，可以让企业得到广泛的关注人群，也可以建立自己的网站，成功地将企业推广到互联网上。

2. 使用免费的软件开展网络营销

企业的网络营销最初一般是利用免费或收费的软件进行的，其目的是达到推广效果。用成本小且效果好的软件，企业可以得到大量用户，从而得到有价值的商业信息。

3. 互联网互动式广告营销模式

互联网的发展已经超出人们的想象，企业可以通过百度等进行推广，提升企业的排名，将企业相关信息及成功案例上传至百度等相关页面，提高企业点击率，从而达到广泛宣传的目的。

4. 区域营销模式

作为一个发展中的企业，可以适当地开展一些名企业交流会或产品发布会，从而推广产品；也可以定期举行新品发布会，在指定的区域如学校、社区等通过活动引入上下线发展模式，引入加盟商等。

（二）网络营销步骤

网络营销的步骤主要包括将企业快速迁移到互联网，通过多种网络营销工具和方法推广和维护网站，以及进行网站流量监控与管理等。

（三）网络营销的职能

网络营销的基本职能包括信息发布、网上调研、实现销售、顾客服务、信息反馈，这些也是网络营销的主要内容。

1. 信息发布

互联网为企业信息发布创造了优越的条件，企业不仅可以将信息发布到企业网站上，还可以利用各种网络营销工具将信息发布到更大的范围。网站是一种信息载体，通过网站发布信息是网络营销的主要方法之一，无论采用哪种网络营销方式，目的都是将一定的信息传递给目标人群，包括顾客/潜在顾客、媒体、合作伙伴、竞争者等。

2. 网上调研

通过在线调查表或电子邮件等方式，可以完成网上市场调研。相对传统市场调研，网上调研具有高效率、低成本的特点，它不仅为制定网络营销策略提供支持，也是整个市场营销活动的辅助手段之一。合理利用网上市场调研手段对于市场营销策略制定具有重要价值。

3. 实现销售

随着互联网用户的增多，网络中蕴藏着巨大的商机，有着广阔的潜在市场。通过网络营销，企业可以在虚拟的空间接触更多的客户，从而实现服务及实体商品的销售，扩大企业的市场占有份额。网络营销针对不同的产品和服务制定不同阶段的促销目标和策略，并对在线销售的效果进行跟踪控制。网络广告、商品展示、选购代理、接受团购等都是很好的促销手段。

4. 顾客服务

互联网提供了更加方便的在线顾客服务手段，从形式最简单的 FAQ（常见问题解答），到邮件列表，以及 BBS（网络论坛）、聊天室等各种即时信息服务，通过网络服务，企业可以快速解决客户的问题，有助于与客户建立良好的关系。同时，良好的顾客关系是网络营销取得成效的必要条件，反过来又促进网络营销的开展。

5. 信息反馈

通过网络营销收集的信息为建立良好的客户关系、提高客户满意度和忠诚度奠定了基础。通过网络，信息可以及时迅速地传递，方便企业随时掌握客户的反馈信息，从而做出相应的改进，提升产品和服务质量。

四、从产品营销向整合营销转变

产品营销是以消费者为导向的推销思想在传播领域的具体体现，倡导者是美国的唐·舒尔兹教授。制造商和经销商共同面向市场，协调使用各种传播手段，发挥不同传播工具的优势，联合向消费者开展推销活动，寻找调动消费者购买积极性的因素，达到刺激消费者购买的目的。

整合营销是以消费者为核心重组企业行为和市场行为，协调使用各种传播方式，以统一的目标和统一的传播形象，传递一致的产品信息，实现与消费者的双向沟通，迅速树立产品品牌在消费者心目中的地位，建立产品品牌与消费者长期密切的联系，达到广告传播和产品行销的目的。

（一）影响整合营销的技能

整合营销的技能可以概括为四个方面，分别是营销贯彻技能、营销诊断技能、问题评估技能和评价执行结果技能，这些技能对整合营销的成功非常重要，能够帮助企业更好地理解市场和客户需求，制定有效的营销策略，实施和评估营销活动的效果。

1. 营销贯彻技能

为了使营销计划贯彻执行快捷有效，必须运用分配、监控、组织和配合等技能，各种技能必须从理论层面贯彻到应用实际中，保证营销方案的顺利执行。分配技能是指在营销各层面的负责人需要对资源进行合理配置，优化其在营销活动中的配置能力。监控技能是指在各职能、规划、政策层面等建立营销计划反馈系统，并形成控制机制。组织技能是指对可以依赖的有效工作进行开发和利用。配合技能是指在营销活动中各部门、各成员要善于借助其他部门和企业外部的力量，实施有效的预期战略计划。

2. 营销诊断技能

营销执行的结果偏离预期的目标，或是在执行过程中遇到较大的阻力时，须判断问题出在营销计划本身上还是执行上，确定问题的症结所在，并寻求对策。

3. 问题评估技能

营销执行过程中的问题可能产生于营销决策、营销规划、营销功能等各个方面。而营销决策是指营销政策的规定，营销规划是指营销功能与资源的组合，营销功能问题可能出现在广告代理和经销商等方面。在营销过程中，应对发现的问题所处的层面及影响范围进行合理评估，以利于问题的有效解决。

4. 评价执行结果技能

将营销活动整体的目标分解成各阶段和各部门的目标，并对分目标完成结果和完成进度进行及时评价，这是对营销活动实施有效控制和调整的前提。营销计划建立在调查、分析的基础上，在理论上具有合理性，但是实践中有待检验，而营销执行可以检验营销计划的可行性，只有在理论和实践中都行得通的营销计划才可行。

（二）整合营销过程中注意的问题

在整合营销过程中需要注意以下问题：资源的最佳配置和再生，人员的选择和激励，建立学习型组织，监督管理机制等。这些问题能够帮助企业更好地管理和整合营销活动，提高市场竞争力和业绩。

第一，资源的最佳配置和再生。实现资源的最佳配置，既要利用内部资源，力求实现资源的最佳使用效益，又要利用管理层和各职能部门，实现资源共享，避免资源浪费。

第二，人员的选择和激励。人是实现整合营销目标最活跃、最能动的因素，要组建有较高合作能力和综合素质的团队小组，通过激励措施不断增强人员自信，调动积极性，促进目标达成。

第三，建立学习型组织。整合营销团队具有动态性，而组织又要求具有稳定性；要建立组织的共同愿景，保持个人与团队目标、企业目标的高度一致，强化团队学习，创造出比个人能力组合更高的团队，实现超越式发展。

第四，监督管理机制。整合营销团队自身承担着大量的工作和责任，高层管理者应力求使各种监管目标内在化，通过共同的愿景和企业文化，加强对整个企业的管理。

五、从传统营销模式向现代化转变

进入 21 世纪，营销模式不断丰富，出现了共生营销、柔性营销等新模式。随着经济的发展和市场多元化的不断加强，更多新的营销模式被应用到市场竞争中来。

（一）营销手段

第一，网上推销将成热门。网上推销是通过采用口碑营销、网络广告、微博营销等以互联网为基础的，利用数字信息和网络媒体的交互性来辅助网上推销的一种新型市场销售方式。其优势是可以大幅度降低企业宣传成本，将产品信息以最快的方式推给消费者，为消费者提供便利和快捷服务。在 21 世纪，网上购物成为时尚，网络成为人们交易的重要场所。凭借快捷的网络，人们可以连接世界各个角落，网上推销取代了代理制和经销制。

第二，品牌是推销的法宝。企业产品的形象和企业产品的价值、价格同等重要，良好的品牌形象可以得到消费者的支持，可以提高企业的核心竞争力，还可以为企业营造良好的营销环境，从而提高企业效益。推销战略以品牌打天下或者赢天下，成为企业的首选；品牌战略会加速企业集团化的进程，造就一些"联合舰队"，同时使品牌深入人心。

（二）企业竞争力

第一，优势技术是核心优势。21 世纪是技术领先的时代，谁的技术有优势，谁就能赢得先机。随着人们生活质量的提高，消费者在选择商品时更注重品质，需要享受更多的使用价值。生活快节奏，在企业产品的更新换代上也有所体现。也许一个产品刚使用两三年就会过时，一个产品的使用价值还没有充分发挥出来就会被新的产品所取代。因此，企业和产品如果没有技术优势，就会失去竞争机会。

第二，质量越来越重要。当前，人们在选择商品时对质量要求越来越高。同样的商品，人们在看重品牌的同时，更重其品质，质量是市场推销的一张"王牌"。

（三）市场特征

第一，概念行销不可忽视。21 世纪是信息高度膨胀的时代，广告铺天盖地。买服装，可能从上千种品牌中挑选；买皮鞋，会面对几百个品种和款式；买冰箱，面对数百种品牌。面对如此众多的资讯，消费者往往无所适从，在这种时候，概念行销会显现出它的功能，它可以引导消费思维，创造消费理念，满足消费心理，从而达到引导消费的目的。

第二，速度推销显山露水。21世纪是生活快节奏的时代，在这种日新月异的时代，速度的快慢将决定企业的存亡。企业应抓住机遇开拓市场，精准定位产品，以最快且合适的方式打入市场，抢占市场的主导地位，加强消费者对所推广产品的第一印象。因此，推销要随时跟上市场变化的形势，稍稍迟疑，就可能折戟沉沙。一个好的产品应迅速推向市场，不能等待观望。

第三，销售渠道专业化。21世纪的社会分工越来越细，市场分工也如此，科学的市场分工会让商品销售专业化、系统化。21世纪的商场是集购物、娱乐、服务于一体的场所，专门经营某一类商品的卖场会形成导购、咨询、售后服务为一体的部门。

第四，全球市场化。全球市场化是中国加入WTO以后的必然趋势，商业无国界不再是一种传说，而是现实。推销人员的高素质要求，会掀起新一轮的外语热。企业将面对两个市场，即本土市场和国际市场，推销面对的是全球。全球市场化后，任何一个国家的风吹草动，都可能波及企业。因此，明智的企业应把自己往上拔高，站得高一些，看得远一些，重新树立推销观。

第三节 新型推销

在满足基本消费的同时，消费者开始考虑消费所带来的附加值，新的消费观念应运而生。而新型推销是为了适应新的营销环境而产生的营销观念、思维、方式和渠道。

一、新型营销观念

新型营销观念包括绿色推销和知识推销。通过绿色推销和知识推销，企业能够满足消费者的环保和知识需求，赢得其信任和支持，提高产品或服务的市场竞争力。

（一）绿色推销

绿色推销是指企业在整个推销过程中充分体现环保意识和社会意识，向消费者提供科学的、无污染的、有利于节约资源和符合社会道德准则的商品和服务，并采用无污染或少污染的生产和销售方式，引导并满足消费者有利于环境保护及身心健康的需求。绿色推销集市场推销、生态推销、社会推销和大市场推销四位于一体，既满足市场的基本需求，又将市场需求和自身资源结合起来，还满足社会长远发展需要。企业实施绿色营销不仅能盈利，实现可持续发展，而且会在同行竞争中取得优势。

（二）知识推销

知识推销是指向大众传播新的科学技术以及它们对人们生活的影响。企业通过科普宣传，让消费者不仅知其然，而且知其所以然；重新建立新的产品概念，进而使消费者萌发对新产品的需要，达到拓宽市场的目的。随着知识经济时代的到来，知识已经成为经济发展的资本，对知识的积累、运用和创新成为经济发展的动力，因此，企业在研究产品的同时，要进行知识的推广，加深消费者对新技术的理解，将研发风险降到最低。知识推销的特点是用知识推动营销、将现代信息技术运用到营销中、创新营销观念。

二、新型思维

新型思维包括个性化推销和创新推销。通过个性化推销和创新推销，企业能更好地满足消费者的需求，提供独特和有吸引力的产品或服务，从而提高市场竞争力。

（一）个性化推销

个性化推销意味着企业把对人的关注、人的个性释放及人的个性需求推到空前中心的地位。企业与市场逐步建立一种新型关系，建立消费者数据库和信息档案，与消费者建立更为紧密的联系，及时了解市场动向和顾客需求，向顾客提供个性化、定制化的销售和服务。顾客根据自己需求提出商品性能要求，企业尽可能按顾客要求进行生产，迎合消费者的需求和品味，并采用灵活的策略适时加以调整，以生产者与消费者之间的协调合作来提高竞争力，以多品种、中小批量混合生产取代过去的大批量生产。

（二）创新推销

创新是企业成功的关键，企业经营的最佳策略就是抢在别人之前淘汰自己的产品。这种把创新理论运用到市场推销中的新做法，包括推销观念的创新、推销产品的创新、推销组织的创新和推销技术的创新。要做到这一点，市场推销人员必须随时保持思维模式的弹性，让自己成为"新思维的开创者"。营销策划是一种创新型的思维活动，其目的就是提高消费者对企业产品的信任度，从而激发消费者的购买欲，为企业带来利润。因此，营销创新不仅仅是技术上的，更重要的是市场价值的创造。

三、新型方式

新型推销方式包括网络推销、整合推销和消费联盟等，它们通过利用互联网、整合不同营销手段和回馈消费者来提高企业的销售业绩和品牌形象。

（一）网络推销

网络推销是利用网络进行推销活动。当今世界信息发达，信息网络技术被广泛运用于生产经营的各个领域，尤其是推销环节，形成网络推销。它是企业整体营销战略的一个组成部分，是为实现企业总体经营目标所进行的，通过互联网等媒介，来实现一定营销目标的营销手段。网络推销使信息传递效率更高、传递方式更加多样化，最终目标是实现产品销售、提升品牌形象。其特点是成本低廉、无存货样品、全天候服务和无国界区域划分等，还可在网络上进行同步广告促销、市场调查和收集信息等活动。

（二）整合推销

整合推销观念改变了把营销活动作为企业经营管理的一项职能的缺点，要求把所有活动都整合和协调起来，努力为顾客的利益服务；同时，强调企业与市场之间互动的关系和影响，努力发现潜在市场和创造新市场。整合推销设定的目标主要包括：第一，企业应该对消费者的需求反应最优化，将精力浪费降至最低程度；第二，整合推销要与消费者本身有关，需要全面观察消费者，创造更多机会，剖析消费者内心需求，留住客户；第三，整合推销还要考虑如何与消费者进行沟通，这不仅仅是单靠媒介宣传就能达成的。

（三）消费联盟

消费联盟是以消费者加盟和企业结盟为基础，以回馈利益为驱动机制的一种新型推销方式。消费者加盟是指通过入会的形式取得消费资格，成为联盟中的固定消费者，从而发展成一个庞大的辐射状的消费网络。企业联盟是指营销主体与生产和经营等厂家和商家进行结盟，通过签订结盟协议，成为联盟中的固定供应商，从而发展成一个庞大的跨地域、跨行业的行销网络。联盟是 21 世纪一种新型的、资源共享的合作型营销方式，可有效提高营销效率。

四、新型渠道

新型渠道包括连锁经营、大市场推销和综合市场推销沟通。它们通过统一管理的连锁店、大规模市场推广和整合营销手段，来拓展销售渠道、增强品牌影响力和提升营销效果。

（一）连锁经营

连锁经营是一种纵向发展的垂直推销系统，是由生产者、批发商和零售商组成的统一联合体。它把现代化工业大生产的原理应用于商业经营，实现了大量生产和大量销售的结合。传统渠道中，各分销商要同时承担买卖两种职能，而在连锁经营渠道中，这两种职能分别由总部和分店承担。总部通过集中进货取得价格优势，增强竞争实力，还可以使采购者增加挑选商品的准确性和科学性；分店可享受集中进货带来的低成本优势，集中精力进行销售业务，与消费者建立密切联系，更好地了解消费者需求变化，为总部进货提供依据。

（二）大市场推销

大市场推销是对传统市场推销组合战略的发展，是在一般市场营销基础上发展起来的。该理论由美国推销学家菲利浦·科特勒提出，他指出，企业为了进入特定的市场，并在那里从事业务经营，在策略上应协调运用经济的、心理的、政治的手段，以获得国外或地方各方面的合作与支持，从而达到预期的目的。大市场推销结合了市场营销观念和社会营销观念，体现在：一是在企业和外部环境的关系上，突破被动适应的观念，企业可以通过自身努力来控制外部的影响因素，向有利于企业发展的方向迈进；二是在企业与市场和目标顾客的关系上，突破过去简单发现、单纯适应和满足的做法，通过打开市场通道，引导市场和消费，满足目标顾客的需要；三是在市场营销和策略的手段上，在原有的市场营销组合四要素的基础上，加入了政治权利和公共关系两种重要手段，提高市场营销活动的有效性。

（三）综合市场推销沟通

综合市场推销沟通是一种市场推销沟通计划观念，即在计划中对不同的沟通形式，如一般性广告、直接反应广告、销售促进、公共关系等的战略地位做出估计，并通过对分散的信息加以综合，将以上形式结合起来，从而达到明确的、一致的及最高程度的沟通。这种沟通方式可以带来更多的信息及更好的销售效果，提高企业在适当的时间、地点把适当的信息提供给适当的顾客的能力。

讨论与思考

1. 国际营销观念的转变体现在什么方面？

2. 绿色营销观念的内涵和特点是什么？绿色营销对企业品牌形象和声誉的影响有哪些？

3. 整合营销的内涵是什么？如何理解整合营销的"4C"观念和"4R"理论？

4. 公共关系营销如何帮助企业建立积极的形象和良好的声誉？

5. 国际营销模式的转变体现在什么方面？

6. 国际营销模式的创新体现在什么方面？

7. 在数字化时代和社交媒体的影响下，如何利用新型推销策略和工具吸引和留住目标客户？

参 考 文 献

[1] 宋宝香，王莉，徐佩，等. 市场营销专业导论 ［M］. 南京：东南大学出版社，2021.

[2] 曹倩. 新编国际市场营销 ［M］. 南京：南京大学出版社，2020.

[3] 朱金生，张梅霞. 国际市场营销学 ［M］. 南京：南京大学出版社，2019.

[4] 余雄，王祥. 市场营销学 ［M］. 昆明：云南大学出版社，2018.

[5] 陈波，张金生，李元杰，等. 市场营销 ［M］. 成都：四川大学出版社，2018.

[6] 杨剑英，张亮明. 市场营销学 ［M］. 南京：南京大学出版社，2018.

[7] 陈刚. 市场营销学 ［M］. 南京：南京大学出版社，2017.

[8] 李娟. 经济全球化视角下国际市场营销策略分析 ［J］. 商业经济研究，2016（19）：46-48.

[9] 顾春梅，李颖灏. 国际市场营销学 ［M］. 北京：人民邮电出版社，2013.

[10] 胡左浩. 国际营销的两个流派：标准化观点对适应性观点 ［J］. 南开管理评论，2002（5）：29-35.

[11] 王晓东. 国际市场营销 ［M］. 5 版. 北京：中国人民大学出版社，2019.

[12] 闫国庆. 国际市场营销学 ［M］. 北京：清华大学出版社，2013.

[13] 田盈，徐亮. 国际市场营销 ［M］. 北京：人民邮电出版社，2013.

[14] 严旭. 国际市场营销 ［M］. 上海：上海财经大学出版社，2016.

[15] 郑东华. 浅谈新经济形势下国际市场营销趋势与策略 ［J］. 知识文库，2016（21）：43-44.

[16] 胡玉琪. 浅谈我国企业国际营销中的品牌管理策略 ［J］. 商展经济，2021（21）：39-41.

[17] 王磊. 性别结构差异对我国居民消费的影响——基于第七次人口普查数据的经验分析 ［J］. 商业经济研究，2021（14）：54-57.

[18] 刘蓉. 探析新时期网络市场营销调研方法 ［J］. 经济研究导刊，2017（15）：50-51.

[19] 肖莉. 国际营销调研方式方法新论 ［J］. 广西经济管理干部学院学报，1997（4）：6-8.

[20] 闵隽锢. 国际营销环境及评估方法 ［J］. 南京理工大学学报（社会科学版），1994（5）：41-49.

[21] 詹一峰. 现代国际营销三种组织形式的特点 ［J］. 商业经济与管理，1989（3）：66-67+14.

［22］李敏舒. 大数据时代国际市场营销的机遇与挑战新探［J］. 科技经济市场，2021（12）：112-113.

［23］贾佳. 国际贸易中的国际市场营销策略［J］. 今日财富（中国知识产权），2022，404（11）：1-3.

［24］彭星闾，王俊豪. 中国的市场国际化与国际营销组织战略［J］. 商业经济与管理，1995（5）：11-15.

［25］张蓓. 经济全球化视域下的国际营销战略探究［J］. 北方经贸，2017，388（3）：23-24.

［26］菲利普·科特勒，凯文·莱恩·凯勒，亚历山大·切尔内夫. 营销管理［M］. 16版. 陆雄文，蒋青云，赵伟韬，等译. 北京：中信出版集团，2022.

［27］罗国民，刘苍劲. 国际市场营销［M］. 2版. 大连：东北财经大学出版社，2007.

［28］景奉杰，曾伏娥. 市场营销调研［M］. 北京：高等教育出版社，2009.

［29］董小麟. 国际营销学原理［M］. 广州：中山大学出版社，1996.

［30］李文陆. 国际市场营销学［M］. 杭州：浙江大学出版社，2010.

［31］甘碧群. 国际市场营销学［M］. 北京：高等教育出版社，2006.

［32］曹旭平，黄湘萌，汪浩，等. 市场营销学［M］. 北京：人民邮电出版社，2017.

［33］Wiener R A，Anthony A，Maximo E，et al. International Lending，Risk and the Euro-Markets［J］. Journal of Money，Credit and Banking，1981，13（4）.

［34］Arthur C S. International Marketing：Strategy Development and Implementation［M］. London：Routledge Press，2017.

［35］Zuohao H，Xi C，Zhilin Y. Research Frontiers on the International Marketing Strategies of Chinese Brands［M］. London：Routledge Press，2016.

［36］Hashim R，Majeed B A. Proceedings of the Colloquium on Administrative Science and Technology［M］. Singaporc：Springer Press，2015.

［37］Krishna B，Misra. Handbook of Performability Engineering［M］. London：Springer Press，2015.

［38］HilS. Introduction To International Marketing ResearchM［M］New York：Wiley Press，2018.

［39］Simon MaJaro. International Marketing：A Strategic Approach To World Markets［M］. London：Routledge Press，2018.

［40］Howard A. International Marketing：A Global Perspective［M］. Int：Thomson Business Press，2018.

［41］Donald L. Brady. Essentials of International Marketing［M］. New York：Routledge Press，2018.

［42］Basil J，Suresh G. Global Marketing Management System［M］. Singapore：World Scientific，2017.

［43］John S，Sak O. International Marketing：Strategy and Theory［M］. London：Routledge，2008.

［44］ James Agarwal，Terry Wu. Emerging Issues in Global Marketing ［M］. Singapore：Springer Press，2018.

［45］ Kowalik I. Entrepreneurial Marketing and International New Ventures ［M］. New York：Routledge，2020.

［46］ Arthur C S. International Marketing：Strategy Development and Implementation ［M］. London：Routledge，2017.